•建筑工程施工监理人员岗位丛书•

建筑节能工程监理

王培祥　主编

中国建筑工业出版社

图书在版编目（CIP）数据

建筑节能工程监理／王培祥主编．—北京：中国建筑工业出版社，2013.4
（建筑工程施工监理人员岗位丛书）
ISBN 978-7-112-15216-2

Ⅰ.①建… Ⅱ.①王… Ⅲ.①建筑—节能—工程施工—监督管理 Ⅳ.①TU7

中国版本图书馆 CIP 数据核字（2013）第 050208 号

本书依据《建筑节能工程施工质量验收规范》GB 50411 及相关规定，详细介绍了建筑节能材料设备监理与验收、主要建筑节能分项工程施工质量监理控制要点、常见建筑节能施工质量通病及监理对策、建筑节能分项工程的质量验收标准等内容，是一本指导现场监理人员开展建筑节能监理工作的实用工具书，同时也适用于施工员、质检员等岗位要求的人员在开展工作时参考。

* * *

责任编辑：郦锁林 赵晓菲
责任设计：李志立
责任校对：肖 剑 王雪竹

建筑工程施工监理人员岗位丛书
建筑节能工程监理
王培祥 主编
*
中国建筑工业出版社出版、发行（北京西郊百万庄）
各地新华书店、建筑书店经销
北京永峥有限责任公司制版
北京市书林印刷有限公司印刷
*
开本：787×1092 毫米 1/16 印张：14¾ 字数：365 千字
2013 年 11 月第一版 2013 年 11 月第一次印刷
定价：**38.00** 元
ISBN 978-7-112-15216-2
（23169）

建筑工程施工监理人员岗位丛书编委会

主　　编　杨效中

副 主 编　蒋惠明　徐　霞

编　　委　杨卫东　谭跃虎　何蛟蛟　梅　钰
　　　　　瞿春安　桑林华　段建立　郑章清
　　　　　卢本兴　卢希红

丛书第二版前言

随着我国城镇化进程的加快推进，固定资产投资继续较快增长，工程建设任务将呈现出量大、面广、点多、线长的特征，工程监理任务更加繁重。与此同时，工程项目的技术难度越来越大，标准规范越来越严，施工工艺越来越精，质量要求越来越高，对工程监理企业能力和工程监理人员素质提出了更高要求。

本丛书自2003年出版以来，我国的建设监理工作也有了很大的发展，在2005年和2010年国家两次召开了全国建设监理工作会议。2004年国务院颁布了《建设工程安全生产管理条例》，住房和城乡建设部也修订出台了《注册监理工程师管理规定》和《工程监理企业资质管理规定》，住房和城乡建设部与国家发展和改革委员会共同出台了《建设工程监理与相关服务收费标准》，住房和城乡建设部与国家工商行政管理总局联合发布《建设监理合同示范文本》GF-2012-0202和《建设工程监理规范》GB/T 50319—2013，促进了工程监理制度的不断完善，对规范工程监理行为、提高工程监理水平，起到了重要的促进作用。

2003年以来，建筑工程的技术也有了很大的发展，国家先后出台了与建筑工程相关的材料、设计、施工、试验、验收等各类标准有数百项之多，与建筑工程监理直接相关的标准有近两百项，广大监理人员也必须适应建筑技术的发展和工程建设的需要。

2004年以来国务院多次发布了节能方面的政策与文件，全国人大于2007年新修订的《节约能源法》进一步突出了节能在我国经济社会发展中的战略地位，扩大了法律调整范围，健全了管理制度，完善了激励机制，明确了节能管理和监督主体，增强了法律的针对性和可操作性，为节能工作提供了法律保障。工程监理单位也承担相应的节能义务。

上述三大方面的发展与变化使得本套丛书第一版的内容已不能满足当前监理工作的需要。因此，我们对本套丛书进行了全面的修订。

本套丛书基本框架维持不变，增加了建筑节能工程监理一书。本丛书修订工作主要突出三方面的工作：一是以现行国家与行业的法规政策为依据对丛书的内容进行全面的修订；二是以2003年以来国家行业修订或新颁布的材料标准、技术规范或验收规定为依据，修改相关内容和充实相关内容；三是根据建筑工程近年来的新发展，增加了新技术方面的内容，同时删去了一些不太常见的内容以减少篇幅。

本书的修订由解放军理工大学、上海同济工程项目管理咨询有限公司、江苏建科建设监理有限公司、江苏安厦工程项目管理有限公司和苏州工业园区监理公司等具有丰富监理工作经验的人员共同完成。

随着我国监理事业的不断向纵深发展，对监理工作手段与方法的探讨也在不断深入。尽管我们具有一定的监理工作经验，编写过程中也尽了最大的努力，但是由于学识水平有限、编写时间仓促，书中难免有不当之处，敬请读者给予批评指正。

丛书主编　杨效中

前　言

当前我国建筑业飞速发展，正处于房屋建筑的战略机遇期，其发展势头及速度堪称世界之最。大规模建造房屋本来是为了人民安居乐业，由于历史原因，大量建造的不少是高耗能建筑，建筑耗能所造成的资源流失也触目惊心。这种大量建造高耗能的建筑是不可能持续的，也是背离科学发展观的。建筑节能作为一项技术性和政策性很强的系统工程，其全面实施在我国发展时间不长，整体发展水平不高，存在这样那样的问题是不可避免的。建筑能源的大量消耗，引起了国家的高度重视，先后出台了大量的文件、规范、管理办法等。建筑节能工作需要多方面的重视和贯彻落实，涉及房屋建筑的建设单位、设计单位、施工单位和工程监理单位，而工程监理作为建筑节能工程建设管理的重要方面，必然也是建筑节能监控中不可缺少的环节。

随着《民用建筑节能条例》和《建筑节能工程施工质量验收规范》等一系列文件、规范的颁布实施，国家对建筑节能的要求越来越严格和规范。建筑节能的实施是一项必须强制执行的基本国策，是监理质量控制面临的新课题，施工阶段建筑节能监理还存在很多问题，建筑节能监理在质量控制手段和措施上还相对缺乏经验，作为实施和推动这一国策的监理人员任重道远，需要我们随时充实自己，及时总结经验，做好建筑节能工程质量的控制工作，为推动建筑节能工作做出应有的贡献。

本书依据《建筑节能工程施工质量验收规范》GB 50411 及相关规定，详细介绍了建筑节能材料设备监理与验收、主要建筑节能分项工程施工质量监理控制要点、常见建筑节能施工质量通病及监理对策、建筑节能分项工程的质量验收标准等内容，是一本指导现场监理人员开展建筑节能监理工作的实用工具书，同时也适用于施工员、质检员等岗位要求的人员在开展工作时参考。

本书共分十二章，由王培祥担任主编并统稿，各章的编写分工如下：第一章由王培祥编写；第二章由叶明、周佳玮编写；第三章、第四章由杨旭东编写；第五章、第六章由潘光宏编写；第七章、第八章由张志銮、黄根保编写；第九章和第十二章由周飞编写；第十章由朱敏丽编写；第十一章、第十三章由夏明亮编写。

在本书编写过程中得到江苏安厦工程项目管理有限公司、江苏建科建设监理有限公司、解放军理工大学工程兵工程学院杨效中教授的支持和帮助，在此表示衷心感谢。由于建筑节能技术发展非常迅速，限于编者掌握的资料和水平，不当和疏漏之处在所难免，敬请广大读者和专家批评指正。

目　　录

第一章　建筑节能质量控制监理概述

由于我国正处在工业化和城镇化加快发展阶段，能源消耗强度较高，消费规模不断扩大，特别是高投入、高消耗、高污染的粗放型经济增长方式，加剧了能源供求矛盾和环境污染状况。尤其是近几年，经济增长方式转变滞后，高耗能行业增长过快，国内单位生产总值能耗上升，节能工作面临更大压力，形势十分严峻。能源问题已经成为制约经济和社会发展的重要因素。

我国建筑业发展迅速，除工业建筑外，城乡既有建筑总面积达到450多亿m^2。据预测，到2020年，我国城乡还将新增建筑300亿m^2。但一些建筑在节能方面存在严重缺陷，由此产生的后果，不仅给使用者带来诸多不便，更主要的是造成了巨大的能源消耗甚至浪费。

据统计，近10年来，我国城乡建筑建造和使用中的能耗，在全社会终端能源消耗中所占的比例在逐步提高。随着我国经济的发展，人民生活水平的提高，建筑能耗比例还将呈现稳步上升趋势。特别是空调能耗巨大，已经成为建筑能耗的重要组成部分。我国空调能耗之所以高，主要是：围护结构保温和隔热性能不良（如墙体、门窗、屋面、地面）；空调设备运行能效低；输配环节中末端设备热交换效率低；建筑物运行管理（如门窗、洞口）不完善。建筑节能工作任重而道远。

由于建筑节能是一项综合性的技术，还应考虑其他因素，例如建筑物的平面布置、方位、体型、构造等。建筑节能工程还涉及建筑材料、围护结构、建筑设备及运营管理。因此，建筑物节能应贯穿建筑物的整个生命周期，包括规划、设计、施工、管理等环节。在建设阶段，建筑节能工程以建筑主体为主，多采用仿真技术，在此阶段，设备配置及控制的节能策略将为运营期的节能奠定基础；在建筑设备调试阶段，采用建筑智能技术进行调试及优化控制是关键；在建筑运营期间，采用智能化技术提高科学管理水平，能大幅度地节省运营期的能耗。

建筑施工具有周期化、资源和能源消耗大等特点。因此，提倡节约能源、降低消耗的施工方法。我国正处于经济建设的高速增长时期，作为大量消耗能源的建筑业，它的平均能源利用率约为30%，是发达国家的1/3左右。因此，必须重视建筑节能，既要促进传统能源的可持续利用，更要积极开发新能源，积极推动太阳能、地热能、原子能等新能源在建筑中的应用。这些能源的开发利用日益引起重视，它将是解决能源危机的根本途径。

第一节　建筑节能的概念及内涵

一、建筑节能概念

建筑节能，是指民用建筑在规划、设计、建造和使用过程中，通过采用新型的节能电力电气设备和新型墙体材料，执行建筑节能标准，加强建筑物用能设备的运行管理，合理设计建筑围护结构的热工性能，提高采暖、制冷、照明、通风、给排水和管道等电力电气设备系统的运行效率，以及利用可再生能源，在保证建筑物使用功能和室内热环境质量的前提下，降低建筑能源消耗，合理、有效地利用能源的活动。

建筑能耗指建筑使用能耗，其中包括采暖、空调、通风、热水、炊事、照明、家用电器、电梯和建筑有关设备等方面能耗，目前我国这部分能耗约占全国社会终端总能耗的27.6%，随着人们生活质量的改善，居住舒适度要求的提高，建筑能耗所占比例还将不断上升。预测10年后，我国建筑能耗占全国社会终端总能耗的比例将会上升到32%以上，它与工业、农业、交通运输能耗并列，是主要的民生能耗。

世界上“建筑节能”的概念曾有过不同的含义，自从1973年发生世界性石油危机以后，在发达国家，它的说法已经经历了三个发展阶段：最初就叫“建筑节能”；但不久即改为“在建筑中保持能源”，意思是减少建筑中能量的散失；近来则普遍称作“提高建筑中的能源利用效率”。也就是说，并不是消极意义上的节省，而是从积极意义上提高利用效率。我国现在仍然通称为建筑节能，但其含义应该进到第三层意思，即在建筑中合理使用和有效利用能源，不断提高能源利用效率。

二、节能50%的概念

我国在第一阶段建筑节能设计标准是节能率30%。我国现在执行的是第二阶段的节能设计标准，节能率是50%，即在第一阶段建筑节能的基础上再节能20%。《国务院关于加强节能工作的决定》（国发［2006］28号）指出：“大力发展节能省地型建筑，推动新建住宅和公共建筑严格实施节能50%的设计标准，直辖市及有条件的地区要率先实施节能65%的标准”。可见，下一步我国还要继续提高节能设计标准，实行建筑节能65%（在现行建筑节能的基础上再节能15%）甚至更高的建筑节能设计标准。

三、节能50%的内涵

建筑节能理论是随着我国建筑节能的形势和实践的发展而发展的，因此，建筑节能的内涵在不同标准中的表述有些差异。正确领会建筑节能设计标准50%的内涵，是贯彻好建筑节能工作的第一步。

1. 采暖居住建筑节能50%的内涵

采暖地区包括我国严寒和寒冷地区。根据《严寒和寒冷地区居住建筑节能设计标准》JGJ 26-2010，我国采暖地区居住建筑节能50%的含义是指，通过在建筑设计和采暖设计中采用有效的技术措施，将采暖能耗从当地基准能耗的基础上节能50%。基准能耗是以各地1980~1981年住宅通用设计、4个单元6层楼、体形系数为0.30左右的建筑物的耗热量指标计算值，经线性处理后的数据。

采暖能耗的降低主要依靠两个方面实现，即减少围护结构的散热（承担30%）和提高供热系统的热效率（承担20%），要求不同地区采暖住宅建筑耗热量指标和采暖耗煤量指标不应超过规定的数值。

建筑物耗热量是指在采暖期室外平均温度条件下，为保持室内计算温度，单位建筑物面积在单位时间内消耗的、需由室内采暖设备供给的热量。主要通过减少单位建筑面积通过围护结构的传热耗热量和空气渗透耗热量来实现。要求适当控制建筑体形系数，加强门窗、外墙、屋顶和地面的保温，提高建筑物的气密性。

采暖耗煤量指标值，是指在采暖期室外平均温度条件下，为保持室内计算温度（一般取16℃），单位建筑物面积在一个采暖期内需要消耗的标准煤量，主要通过提高室外管网输送效率和锅炉运行效率来实现。合理提高锅炉的负荷率，改善锅炉运行状况，采用管网水力平衡技术以及加强供热管道保温，可以提高室外管网输送效率和锅炉运行效率。

2. 夏热冬冷地区居住建筑节能50%的内涵

夏热冬冷地区居住建筑的能耗包括围护结构的散热以及采暖、通风、空调和照明的能源消耗。由于居住建筑的照明往往由住户自行安排，难以由设计标准控制，只能通过宣传引导使居住者自觉采用节能灯具，因此，《夏热冬冷地区居住建筑节能设计标准》JGJ 134-2010 规定的居住建筑节能率并不包括照明节能在内。不过，照明节能在《建筑照明设计标准》GB 50034-2004 中另有规定。

根据《夏热冬冷地区居住建筑节能设计标准》JGJ 134-2010，我国夏热冬冷地区居住建筑节能50%的含义是指，居住建筑通过采用增强建筑围护结构保温隔热性能和提高采暖、空调设备能效比的节能措施，在保证相同的室内热环境指标的前提下，与未采取节能措施相比，采暖、空调能耗应节约50%。居住建筑采暖、空调设备的配置实际上是居民的个人行为，节能设计标准实际上能控制的主要是建筑围护结构，所以在建筑节能计算中对采暖、空调设备采用额定能效比。夏热冬冷地区，按照国家现行标准设定的计算条件，在计算出来全年采暖和空调所节约的50%能耗中，建筑围护结构的贡献略低于25%，采暖空调系统略高于25%。

3. 夏热冬暖地区居住建筑节能50%的内涵

《夏热冬暖地区居住建筑节能设计标准》JGJ 75-2003 将夏热冬暖地区分为南北两个区。北区内建筑节能设计应主要考虑夏季空调、兼顾冬季采暖。南区内建筑节能设计应考虑夏季空调，可不考虑冬季采暖。夏热冬暖地区居住建筑的能耗包括围护结构的散热以及采暖、通风、空调（南区）和照明的能源消耗。

由于居住建筑的照明往往由住户自行安排，难以由设计标准控制，只能通过宣传引导使居住者自觉使用节能灯具，因此，《夏热冬暖地区居住建筑节能设计标准》JGJ 75-2003 规定的居住建筑节能率并不包括照明节能在内。不过，照明节能在《建筑照明设计标准》GB 50034-2004 中另有规定。

根据《夏热冬暖地区居住建筑节能设计标准》JGJ 75-2003，我国夏热冬暖地区居住建筑节能50%的含义是指，居住建筑通过采用增强建筑围护结构保温隔热性能和提高采暖、空调设备能效比的节能措施，在保证相同的室内热环境指标的前提下，与未采取节能措施相比，采暖、空调能耗应节约50%。

4. 公共建筑节能50%的内涵

公共建筑能耗包括建筑围护结构的散热以及采暖、空调和照明用能消耗。在公共建筑（特别是大型商场、高档旅馆酒店、高档办公楼等）的全年能耗中，大约50%～60%消耗于空调制冷与采暖系统，20%～30%用于照明。而在空调采暖这部分能耗中，大约20%～50%由外围护结构所消耗（夏热冬暖地区大约20%，夏热冬冷地区大约35%，寒冷地区大约40%，严寒地区大约50%）。

公共建筑50%的节能目标是以20世纪80年代改革开放初期建造的公共建筑（称为“基准建筑”）作为比较能耗基础的，“基准建筑”围护结构、暖通空调设备及系统、照明设备的参数，都按当时情况选取。在保持与目前标准约定的室内环境参数的条件下，计算“基准建筑”全年的暖通空调和照明能耗，将它视为100%。拟建建筑的围护结构、暖通空调、照明参数均按现行标准规定设定，计算其全年的暖通空调和照明能耗，应该相当于50%。按国家现行节能标准，从北方到南方，围护结构分担节能率约13%～25%；空调采暖系统分担节能率约16%～20%；照明设备分担节能率约7%～18%。

第二节 建筑节能的目的和意义

随着我国经济的发展及人民居住条件的改善，近10年来，新建建筑快速扩展，随建筑面积的快速增加，建筑耗能也迅速增长，相对发达国家，我国建筑能耗大、效率低。造成此种现象的主要原因是建筑物节能水平低。在倡导低碳消费的时代，建筑节能有非常积极的意义，同时，建筑节能有广泛的潜在市场，能带动相关联产业的发展，对经济发展及内需的拉动有重要作用。

一、建筑节能的目的

我国国民经济的发展及住房制度的改革，使建筑市场蓬勃发展，目前每年新建房屋17亿～18亿m^2。随着人民生活水平的提高，建筑能耗增长迅猛。建筑能耗中采暖、空调能耗约占建筑使用总能耗（包括采暖、空调、热水供应、照明、炊事、家用电器等方面的能耗）的60%～70%。由于保温隔热差，采暖系统效率低，我国单位面积采暖能耗是相同气候条件下世界平均值的三倍，一些严寒地区城镇建筑能耗已高达当地社会总能耗的一半左右。中部夏热冬冷地区（过渡地区）冬季采暖夏季制冷，以及南方夏热冬暖地区（炎热地区）制冷空调越来越普遍。目前，我国的能源形势是相当严峻的。我国人口占世界总人口的20%，已探明的煤炭储量只占世界储量的11%、原油占2.4%、天然气仅占1.2%。已成为世界上第三大能源生产国和第二大能源消费国。

由于经济及技术条件的原因，我国存在约40亿m^2的旧建筑，新建建筑中也仅有部分建筑符合节能标准，旧有建筑的能耗大及新建建筑的迅速发展使得能源需求增长迅速，从以上情况来看，我国建筑节能面临的任务十分艰巨。

中国是一个发展中国家，人口众多，人均能源资源相对匮乏。人均耕地只有世界人均耕地的1/3，水资源只有世界人均占有量的1/4，已探明的煤炭储量只占世界储量的11%，原油占2.4%。每年新建建筑使用的实心黏土砖，毁掉良田12万亩。物耗水平相较发达国家，钢材高出10%～25%，每立方米混凝土多用水泥80kg，污水回用率仅为25%。国民经济要实现可持续发展，推行建筑节能势在必行、迫在眉睫。目前，中国建筑用能浪费极其严重，而且建筑能耗增长的速度远远超过中国能源生产可能增长的速度，如果听任这种高耗能建筑持续发展下去，国家的能源生产势必难以长期支撑此种浪费型需求，从而被迫组织大规模的旧房节能改造，这将要耗费更多的人力物力。在建筑中积极提高能源使用效率，就能够大大缓解国家能源紧缺状况，促进中国国民经济建设的发展。因此，建筑节能是贯彻可持续发展战略、实现国家节能规划目标、减排温室气体的重要措施，符合全球发展趋势。

二、建筑节能的意义

目前，我国正处在工业化和城镇化的重要发展阶段，国民经济发展对能源需求巨大，经济快速增长必然会带动能源消费的快速增长，见表1-1和图1-1。

GDP与能源增长速度对照表 **表1-1**

年　份	GDP增长速度（%）	能源消费增长速度（%）
1980～1985	10.7	4.9
1986～1990	7.9	5.7
1991～1995	12.3	5.9
1996～2000	8.6	-0.1
2001	8.3	3.3
2002	9.1	6
2003	10	15.3
2004	10.1	16.1
2005	11.3	10.6
2006	12.7	9.6
2007	14.2	8.4
2008	9.6	3.9
2009	9.2	5.2
2010	10.4	6

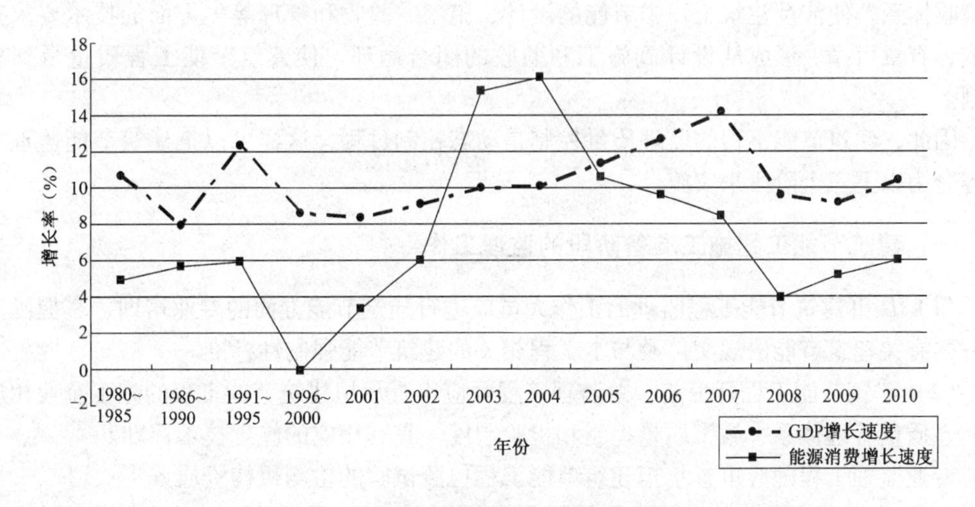

图1-1　GDP与能源消费增长速度对照图

从统计数据可以看出，2003年以来，能源消费与GDP增速明显加快，尤其是2003～2004年，能源消费增长速度还超过GDP增速，主要原因是这二年投资增长过猛，钢铁、水泥、化工、电力等高耗能产业迅速扩张，高耗能产品产量大幅增长，从而造成能源消费量增长过快。

统计数据表明，我国能源消费增长与GDP增长基本上是同向增长，能源消费增长基本上慢于GDP增长，能源消费是经济持续稳定增长的重要推动力，为经济发展提供了重要的物质保障。今后，随着我国经济总量不断增长，能源需求总量将在较长时期内保持较高的增长水平。因此，千方百计增加能源供给，提高能源利用效率，是确保我国经济持续稳定发展的一项重要任务，合理并可持续的利用能源对构建人与自然之间和谐的关系意义尤为重要。

首先，建筑节能有利于资源节约及排放减少。无论是何种能量，哪怕是太阳能，只要生产出来，就需要一定的成本，对一次性的煤、天然气来说，能量的释放就意味着环境的污染及资源的减少。提高建筑物的节能标准，就是减少建筑用能，达到节约资源保护环境的目的。

其次，建筑节能有利于对节能技术的促进作用。建筑节能技术是广泛的技术，从热（冷）源的生产、输送、利用等各环节，均存在大的提高空间，需方市场的空间，可促进节能技术的发展，对整个节能产业也有推动作用。

第三，建筑节能有利于对国民经济的拉动。建筑节能所带动的产业可涉及节能型建筑材料、节能相关的设备、建筑的节能改造等方面，由于我国建筑节能现状较为落后，因此形成巨大的市场，在政府的合理引导下，建筑节能能够形成一个带动面广泛的产业，促进国民经济的发展。

第三节 建筑节能监理工作内容

建筑节能分部工程具有涉及专业多、工程范围广、建设周期长等特点，建筑节能工程并不是独立的一个分部工程，而是贯穿于整个单位工程的施工过程。但是，按照《建筑节能工程施工质量验收规范》GB 50411，建筑节能又是作为一个完整的分部工程纳入建筑工程验收体系，使涉及建筑工程中节能的设计、施工、验收和管理等多方面的技术要求有法可依，有章可循。形成从设计到施工和验收的闭合循环，使建筑节能工程质量得到有效控制。

因此，建筑节能工程的监理质量控制是动态控制过程，这样可以把建筑节能监理工作内容分为以下三个阶段来实施。

一、建筑节能工程施工准备阶段的监理工作

（1）从事建筑节能工程监理的工作人员应进行建筑节能方面的专业培训，掌握国家和地方的有关建筑节能法规文件及与本工程相关的建筑节能强制性标准。

（2）建筑节能工程开工前，总监理工程师应审查承担建筑节能工程的施工企业相应的资质、质量管理体系、施工质量控制和检验制度，具有相应的施工技术标准。

专业监理工程师应审查承担建筑节能工程检测试验的检测机构资质。

（3）进行施工图会审。主要应审查建筑节能工程设计图纸是否经过施工图设计审查单

位审查合格，未经审查或审查不符合强制建筑节能标准的施工图不得使用。

（4）进行建筑节能设计交底。项目监理人员应参加由建设单位组织的建筑节能设计技术交底工作，总监理工程师应对建筑节能设计技术交底会议纪要进行签认，并对设计图纸中存在的问题通过建设单位提出书面意见和建议。

（5）工程项目开工前，总监理工程师应组织专业监理工程师审查承包单位报送的施工组织设计，施工组织设计应包括建筑节能工程施工内容，提出审查意见，并经总监理工程师审核、签认后报建设单位。建筑节能工程开工前，专业监理工程师应审查承包单位报送的建筑节能工程专项施工技术方案，提出审查意见，并经总监理工程师审核、签认后报建设单位。

（6）在建筑节能工程施工前，总监理工程师应组织编制建筑节能监理实施细则。按照建筑节能强制性标准和设计文件，编制符合本工程建筑节能特点的、具有针对性的监理实施细则，为顺利开展监理工作打下良好的基础。

（7）在建筑节能分部工程正式施工前，应根据《建筑节能工程施工质量验收规范》GB 50411 中的规定，督促施工单位进行建筑节能工程检验批划分。

二、建筑节能工程施工阶段的监理工作

工程施工阶段是建筑建造的过程，施工阶段的监理工作是整个监理工作的核心和重点，它对于工程进度、工程质量和工程造价等方面均有非常重要的影响。根据建筑节能工程施工的实践，在其施工阶段的监理工作主要包括以下方面。

（1）监理工程师对进场材料和设备的验收应按下列规定进行。

1）对材料和设备品种、规格、包装、外观和尺寸进行检查和验收，并在材料/设备报审表中形成相应的验收记录。

2）核查材料和设备质量证明文件、出厂合格证、中文说明书及相关性能的检测报告；定型产品和成套技术应有型式检验报告和复验报告；进口材料和设备应按规定检查出（入）境商品检验报告。

3）对现场配制的材料（如保温浆料、聚合物砂浆等），应提供其配合比通知单，检查是否合格、齐全、有效，是否与设计和产品标准的要求相符。

4）检查是否使用国家明令禁止、淘汰的材料、构配件、设备。

5）检查有无本行政区域节能材料科技推广证及相应验证要求资料。

6）按照委托监理合同约定及《建筑节能工程施工质量验收规范》GB 50411 有关规定的比例，在施工现场进行检验或者见证取样、送样检测。

7）核查建筑节能使用材料的燃烧性能等级、使用时含水率是否符合设计和现行有关标准的要求。

8）对未经监理人员验收或验收不合格的建筑节能工程材料、构配件、设备，不得在工程上使用或安装；对国家明令禁止、淘汰的材料、构配件、设备，监理人员不得签认，并签发监理工程师通知单，书面通知承包单位限期将不合格的建筑节能材料、构配件、设备撤出现场。

（2）当建筑节能工程采用建筑节能新材料、新工艺、新技术、新设备时，承包单位应按照有关规定进行评审、鉴定及备案，施工前对新的或首次采用的施工工艺进行评价，并

制定专门的施工技术方案，经专业监理工程师审定后予以签认。

（3）督促、检查承包单位按照经审查合格的建筑节能设计文件和经审查批准的施工技术方案进行施工。

项目监理机构应严格控制设计变更，当设计变更涉及材料变更、厚度减少等影响建筑节能效果时，应督促建设单位将设计变更文件报送原施工图审查机构审查，在实施前监理工程师应审查设计变更手续，符合要求后予以确认。

（4）建筑节能工程施工前，对于采用相同建筑节能设计的房间和构造做法，监理工程师应要求施工单位在现场采用相同材料和工艺制作样板间或样板件，经建设、设计、施工、监理、材料供应单位等各方确认后方可施工。

（5）建筑节能施工过程应采取旁站、巡视和平行检验等形式实施监理。对易产生热桥和热工缺陷部位的施工以及墙体、屋面等保温隐蔽前的施工，应采取旁站形式实施监理。

（6）专业监理工程师应对承包单位报送的建筑节能隐蔽验收记录和必要的图像资料进行现场检查，符合要求后予以签认。

未经监理工程师签字，墙体材料、保温材料、门窗、采暖制冷系统和照明设备不得在建筑上使用或者安装，施工单位不得进行下一道工序的施工。

（7）专业监理工程师应根据对承包单位报送的检验批和分项工程报验申请表和质量检查验收记录进行现场检查和资料核查，符合要求后予以签认。

（8）对建筑节能工程施工过程中出现的质量问题应及时下达监理工程师通知单，要求承包单位整改，并检查整改结果。

三、建筑节能工程竣工验收阶段的监理工作

建筑节能工程竣工验收阶段的监理工作是规范节能工程质量的检查验收监督行为，明确建设、设计、监理、施工、质量监督管理等各方面工作职责和工作程序，提高建筑节能工程施工质量。建筑节能是系统工程，也是单位工程竣工验收的先决条件，它具有“一票否决权”，必须在建筑节能分部工程验收合格后方可进行，由此可以看出建筑节能监理工作在竣工验收阶段及其重要。

根据建筑节能工程竣工验收的实践，在此阶段应当做好的监理工作包括以下方面。

（1）核查建筑节能工程质量控制资料和现场检验报告，主要有：

1）设计文件、图纸会审记录、设计变更和洽商；

2）主要材料、设备和构配件的质量证明文件、进场检验记录、进场核查记录、进场复验报告、见证试验报告；

3）隐蔽工程验收记录和相关图像资料；

4）检验批、分项工程验收记录；

5）建筑围护结构节能构造现场实体检验记录；

6）严寒、寒冷和夏热冬冷地区外窗气密性现场检测报告；

7）风管及系统严密性检验报告；

8）现场组装的组合式空调机组的漏风量测试记录；

9）设备单机试运转及调试记录；

10）系统联合试运转及调试记录；

11）系统节能性能检验报告；

12）其他对工程质量有影响的重要技术资料。

（2）总监理工程师组织监理人员对施工单位报送的建筑节能分部工程进行现场检查，符合要求后，予以批准节能分部工程验收。同时编制节能分部工程监理质量评估报告，质量评估报告应明确执行建筑节能标准和设计要求的情况及节能工程质量评估结论。

（3）节能分部工程验收由建设单位组织，总监理工程师主持，施工单位项目经理、项目技术负责人和相关专业的质量检查员、施工员参加；施工单位的质量或技术负责人参加；设计单位节能设计人员参加；

（4）签署建筑节能实施情况意见。工程监理单位建筑节能专项验收报告上签署建筑节能实施情况意见，并加盖监理单位印章。

（5）帮助建设单位和督促承包单位完成建筑节能专项工程验收备案。

第四节 建筑节能监理工作流程

建筑节能监理工作流程是指建筑节能监理工作事项的活动开展流向顺序 ，包括建筑节能实际工作过程中的工作环节、步骤和程序。建筑节能监理工作流程中各项工作之间的逻辑关系是一种动态关系，在建设工程项目实施过程中，其管理工作、信息处理以及设计工作、材料采购和施工都属于监理工作流程的一部分。

一、建筑节能监理工作总流程

建筑节能是建筑领域的一个重要热点，是建筑业技术进步的一个标志。它关系到中华民族生存和发展的长远大计，也关系到人类生存环境、充分利用有限资源的重大问题，它不仅能带来社会效益、经济效益，还能有效提高建筑技术水平，带动整个建筑业的发展。

建筑节能监理工作总流程如图 1 - 2 所示。

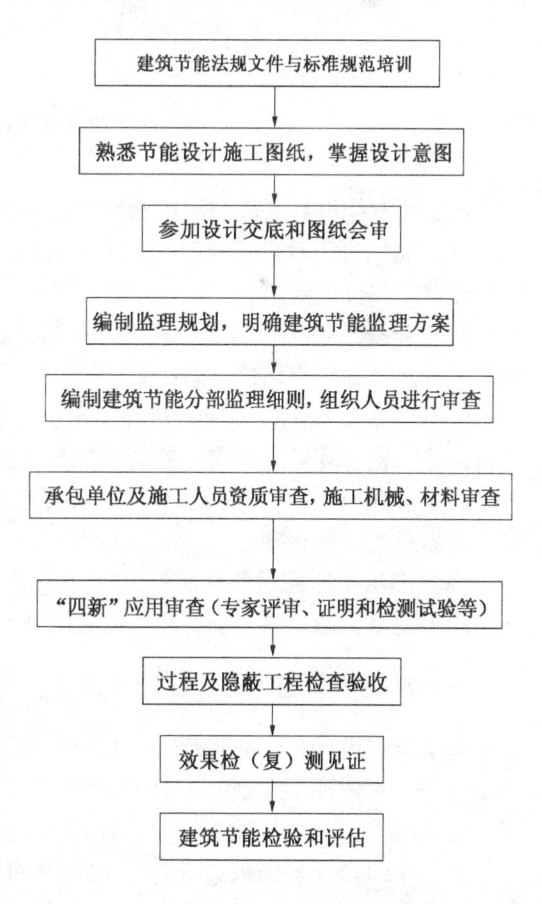

图 1-2 建筑节能监理工作总流程

二、建筑节能设计交底和图纸会审工作流程

设计交底是指在施工图完成并经审查合格后，设计单位在设计文件交付施工时，按法律规定的义务就施工图设计文件向施工单位和监理单位做出详细的说明，其目的是对施工单位和监理单位正确贯彻设计意图，使

其加深对设计文件特点、难点、疑点的理解。

在施工图设计交底的同时，监理单位、设计单位、建设单位、施工单位及其他有关单位需对设计图纸在自审的基础上进行会审。图纸会审是指工程各参建单位（建设单位、监理单位、施工单位）在收到设计院施工图设计文件后，对图纸进行全面细致的审查，审查出施工图中存在的问题及不合理情况，并提交设计院进行处理的一项重要活动。

设计交底与图纸会审是保证工程质量的重要环节，是保证工程质量的前提，也是保证工程顺利施工的主要步骤。建筑节能分部设计内容如果较为复杂，设计交底与图纸会审可以单独进行，如果设计内容没有新技术等复杂内容，也可以与建筑、结构、水电安装等设计图纸共同进行。建筑节能设计交底和图纸会审工作流程如图1-3所示。

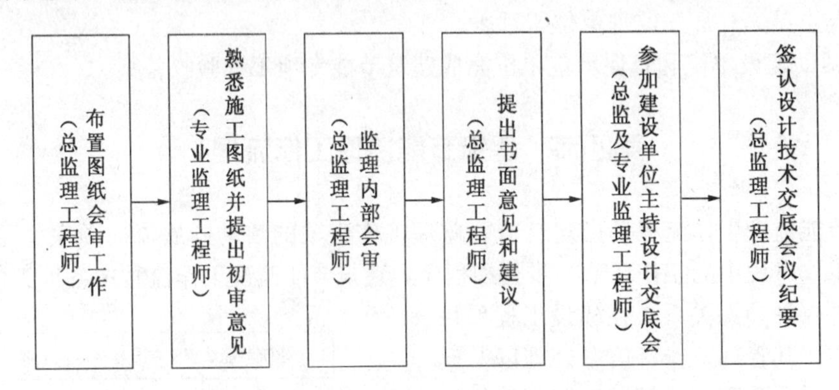

图1-3 设计交底和图纸会审工作流程

在建筑节能设计交底和图纸会审工作中应掌握以下实施要点：

（1）总监理工程师应及时组织专业监理工程师认真学习设计图纸，领会建筑节能工程的设计意图和设计要求；

（2）专业监理工程师应审核设计图纸标识和节能设计标准是否符合现行规范的要求，对于不符合之处应提出修改意见；

（3）专业监理工程师应审核施工图设计深度能否满足施工的要求，施工图要符合有关建筑节能工程设计标准要求，要与国家规范及现场实际情况符合；

（4）在进行图纸会审的过程中，各专业监理工程师应注意各专业图纸之间是否存在矛盾，具体布置是否合理；

（5）图纸中所需材料来源有无标识保证，材料不能满足时能否代换，图纸中所要求的条件能否满足，新材料、新技术的应用有无问题，施工安全与环境保护有无保证。

三、建筑节能施工组织设计（方案）审核工作流程

施工组织设计是对施工活动实行科学管理的重要手段，它具有战略部署和战术安排的双重作用。它体现了实现基本建设计划和设计的要求，提供了各阶段的施工准备工作内容，协调施工过程中各施工单位、各施工工种、各项资源之间的相互关系。

施工组织设计是用来指导施工项目全过程各项活动的技术、经济和组织的综合性文件，是工程开工后施工活动能有序、高效、科学合理地进行的保证。监理机构必须对承包单位报送的施工组织设计进行认真审核，并对重大施工方案组织有关单位共同审定。

施工组织设计（方案）审核工作流程如图1-4所示。

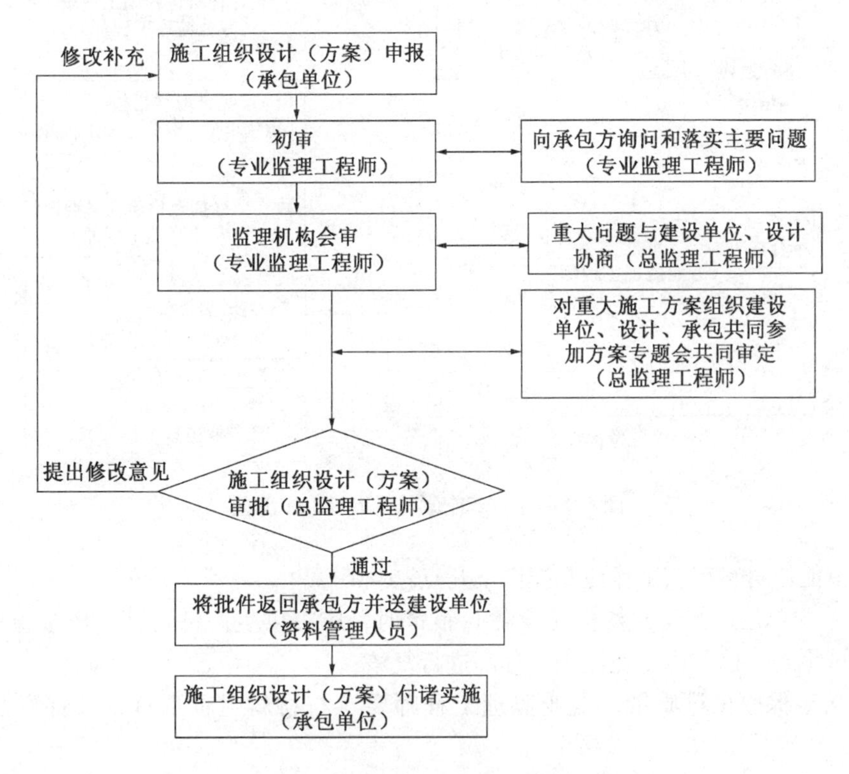

图1-4 施工组织设计（方案）审核工作流程

在施工组织设计（方案）审核工作中应掌握以下要点：

（1）建筑节能是单位工程中的重要组成部分，在单位工程的施工组织设计中，必须包括建筑节能工程的施工内容；

（2）施工组织设计或施工方案编制后，是否经承包单位上级技术、安全管理部门审批；

（3）编制的施工方案内容是否齐全，是否切实可行，是否结合工程特点和工地环境；

（4）施工组织设计中主要的技术、安全和环保措施等是否符合现行规范的要求；

（5）施工组织设计的审核工作由总监理工程师组织，专业监理工程师参加，一般要求在一周时间内完成。

四、建筑节能原材料审核工作流程

施工过程中对建筑节能原材料控制是一项重要的技术工作，也是保证节能工程施工质量的前提。因此，在建筑节能原材料进场时，必须按照工程原材料审核工作流程对原材料进行严格的审核。所用的原材料必须提供出场合格证或材料证明，原材料、中间产品使用前必须经质量监督部门检验，检验合格后才能使用，检验不合格或未经检验的材料杜绝使用。

建筑节能原材料审核工作流程如图1-5所示。

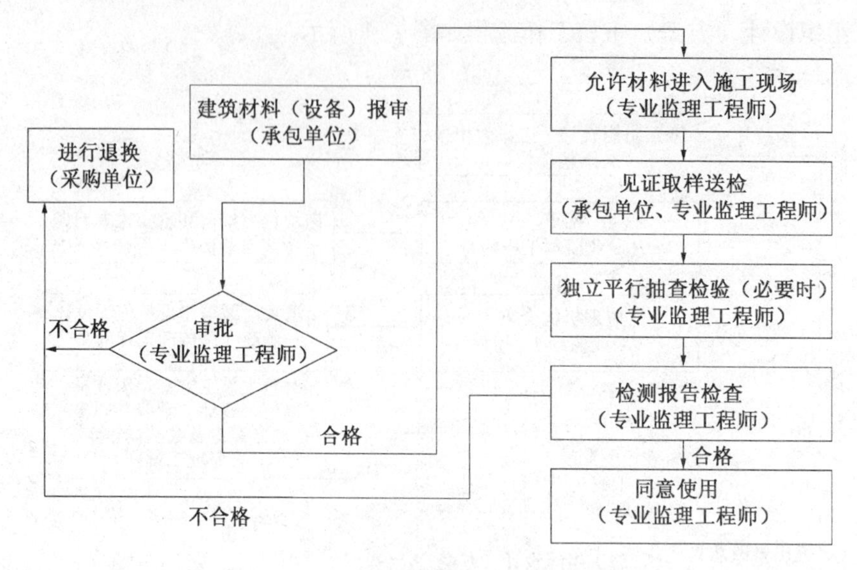

图1-5 建筑节能原材料审核工作流程

建筑节能原材料审核工作应掌握以下几点：

(1) 采购单位进行建筑材料（设备）报审时，应提供生产许可证、质量保证书、相应性能测试报告，以上由专业监理工程师进行复核；

(2) 为确保原材料质量，专业监理工程师要参与材料见证取样，保证样品具有代表性；

(3) 专业监理工程师对材料质量或检验数据有疑问的，可以提出补充检测要求。

五、建筑节能隐蔽工程验收工作流程

所谓“隐蔽工程”，就是在施工过程中被隐蔽起来，表面上再无法看到的施工项目。根据施工工序，这些“隐蔽工程”都会被后一道工序所覆盖，如果不按规定及时对隐蔽工程进行验收，就很难检查其材料是否符合质量要求、施工质量是否符合规范规定。监理工程师进行建筑节能隐蔽工程验收活动也是一项保障建筑节能整体质量、消除建筑节能质量隐患的重要工作。隐蔽工程验收监理工作流程如图1-6所示。

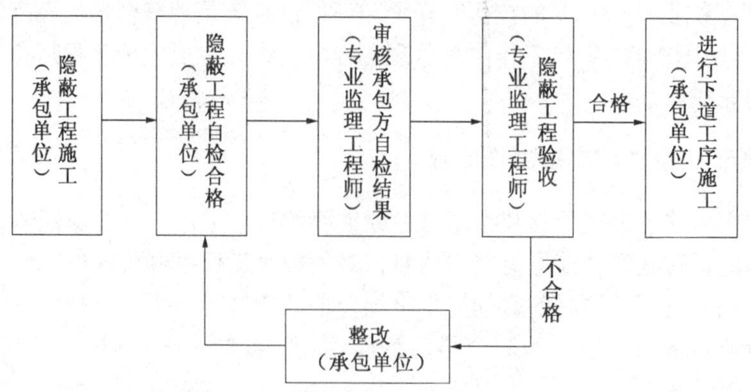

图1-6 隐蔽工程验收监理工作流程

建筑节能隐蔽工程验收监理工作应掌握以下要点：

(1) 在工程施工的过程中，经后道工序遮盖后不宜或不能再检查的工程内容，均属于隐蔽工程验收范围；

(2) 专业监理工程师应参与隐蔽工程的验收，应在承包商的隐蔽工程验收记录单上签署意见，必要时应附相关证明图片，并备份进行存档，作为工程竣工验收的重要资料。

六、建筑节能工程变更审核工作流程

在工程项目实施过程中，按照合同约定的程序对部分或全部工程作出必要的改变在所难免。建筑节能工程变更是指承包人根据原设计单位签发变更设计文件及监理变更指令进行的、在合同工作范围内各种类型的变更，包括合同工作内容的增减，合同工程量的变化，因地质原因引起的设计更改，根据实际情况引起的结构物尺寸，标高的更改，合同外的任何工作等。

建筑节能工程变更必须坚持高度负责的精神与严格的科学态度，监理工程师必须对工程变更严格掌握。在确保工程质量标准的前提下，对于降低工程造价、加快施工进度等方面有显著效益时，可以考虑工程变更。

工程变更审核工作流程如图1-7所示。

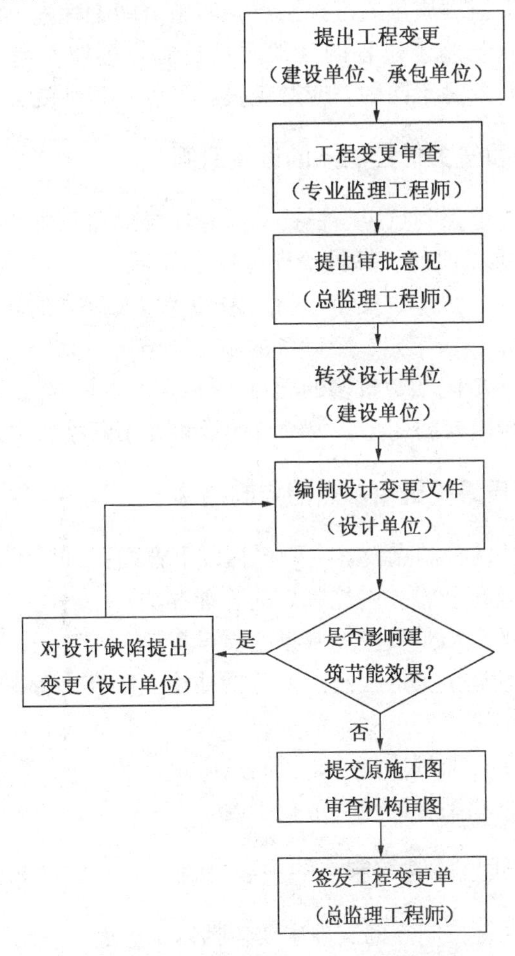

图1-7 建筑节能工程变更审核工作流程

在进行建筑节能工程变更审核工作中应掌握以下要点：

（1）当工程变更涉及工程进度安排及工程造价控制时，审批过程应由相关专业监理工程师共同参与确定；

（2）工程费用变更及施工工期变更情况应由总监理工程师与承包单位、建设单位协调；

（3）专业监理工程师应根据工程变更督促承包单位按规定实施。

当工程变更涉及节能材料品种、保温层厚度等影响建筑节能效果时，必须经原施工图设计审查机构进行审查，在实施前应办理工程变更手续，并获得监理单位或建设单位的确认。

第五节 建筑节能监理质量关键控制点

设置建筑节能监理质量关键控制点应根据建筑节能设计文件、节能技术规范和施工质量控制计划要求进行，通过建筑节能监理质量关键控制点的设置，确保建造出符合设计和规范要求的节能建筑。建筑节能工程的质量管理必须以预防为主，加强因素控制，确定特定、特殊工序的建筑节能监理质量关键控制点，实施节能工程施工的动态管理。

建筑节能关键控制点与施工过程的其他质量控制点不应混淆，尽管它们有时会有重叠，然而它们所监控的对象是不同的。应避免设点过多，否则就会失去控制的重点。

一、建筑节能监理质量关键控制点的设置原则

建筑节能监理质量关键控制点应当根据不同管理层次和职能，按以下原则分级设置：

（1）施工过程中的重要项目、薄弱环节和关键部位；

（2）影响工期、质量、成本、安全、材料消耗等重要因素的环节；

（3）新材料、新技术、新工艺、新设备的施工环节；

（4）质量信息反馈中缺陷频数较多的项目。

随着施工进度和影响因素的变化，关键点的设置要不断推移和调整。

二、建筑节能监理质量关键控制点的控制措施

建筑节能监理质量关键控制点设置主要包括以下方面：

（1）制定建筑节能监理质量关键控制点的管理办法；

（2）落实建筑节能监理质量关键控制点的质量责任；

（3）在建筑节能监理质量关键控制点上开展抽检一次合格管理和检查上道工序、保证本道工序、服务下道工序的“三工序”活动；

（4）认真填写建筑节能监理质量关键控制点质量记录；

（5）落实与经济责任相结合的检查考核制度。

三、建筑节能监理质量关键控制点的主要文件

建筑节能监理质量关键控制点的文件主要包括以下方面：

（1）质量关键控制点作业流程图；

（2）质量关键控制点明细表；
（3）质量关键控制点质量因素分析表；
（4）质量关键控制点作业指导书；
（5）自检、交接检、专业检查记录以及控制图表；
（6）工序质量统计与分析；
（7）质量保证与质量改进的措施与实施记录；
（8）工序质量信息。

四、建筑节能监理质量关键控制点的主要内容

建筑节能分部工程包括10个分项，内容基本涵盖了整个建筑工程的施工过程，根据国家现行规范《建筑节能工程施工质量验收规范》GB 50411，建筑节能监理质量关键控制点所包括的内容如表1-2所列。

建筑节能监理质量关键控制点 **表1-2**

序号	分项工程	质量关键控制点
1	墙体节能工程	墙体节能工程的材料或构件检查、见证送检、平行检测等 保温基层的处理质量检查 保温层施工质量的检查、现场试验 特殊部位如不采暖墙体、凸窗等节能保温构造措施检查 隔断热桥措施检查
2	幕墙节能工程	幕墙节能工程的材料或构件检查、见证送检、平行检测等 幕墙气密性能和密封条检查 保温材料厚度和遮阳设施安装检查 幕墙工程热桥部位措施检查 冷凝水的收集和排放做法检查 幕墙与周边墙体间的接缝检查 伸缩缝、沉降缝、防震缝等保温或密封做法检查
3	门窗节能工程	建筑外门窗品种和规格的符合性检查 建筑外窗气密性、保温性能、中空玻璃露点、玻璃遮阳系数和可见光透比等符合性核查、见证送检、平行检测等 金属外门窗、金属副框隔断热桥措施符合性检查 外门窗框、副框和洞口间隙处理符合性检查 外门安装、采窗遮阳设施性能与安装质量检查 特种门性能与安装、天窗安装等质量检查
4	屋面节能工程	屋面保温隔热材料品种和规格的符合性检查 屋面保温隔热材料的热导率、密度、抗压强度或抗拉强度、燃烧性能等符合性核查、见证送检、平行检测 屋面保温隔热层施工质量检查、热桥部位处理措施检查 屋面通风隔热架空层、隔汽层符合性检查 采光屋面传热系数、遮阳系数、可见光透比、气密性等符合性核查

续表

序 号	分 项 工 程	质量关键控制点
5	地面节能工程	地面保温材料品种和规格的符合性检查 地面保温材料的热导性、密度、抗压强度或抗拉强度、燃烧性能等符合性核查、见证送检、平行检测 保温基层处理质量检查 地面保温层、隔离层、保护层等施工质量检查以及金属管道隔断热桥措施检查 防水层、防潮层和保护层等施工质量检查
6	采暖节能工程	散热设备、阀门、仪表、管材、保温材料等类型、材质、规格和外观等符合性核查 散热器的单位散热量、金属热强度等技术性能复验检查以及保温材料的热导率、密度和吸水性的复验核查 采暖系统制式、散热设备、阀门、过滤器、温度计和仪表符合性和安装质量检查 温度调控装置、热计量装置、水力平衡装置以及热力入出口装置安装符合性检查 低温热水地面辐射供暖系统安装质量检查 采暖管道保温层和防潮层施工质量检查 采暖系统联合试运转和调试
7	通风与空调节能工程	通风与空调系统使用设备、管道、阀门、仪表、绝热材料等产品的类型、材质、规格及外观检查验收 风机盘管机组供热量、供冷量、风量、出口静压、噪声及功率复验检查 绝热材料的热导率、密度、吸水性等技术指标复验核查 通风与空调节能工程的送、排风系统及空调风系统、空调水系统符合性和安装质量检查 风管制作与安装符合性检查 组合式空调机组、柜式空调机组、新风机组、单元式空调机组安装质量检查 风机盘管机组、风机、双向换气装置、排风热回收装置等安装质量检查 空调机组回水管和风机盘管机组回水管的电动两通调节阀、空调冷热水系统的水力平衡阀、冷热量计量装置等自控阀门与仪表的安装质量检查 空调风管系统及部件、空调水系统管道及配件等绝热层、防潮层施工质量检查 空调水系统的冷热水管道与支吊架的绝热衬垫符合性和施工质量检查 通风机与空调机组等设备的单机试运转和调试以及系统风量平衡调试
8	空调与采暖系统冷、热源及管网节能工程	空调与采暖系统冷热源设备及其辅助设备、阀门、仪表、绝热材料等类型、规格及外观检查验收 绝热管道、绝热材料进场时，材料的热导率、密度、吸水率等技术指标复验检查 冷热源设备和辅助设备及其管网系统的安装质量检查与验收 冷热源侧的电动两通调节器、水力平衡阀及冷（热）量计量装置等自控阀门与仪表的安装质量检查 锅炉、热交换器、电动驱动压缩机的蒸汽压缩循环冷水（热泵）机组、蒸汽或热水型溴化锂吸收冷水机组及直燃型溴化锂吸收冷（温）水机组等设备的安装检查 冷却塔、水泵等辅助设备的安装检查 空调冷热源水系统管道及配件绝热层和防潮层施工质量检查 输送介质温度低于周围空气露点温度管道，采用非闭孔绝热材料作绝热层，其防潮层和保护层完整性、封闭性检查 冷热源机房、换热站内部空调冷热水管道与支、吊架之间绝热衬垫的施工质量检查 冷热源和辅助设备的单机试运转及调试，以及同建筑物室内空调或采暖系统的联合试运转和调试

续表

序　号	分 项 工 程	质量关键控制点
9	配电与照明节能工程	照明光源、灯具及其附属装置进场检查验收 低压配电系统选择的电缆截面和每芯导体电阻值见证取样送检 低压配电系统调试以及低压配电电源质量检测 照明系统通电式运行，测试照度和功率密度值
10	监测与控制节能工程	监测与控制系统的设备、材料及附属产品进场检查验收 监测与控制系统安装质量检查 经过试运行项目的投入情况、监控功能、故障报警连锁控制及数据采集功能等记录检查 空调与采暖的冷热源、空调水系统的监控系统、通风与空调监控系统等控制及故障报警功能检测 监测与计量装置的对比检测 供配电监测与数据采集系统检测 照明自动控制系统检查与检测 综合控制系统的功能检测 建筑能源管理系统软件检测
11	可再生能源节能工程	可再生能源节能系统装置规格及外观进场检查验收 集热设备、储热水箱、阀门仪表、光伏组件、地埋管件及管件、隔热材料等技术指标复验检查 可再生能源节能系统隐蔽验收检查 可再生能源节能系统整体运转、调试和检测 注：可再生能源节能工程包括太阳能光热系统、太阳能光伏系统、地源热泵换热系统

第六节　建筑节能监理工作方法和措施

在建筑节能工程施工过程中，通常质量控制的监理方法包括：审查、复核、巡视、旁站、见证、平行检测、工程验收、指令文件、支付控制、监理通知、会议、影像记录等方式，同时也可以通过样板开路，推动节能工程施工顺利进行。

一、　建筑节能工程监理的审查

为了加强对建筑节能工程质量的管理，保证节能工程建设质量，根据国务院《民用建筑节能条例》（国务院令第530号）、《民用建筑工程节能质量监督管理办法》（建设部建质［2006］192号）中的有关规定，监理工程师应对建筑节能工程进行综合审查。审查是工程监理进行质量控制的主要方法之一，其主要包括以下内容：

1. 审核节能工程设计施工图纸

施工单位所用的建筑节能施工图纸必须是经施工图设计审查机构审查符合建筑节能设计标准的施工图纸，审图机构签发的审图合格证书应在监理单位备案。施工和监理单位的有关人员要充分了解设计意图、标准和要求，对工程重点、技术指标等提出要求，形成会议纪要，并经与会各方签字、盖章后生效、执行。

2. 审批、审定节能施工组织设计（施工方案）

监理工程师对建筑节能工程施工组织设计（施工方案）的审批、审定是一项非常重要的监理工作内容。

在建筑节能工程正式开工前，要求施工单位结合工程实际情况，报送详细的施工技术质量、进度、安全等方案。建筑节能工程的施工组织设计（施工方案）一般要根据工程规模大小、结构特点、技术复杂程度和施工条件的不同而定，以满足不同的实际需要。复杂和特殊节能工程的施工组织设计需较为详尽，小型建设项目或具有丰富施工经验的工程则可较为简略。

监理工程师对于报送的施工组织设计（施工方案）应着重审查：专项节能施工方案是否具有针对性，施工程序安排是否合理，材料的质量控制措施、施工工艺是否能够科学地指导施工；对特殊部位（如门窗口、变形缝等）是否明确专项措施、要求和质量验收标准，是否确定节能工程施工中的安全生产措施、环境保护措施和季节性施工措施。

施工技术方案应由经验丰富的技术人员编制，并经施工单位技术负责人审批后报送监理工程师，经专业监理工程师和总监理工程师审查批准后方可施工，监理工程师应按照审批后的施工方案进行检查和验收。

3. 检查备案建筑节能“四新”专家论证

建筑工程中的新技术、新材料、新工艺、新方法简称“四新”。随着对建筑节能工程的重视，建筑节能领域的“四新”成果不断涌现。工程实践证明，在建设工程中应用节能、环保、可循环的“四新”技术具有巨大的社会效益和经济效益。

建筑节能工程中采用的“四新”技术，监理工程师应做好以下工作：

（1）采用的“四新”技术建筑节能按照有关规定进行鉴定或备案，审查施工单位对“四新”技术的掌握程度和成功把握；

（2）认真审查所制定的专门施工技术方案，使用施工方案具有可行性和可靠性；

（3）对建筑节能“四新”和有关订货厂家等资料进行严格审核；

（4）对产品质量标准进行双控，即按照设计标准及国家现行的有关产品质量标准进行控制，严禁使用国家明令禁止和淘汰的产品。

二、建筑节能工程旁站监理

建筑节能工程旁站监理，是指监理人员在建筑节能工程施工阶段监理中，对关键部位、关键工序的施工质量实施全过程现场跟班的监督活动。旁站监理是工程质量控制过程中的重要手段之一，它不是监理工作和质量控制的全部内容，它的作用是监理必须进行旁站的关键部位、关键工序，施工单位的主要质量和技术管理现场就位管理情况，及时制止和纠正不恰当的施工操作，并与监理工作的其他监控手段结合使用，是监理质量控制过程中相当重要和必不可少的一项措施。

监理机构在开工前应当编制旁站监理方案，方案里应明确建筑节能旁站监理人员、监理的范围、内容、程序和旁站监理人员职责、旁站要求、方法、措施和记录要求。

施工企业根据监理机构制定的旁站监理方案，在需要实施旁站监理的关键部位、关键工序进行施工前，应提前24小时书面通知项目监理机构，项目监理机构应当安排旁站监理人员按照旁站监理方案实施旁站监理。

监理工程师应按质量计划目标要求督促施工单位加强工序质量控制，对关键部位切实进行旁站监理，杜绝质量隐患。在旁站监理的过程中，如发现有未按照规范和设计要求施工而影响工程质量时，应及时向施工单位提出口头或书面整改通知，要求限期按要求整改，并及时检查整改的结果；对于无法及时整改事项，应在事后进行专项检测或设计复核以满足要求，否则施工单位应采取修复或返工以达到要求，并将结果报告相关单位。

建筑节能工程旁站监理的部位应根据工程实际情况进行确定，一般主要包括以下部位：墙体保温层施工、热桥部位施工、变形缝隔热施工、隔热层施工、关键部位安装施工和现场检验等。

三、建筑节能工程巡视监理

监理人员对施工过程中的某些重要工序和环节进行现场巡回检查。为确保建筑节能工程的施工质量，监理人员应经常地、有目的对施工单位的施工过程进行巡视检查和检测，并对巡视监理情况进行专项记录。

建筑节能工程巡视检查的内容主要包括：

（1）是否按照设计文件、现行施工规范和批准的施工方案施工；

（2）是否使用节能的合格材料、构配件和设备；

（3）施工现场管理人员和质检人员是否到岗尽职；

（4）施工操作人员的技术水平、操作条件是否满足工艺操作要求，特种操作人员是否持证上岗；

（5）施工环境是否会对工程质量产生不利影响；

（6）已施工部位是否存在质量缺陷；

（7）其他需要检查的项目。

四、建筑节能工程平行检验

“检验”在《建筑工程施工质量验收统一标准》GB 50300 中给出的释义是：对检验项目中的性能进行量测、检查、试验等，并将结果与标准、规范和设计文件要求进行比较，以确认每项性能是否合格而进行的活动。

“平行检验”是指一方是承包单位对自己负责施工的工程项目进行检查验收，而另一方是监理机构，它是受建设单位的委托，在施工单位自检的基础上，按照一定的比例，对工程项目进行独立检查和验收。对同一被检验项目的性能在规定的时间里进行的两次检查验收，其最终目的是一致的，都是对工程项目进行检查验收，对工程质量的可靠性有了保证。

监理人员对承包单位报验的节能隐蔽工程、检验批、分部、分项工程的质量评定，不能完全依据承包商报的数据来签认。监理工程师要特别杜绝个别承包商的管理人员在施工过程中对建筑节能工程实体质量不进行检查验收，在填报验收记录表时凭印象、凭主观认为、凭拍脑袋得出的数据，乱下结论。建筑节能工程质量的结论应该是监理机构在“平行检验”复核后，在验证数据正确的基础上作出的。这样的质量结论才具有真实性、可靠性，才是真正对工程质量负责，对国家和人民的生命财产负责。因此监理机构建筑节能“平行检验”是施工阶段质量三控制中最重要的工作之一，也是工程质量预验收和工程竣工验收的重要依据之一。

建筑节能“平行检验”资料也是整个工程竣工资料的重要组成部分，监理机构不但要对建筑节能材料、构配件和设备进行“平行检验”，而且对建筑节能工程的工序、检验批、分项工程、隐蔽工程更要加强“平行检验”，在建筑节能“平行检验”过程中，监理工程师应该留下具体的记录（包括填表格、写小结、拍照片等），形成系统的、完整的、真实的监理资料。

五、建筑节能材料设备见证取样

《房屋建筑工程和市政基础设施工程实行见证取样和送检的规定》中指出：“见证取样和送检是指在建设单位或工程监理单位人员的见证下，由施工单位的现场试验人员对工程中涉及结构安全的试块、试件和材料在现场取样，并送至经过省级以上建设行政主管部门对其资质认可和质量技术监督部门对其计量认证的质量检测单位进行检测。”对于建筑节能工程见证取样送检的主要对象包括：重要建筑节能材料和设备、建筑节能工程现场检验等。

1. 建筑节能材料和设备

建筑节能工程的进场材料和设备见证取样送检项目见表1-3。

建筑节能工程进场材料和设备见证取样送检项目　　表1-3

序号	分项内容	具 体 项 目
1	墙体节能工程	1. 保温材料的导热系数或热阻、密度、抗压强度或压缩强度、燃烧性能； 2. 粘结材料的拉伸粘结强度； 3. 抹面材料的拉伸粘结强度、抗冲击强度； 4. 增强网的力学性能、抗腐蚀性能
2	幕墙节能工程	主体结构基层；隔热材料；保温材料；隔汽层；幕墙玻璃；单元式幕墙板块；通风换气系统；遮阳设施；冷凝水收集排放系统等
3	门窗节能工程	窗；玻璃；遮阳设施等
4	屋面节能工程	保温隔热层；保护层；防水层；面层等
5	地面节能工程	保温层；保护层；面层等
6	采暖节能工程	系统制式；散热器；阀门与仪表；热力入口装置；保温材料；调试等
7	通风与空调节能工程	系统制式；通风与空调设备；阀门与仪表；绝热材料；调试等
8	空调与采暖系统冷、热源及管网节能工程	系统制式；冷热源设备；辅助设备；管网；阀门与仪表；绝热、保温材料；调试等
9	配电与照明节能工程	低压配电电源；照明光源、灯具；附属装置；控制功能；调试等
10	监测与控制节能工程	冷、热源系统监测控制系统；空调水系统监测控制系统； 通风与空调系统的监测控制系统；监测与计量装置；供配电的监测控制系统；照明自动控制系统；综合控制系统等

续表

序号	分项内容		具体项目
11	可再生能源节能工程	太阳能光热系统节能工程	集热设备；贮热水箱；辅助热源设备；阀门与仪表；保温材料；调试等
12		太阳能光伏系统节能工程	光伏组件
13		地源热泵换热系统节能工程	1. 地埋管材及管件导热系数、公称压力及使用温度等参数； 2. 绝热材料的导热系数、密度、吸水率

2. 建筑节能工程现场检验

建筑节能工程现场检验是监理工程师对质量管理的一项重要工作，也是及时纠正施工中出现质量偏差的重要措施。

建筑节能工程现场检验项目主要包括：

(1) 外墙节能构造检测

每个单位工程的外墙至少抽查3处，每处一个检查点；当一个单位工程外墙有2种以上节能保温做法时，每种节能做法的外墙应抽查不少于3处。

(2) 建筑节能工程的建筑外门、窗气密性检测

每个单位工程的外窗至少抽查三樘，当一个单位工程外窗有两种以上品种、型号和开启方式时，每种品种、型号和开启方式的外窗应抽查不少于三樘。

(3) 系统节能性能检测

1) 采暖、通风与空调、配电与照明工程安装完成后，应进行系统节能性能的检测，且应由建设单位委托具有相应检测资质的检测机构检测并出具报告。受季节影响未进行的节能性能检测项目，应在保修期内补做。

2) 采暖、通风与空调、配电与照明系统节能性能检测的主要项目及要求见表1-4，其检测方法应按国家现行有关标准规定执行。

系统节能性能检测主要项目及要求 **表1-4**

序号	检测项目	抽样数量	允许偏差或规定值
1	室内温度	居住建筑每户抽测卧室或起居室1间，其他建筑按房间总数抽测10%	冬季不得低于设计计算温度2℃，且不应高于1℃； 夏季不得高于设计计算温度2℃，且不应低于1℃
2	供热系统室外管网的水力平衡度	每个热源与换热站均不少于1个独立的供热系统	0.9~1.2
3	供热系统的补水率	每个热源与换热站均不少于1个独立的供热系统	0.5%~1%
4	室外管网的热输送效率	每个热源与换热站均不少于1个独立的供热系统	≥0.92

续表

序号	检测项目	抽样数量	允许偏差或规定值
5	各风口的风量	按风管系统数量抽查10%，且不得少于1个系统	≤15%
6	通风与空调系统的总风量	按风管系统数量抽查10%，且不得少于1个系统	≤10%
7	空调机组的水流量	按系统数量抽查10%，且不得少于1个系统	≤20%
8	空调系统冷热水、冷却水总流量	全数	≤10%
9	平均照度与照明功率密度	按同一功能区不少于2处	≤10%

六、建筑节能工程样板引路

是指建筑节能工程施工前，对于采用相同建筑节能设计的房间和构造做法，应在现场采用相同材料和工艺制作样板间或样板件，经有关各方确认后方可进行施工。样板引路制度实际上是一种建设工程质量创优激励机制，以鼓励建筑施工企业采用先进科学技术和管理方法。

工程实践证明，制作样板间或样板件可以直接检查节能工程施工的做法和效果，不但能为后续施工提供实物标准，直观地评判完成的工程质量与工艺状况，而且可提高整体工程的施工进度。在建筑节能工程施工中，监理应实行严格的样板引路制度。

七、建筑节能工程阶段性验收

工程验收是确保工程质量的关键环节，是监理工程师最重要的监理工作。监理工程师应当以检验批验收和分项工程验收为控制重点把好验收关。建筑节能工程阶段性验收主要包括材料与设备进场验收、隐蔽工程验收和分部分项工程验收。

1. 设备进场验收

进场验收是对进入施工现场的材料与设备等进行外观质量检查和规格、型号、技术参数及质量证明文件核查并形成相应验收记录的活动。其质量必须符合有关标准的规定，且经监理工程师和建设单位代表确认。

定型产品和成套技术应有型式检验报告，进口材料和设备应按规定进行出入境商品检验。所有材料与设备必须经复试合格且质量保证资料齐全方可使用。

2. 隐蔽工程验收

隐蔽工程验收是指在房屋或构筑物施工过程中，对将被下一工序所封闭的分部、分项工程进行检查验收。隐蔽工程验收是工程验收的重要组成部分，是确保工程整体质量的关键环节，也是监理工程师监理工作的重点和难点。

监理工程师应按质量计划目标要求督促施工单位加强施工工艺管理，认真执行工艺标准和操作规程，以便提高项目质量稳定性；施工单位应做好自检工作，监理工程师在接到隐蔽工程报验单后，应及时到场做好验收工作。

在隐蔽工程的验收过程中，如果发现施工质量不符合设计要求，应以整改通知书的形式通知施工单位，待其整改后重新进行验收，并经监理工程师签认隐蔽工程申请表。未经验收合格，施工单位不得进行下一道工序的施工。

3. 分部分项工程验收

建筑工程以分部分项工程为单元，在分项工程评定的基础上，逐级评定各相应的单位工程和建设项目，因此分部分项工程是单位工程质量评定的基本依据。建筑节能分部分项工程验收，是由施工单位提出申请，由建设单位或监理单位组织主持，会同设计、监理、施工、勘察、质监站、建设单位共同验收。

建筑节能分部分项工程验收的验收程序和组织应符合《建筑工程施工质量验收统一标准》GB 50300 中的规定。建筑节能分部工程中的各分项工程施工完毕后，由总监理工程师组织专业监理工程师编制该分部工程质量评估报告。

八、建筑节能工程支付控制

监理工作的主要内容就是进行三控制（工程质量、投资、进度）、二管理（合同、信息）、一协调。工程投资控制是一个中心环节，同时也是有效控制工程质量与进度的有力手段。在进行支付控制中，计量资料是否有效、齐全是计量支付的基础。作为监理单位，在对承包单位进行工程计量的过程中，首先要检查现场提交的计量资料即形象进度、验收报告、单价分析、工程变更、签证等是否齐全、有效，工程质量是否合格，是否达到计量要求，即先从根本上杜绝不合理计量的可能性。

九、建筑节能工程监理指令性文件

监理指令文件主要指监理工程师通知单，是监理工程师对施工单位的施工过程存在安全、质量、进度等问题时，要求施工单位按设计文件、相关标准规范的要求进行整改的文件。监理通知是一个非常严肃的工程文件，带有强制性和指令性，并且要求实行闭环管理。施工单位必须按监理通知的要求进行整改。且整改完毕后填写监理通知回复单，经监理工程师复查合格后，才能进行下一道工序的施工。

监理通知可根据工程实际和当时情况采用口头通知、监理工程师联系单、监理工程师通知单和工程暂停令等形式。

（1）口头通知　对一般工程质量问题或工程事项，可采用口头通知形式让承包商整改或执行，并用监理工程师通知单的形式予以确认。

（2）监理工程师联系单　有丰富工作经验的监理工程师可采用监理工程师联系单形式提醒承包商注意事项。

（3）监理工程师通知单　监理工程师在巡视旁站等各种检查时发现的问题，采用监理工程师通知单书面通知承包商，并要求承包商整改后再报监理工程师复查。

（4）工程暂停令　对于承包商违规施工，监理工程师预见到会发生重大事故，应及时下达全部或局部工程暂停令。需要工程暂停时，在一般情况下监理工程师应事先与业主沟通。

（5）工程备忘录　项目监理机构就有关建议未被建设单位采纳或监理工程师通知单的应执行事项承包单位未予执行的最终书面说明，可抄报有关上级主管部门。

十、建筑节能工程影像资料

做好有关监理资料的原始记录整理工作，并对监理工作的影像资料加强收集和管理，保证影像资料的正确性、完整性和说明性，这是监理工程师非常重要的一项技术工作，也是证实工程质量和解决质量矛盾的有力证据。

建筑节能工程的影像资料一般应以照片和录像为主，所反映的具体内容应包括：设置监理旁站点的部位；隐蔽工程验收；“四新”的试验、节能样板及重要施工过程；施工中出现的严重质量问题及质量事故处理过程；每周或每月的施工进度情况等。

项目监理机构应按档案管理规定，对工程监理影像资料集中统一管理，以节能分部工程为单元，按分项工程及专题内容、拍摄时间进行排序和归档。监理影像资料应附有文字说明，具体内容包括影像编号、影像提名、拍摄内容、拍摄时间、地点和拍摄者等。

第七节 建筑节能监理实施细则的编制

《民用建筑工程节能质量监督管理办法》第八款第1条规定：“监理单位应当严格按照审查合格的设计文件和建筑节能标准的要求实施监理，针对工程的特点制定符合建筑节能要求的监理规划及监理实施细则。”在现行国家标准《建设工程监理规范》GB/T 50319—2013 第4.3.1条规定：“对专业性较强、危险性较大的分部分项项目，项目监理机构应编制监理实施细则”。监理实施细则应符合监理规划的要求，并应结合工程项目的专业特点，做到详细具体，具有可操作性。

工程实践证明，建筑节能工程的施工是技术复杂的过程，其施工监理是一个动态过程，为搞好建筑节能工程的监理工作，应随着相关分部工程的进展作相应的调整，并要在建筑节能工程施工前编制建筑节能工程监理实施细则。

建筑节能工程监理实施细则主要内容应包括：

1. 专业工程特点

主要说明建筑节能专业工程的特点，如设计或施工方案要求的节能工程做法、建筑节能施工采取的工艺特点及施工环境、监理工作目标及要求等。

2. 监理工作流程

监理工作没有固定的模式。监理工作流程因监理机构形式、人员配备、工作职责等不同而不尽相同。建筑节能监理过程中，需要编写的监理工作流程主要有：

（1）开工报告审批程序。

（2）施工组织设计或施工方案审批程序。

（3）检验批质量验收工作程序。

（4）分项工程质量验收工作程序。

（5）分部（子分部）工程质量验收工作程序。

（6）单位（子分部）工程竣工验收工作流程。

（7）旁站监理工作流程。

（8）工程质量事故处理程序。

（9）安全事故报告程序。

3. 监理工作要点

（1）核查分包单位质量管理体系、资质和人员资格等。

（2）审核建筑节能专项施工方案。

（3）节能原材料、半成品、构配件检验。

（4）机具设备检查。

（5）作业条件（环境）检查：

1）检查现场施工环境，如场地、空间、交通运输、照明、水电、地下管线等。

2）检查自然环境，如地质、水文、气象等。

3）检查工程技术条件，如技术交底、工程测量定位放线、混凝土配合比设计等。

4）检查项目管理条件，如现场作业面大小、劳动设施、光线和通信条件、安全管理等。

（6）施工操作过程控制：

1）检查施工操作工艺是否符合施工方案、设计及规范标准的规定；是否存在质量缺陷、隐患；有无质量事故等。

2）检查施工过程中安全措施有无损坏或措施不当等；有无规章作业现象。

（7）检验与验收：

1）见证由检测单位进行的现场专项检测工作。

2）检验批质量验收。

3）分项工程质量验收。

4）建筑节能分部工程质量专项验收。

（8）建筑节能工程资料核查。

（9）成品保护：

1）检查现场有没有采取对成品的保护方法，所选择的成品保护方法是否得当，能不能有效起到成品保护的作用。

2）检查成品保护措施或成品有没有遭到破坏。

4. 监理工作的方法和措施

（1）监理核验：核查核验主要是由监理人员对施工单位、第三方检测单位按规定报审或检查的有关资料进行审核，以及对照有关资料进行实地检查的活动。有关核查核验资料的内容主要包括：

1）企业质量、安全管理体系文件、资质证书、安全施工许可证书、市场准入证明等。

2）施工组织设计或质量和安全等方面的专项施工方案。

3）工程质量管理资料：工程项目施工管理人员名单、施工技术交底记录、施工招投标文件、工程总承包合同及分包合同等。

4）工程质量控制资料：图纸会审、设计变更、洽商记录；工程测量、放线记录；原材料出厂合格证书及进场检（试）验报告；施工试验报告及见证检测报告；隐蔽工程验收记录；施工记录；分项、分部工程质量验收记录；工程质量事故及事故调查处理资料；新资料、新工艺施工记录等。

5）工程安全和功能检验资料：节能、保温现场测试记录等。

6）安全管理资料：三级安全教育记录、安全交底记录、安全检查与验收记录等。

（2）见证：见证是由监理人员现场监督某工作的全过程情况的监理活动。工作范围包括以下几个方面：

1）现场专项检测工作见证：节能工程检测等。

2）现场取样、送样工作见证：保温材料等力学性能检测 。

（3）巡视：巡视是监理人员对施工准备工作，以及正在施工的部位或工序在现场进行的定期或不定期的监督活动。巡视检查的内容如下：

1）施工准备阶段：施工管理人员及特殊工种的到位情况；材料的贮存、保管、使用情况；机具设备的进场及状态情况；施工作业条件。

2）施工过程：施工管理人员，尤其是质检人员是否到岗；特种操作人员是否持证上岗；是否使用不合格的材料、构配件和设备；是否按照设计文件、施工规范和批准的施工方案施工；施工操作人员的技术水平是否满足工艺操作要求；施工环境是否对工程质量产生不利影响；已施工部位是否存在质量缺陷、隐患或质量事故；安全措施落实情况；有无违章作业现象等。

3）施工完成后：成品保护。

（4）平行检验：平行检验是监理人员利用一定的检查或检测手段，在承包单位自检的基础上，按照一定的比例独立进行检查或检测的活动。平行检验包括三个方面的基本工作：

1）进场原材料、构件，以及施工过程中的成品、半成品检验。

2）隐蔽工程验收。

3）分项工程检验批质量验收。

（5）旁站：旁站是在关键部位或关键工序（工作）施工过程中，由监理人员在现场进行的跟班监督活动。

根据《房屋建筑工程施工旁站监理管理办法（试行）》（建市［2002］189号）、《民用建筑节能条例》（国务院令第530号）及《关于印发〈民用建筑工程节能质量监督管理办法〉的通知》（建质［2006］192号）的规定，建筑节能旁站监理范围如下：热桥及易产生热工缺陷的部位施工，以及墙体、屋面等保温工程隐蔽前的施工。

（6）监理通知：口头通知、监理工作联系单、监理工程师通知单、暂停施工指令等。

（7）工程例会或专题会议。

（8）支付手段。

第二章　墙体节能质量监理控制

第一节　墙体节能工程概述

一、墙体节能系统的分类

根据《墙体节能建筑构造》06J123，墙体节能系统主要分为外墙内保温、外墙外保温和外墙自保温三类。

墙体节能系统分类，见表2-1。

墙体节能系统分类　　表2-1

类　别	保温系统名称	主要保温材料
外墙内保温	贴预制保温板外墙内保温系统	增强水泥聚苯复合保温板
	增强粉刷石膏聚苯板外墙内保温系统	聚苯板
	水泥基无机矿物轻集料外墙内保温系统	无机矿物轻集料保温砂浆
外墙外保温	EPS（XPS）板薄抹灰外墙外保温系统	聚苯板
	水泥基复合保温砂浆外墙外保温系统	保温浆料、涂料（面砖）
	现场喷涂聚氨酯硬泡外墙外保温系统	喷涂聚氨酯、涂料（面砖）
	保温装饰复合板外保温系统	复合板、金属面板（树脂面板或水泥加压板）
	复合发泡水泥板外墙外保温系统	复合发泡水泥板
外墙自保温	加气混凝土砌块墙体系统	加气块
	淤泥烧结保温砖墙体系统	多孔砖、空心砖

外墙内保温系统是指在墙体结构内侧覆盖一层保温材料，通过胶粘剂（或锚固件）固定在墙体结构内侧，之后在保温材料外侧作保护层及饰面。目前内保温做法主要有三种：贴预制保温板、增强粉刷石膏聚苯板、胶粉聚苯颗粒保温浆料玻纤网格布抗裂砂浆。内保温做法存在的主要问题：

（1）热工效率较低，外墙有些部位难以处理而形成“热桥”，使保温性能有所降低。

（2）保温层做在住户室内，对二次装修、增设吊挂设施等带来麻烦。

（3）内保温要占用室内空间，使用面积有所减少。

外墙外保温系统是指将保温材料、粘结材料、装饰材料和增强材料等，按照一定的方式复合在一起形成的对外墙起隔热保温、装饰和保护作用的一种体系。外保温节能墙体克服了内保温墙体的不足，薄弱环节少，热工效率高，不占室内空间，对保护结构有利，既适用于新建房屋，更适合既有建筑的节能改造。外墙外保温技术经多年发展主要有以下5个体系：（1）EPS（XPS）板薄抹灰外墙外保温系统：其构造做法是在基层墙体上粘贴聚苯板，用聚合物砂浆做防护面层，用玻纤网格布增强；（2）水泥基复合保温砂浆外墙外保温系统：这种体系是设置在建筑外墙外侧或外墙内侧及内隔墙、楼板板底和屋面，由界面层、水泥基复合保温砂浆保温层、抹面层和饰面层构成的保温系统；（3）现场喷涂聚氨酯硬泡外保温系统：是用机械喷涂方法将配制好的聚氨酯喷在外墙面，经发泡、固化后形成保温层，再用胶粉聚苯颗粒浆料找平，保护面层为玻纤网格布抗裂砂浆；（4）保温装饰复合板外保温系统：采用工厂化生产的预制复合保温板，以发泡聚氨酯或膨胀聚苯板做保温材料，浇注成型时与饰面砖复合在一起，预制板现场安装时用锚栓与墙体连接；（5）复合发泡水泥板外墙外保温系统：以复合发泡水泥板为保温隔热层材料，由粘结层、保温隔热层、抹面层和饰面层构成的建筑外墙外保温隔热系统。

外墙自保温系统：是指按照一定的建筑构造，采用节能型墙体材料及专用砂浆使墙体节能要求符合相关指标的建筑外墙自保温系统。主要有加气混凝土砌块外墙自保温系统和淤泥烧结保温砖外墙自保温系统。对夏热冬冷地区，采用外墙自保温系统与外墙外保温系统和外墙内保温系统相结合，在技术上是可行的，在经济上是合理的。

目前常用的墙体节能系统主要有：（1）EPS（XPS）板薄抹灰外墙外保温系统；（2）水泥基复合保温砂浆外墙外保温系统；（3）现场喷涂硬泡聚氨酯外墙外保温系统；（4）保温装饰复合板外墙外保温系统；（5）复合发泡水泥板外墙外保温系统；（6）加气混凝土砌块外墙自保温系统；（7）淤泥烧结保温砖外墙自保温系统。本章下面的内容主要围绕上述七类常用外墙保温系统展开。

二、墙体节能系统的性能要求

1. 外墙保温系统基本要求

（1）外墙保温工程应能适应基层的正常变形而不产生空鼓或裂缝；

（2）外墙保温应能长期承受自重而不产生有害的变形；

（3）外墙外保温工程应能承受风荷载的作用而不产生破坏；

（4）外墙外保温工程应能耐受室外气候的长期反复作用而不产生破坏；

（5）外墙外保温工程在罕遇地震发生时不应从基层上脱落；

（6）外墙内保温材料及构造应符合现行建筑消防设计规范。高层建筑外墙外保温工程应采取防火构造措施；

（7）外墙外保温工程应具有防水渗透性能；

（8）外墙保温复合墙体的保温、隔热和防潮性能应符合国家与地方现行标准的有关规定；

（9）外墙保温工程各组成部分应具有物理、化学稳定性。所有组成材料应彼此相容并应具有防腐性。在可能受到生物侵害时，外墙外保温工程还应具有防生物侵害性能；

（10）在正确使用和正常维护条件下，外墙外保温工程的使用年限应不少于25年。

2. 外墙外保温系统性能指标

外墙外保温系统性能指标应满足表2-2要求。

外墙外保温系统性能指标　　表 2-2

试验项目		性能指标	
耐候性		经过 80 次高温（70℃）-淋水（15℃）循环和 20 次加热（50℃）-淋水（-20℃）循环后，不得出现开裂空鼓或脱落。抗裂防护层与保温层的拉伸粘结强度不应小于 0.1MPa，破坏界面应位于保温层	
抗风荷载性能		安全系数 K 不小于 1.5	
抗冲击性	涂料饰面	单网（用于 2 层以上）	3J 冲击合格
		双网（用于首层）	10J 冲击合格
	面砖饰面	3J 冲击合格	
浸水 1h 吸水量		≤1000g/m^2	
耐冻融性能		严寒地区及寒冷地区经 30 次循环，夏热冬冷地区经 10 次循环，外墙的表面无裂纹、空鼓、起泡、剥落等现象	
耐磨损，500L 砂		无开裂、龟裂或表面保护层剥落、损伤	
抹面层不透水性		试样抹面层内侧无水渗透	
保护层水蒸气渗透阻		符合设计要求	
涂料饰面系统抗拉强度		≥0.1MPa，并且破坏部位不得位于各层界面	
面砖粘结强度（现场抽测）		≥0.4MPa	
面砖饰面系统抗震性能		设防烈度地震作用下，面砖饰面及外保温系统无脱落	

第二节　墙体节能材料质量及验收

一、墙体节能工程材料及构件

（一）EPS（XPS）板薄抹灰外墙外保温系统材料及构件

1. EPS（XPS）板薄抹灰外墙外保温系统的基本构造

EPS（XPS）板薄抹灰外墙外保温系统的基本构造，见表 2-3。

EPS（XPS）板薄抹灰外墙外保温系统的基本构造　　表 2-3

基层墙体	钢筋混凝土、砌块墙、砖墙、轻质墙
找平层	1:3 水泥砂浆
粘结层	聚合物粘结砂浆
保温层	挤塑聚苯乙烯板
固定件	工程塑料膨胀钉加自攻螺钉
保护层	面层聚合物砂浆，耐碱玻纤网格布增强
外饰面	涂料、彩色砂浆、面砖或其他密度小于 35kg/m^2 的材料

2. EPS（XPS）板薄抹灰外墙外保温系统构造示意图

EPS（XPS）板薄抹灰外墙外保温系统构造示意，见图2-1。

（二）水泥基复合保温砂浆外墙外保温系统材料及构件

1. 水泥基复合保温砂浆外墙外保温系统的基本构造

水泥基复合保温砂浆外墙外保温系统的基本构造，见表2-4。

水泥基复合保温砂浆外墙外保温系统的基本构造　表2-4

外　墙	界面剂	保温层	抗裂保护层	饰　面　层
混凝土墙及各种砌体墙	界面砂浆	水泥基聚苯颗粒复合保温砂浆	涂料饰面做法：抗裂砂浆＋耐碱网格布（有加强要求的增设一道）； 面砖饰面做法：聚合物改性水泥抗裂砂浆压入镀锌钢丝网，锚栓固定	涂料饰面做法：柔性耐水腻子＋弹性涂料； 面砖饰面做法：专用陶瓷胶粘剂＋面砖＋勾缝粉贴面砖

2. 水泥基复合保温砂浆外墙外保温系统构造示意图

水泥基复合保温砂浆外墙外保温系统构造示意，见图2-2。

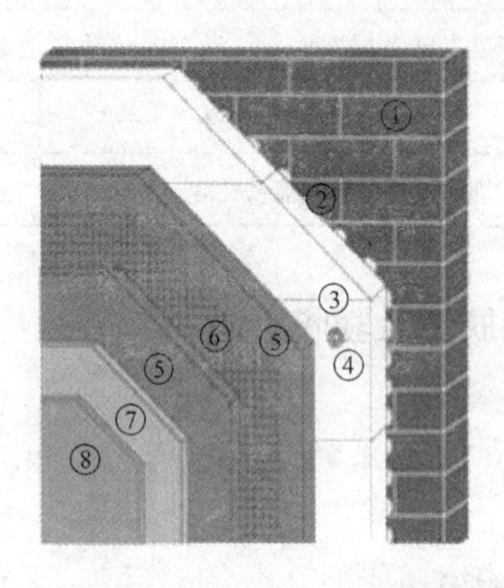

图2-1　EPS（XPS）板薄抹灰外墙外保温系统构造示意图

1—基层墙体；2—粘结层（胶粘剂）；3—保温层（EPS、XPS板）；4—连接件（锚栓）；5—薄抹灰增强防护层（抹面胶浆复合耐碱网布）；6—耐碱网布；7—专用柔性腻子；8—饰面层（涂料）

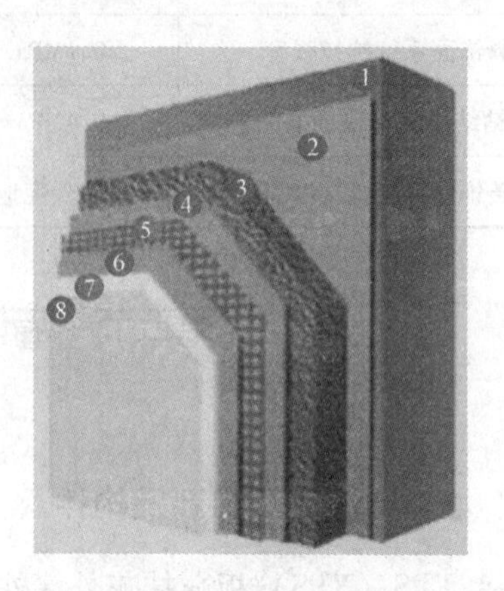

图2-2　水泥基复合保温砂浆外墙外保温系统构造示意图

1—基层墙体；2—界面砂浆；3—保温砂浆；4—抗裂砂浆；5—耐碱玻纤网；6—抗裂砂浆；7—柔性耐水腻子；8—弹性涂料

（三）现场喷涂硬泡聚氨酯外墙外保温系统材料及构件

1. 现场喷涂硬泡聚氨酯外墙外保温系统的基本构造

现场喷涂硬泡聚氨酯外墙外保温系统的基本构造，见表2-5。

2. 现场喷涂硬泡聚氨酯外墙外保温系统构造示意图

现场喷涂硬泡聚氨酯外墙外保温系统构造示意，见图2-3。

现场喷涂硬泡聚氨酯外墙外保温系统基本构造　　表 2-5

外　墙	界面剂	保温层	抗裂保护（找平）层	饰　面　层
混凝土墙及各种砌体墙	聚氨酯防潮底漆	聚氨酯硬泡保温层	涂料饰面做法：抗裂砂浆＋耐碱网格布（有加强要求的增设一道）； 面砖饰面做法：聚合物改性水泥抗裂砂浆压入镀锌钢丝网，锚栓固定	涂料饰面做法：柔性耐水腻子＋弹性涂料； 面砖饰面做法：专用陶瓷胶粘剂＋面砖＋勾缝粉贴面砖

（四）保温装饰复合板外墙外保温系统材料及构件

1. 保温装饰复合板外墙外保温系统的基本构造

保温装饰复合板外墙外保温系统的基本构造，见表2-6。

保温装饰复合板外墙外保温系统基本构造

表 2-6

基　　层	粘结层	保温装饰复合板
基层墙体＋找平层	胶粘剂	保温装饰复合板 缝隙：锚固件、嵌缝材料、密封胶

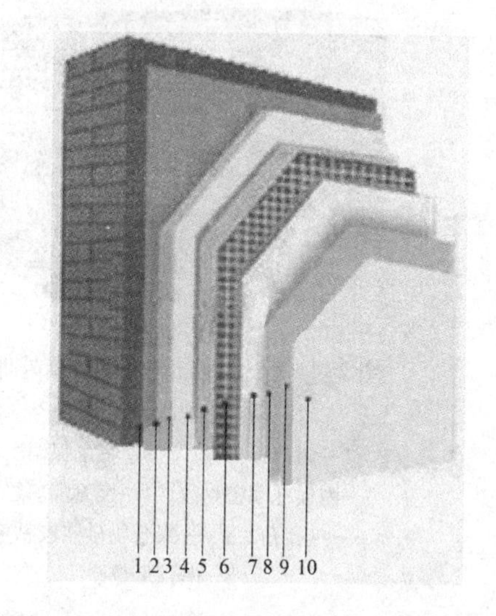

图2-3　现场喷涂硬泡聚氨酯外墙外保温系统构造示意图

1—基层墙体；2—涂刷聚氨酯防潮底漆；3—喷涂硬泡聚氨酯保温层；4—涂刷聚氨酯专用界面剂；5—胶粉聚苯颗粒找平层；6—聚合物抗裂砂浆；7—耐碱网格布；8—聚合物抗裂砂浆；9—柔性防水腻子；10—涂料饰面层

2. 保温装饰复合板外墙外保温系统构造示意图

保温装饰复合板外墙外保温系统构造示意，见图2-4。

（五）复合发泡水泥板外墙外保温系统材料及构造

1. 复合发泡水泥板外墙外保温系统的基本构造

复合发泡水泥板外墙外保温系统的基本构造，见表2-7。

复合发泡水泥板外墙外保温系统基本构造　　表 2-7

饰面材料	保温系统构造						
	基层	界面层	找平层	粘结层	保温层	抹面层	饰面层
涂料	混凝土墙及各种砌体墙	界面砂浆（设计需要时使用）	防水砂浆（设计需要时使用）	粘结砂浆	发泡水泥板	抹面砂浆＋网布＋锚固件	柔性耐水腻子＋涂料

2. 复合发泡水泥板外墙外保温系统构造示意图

复合发泡水泥板外墙外保温系统构造示意，见图2-5。

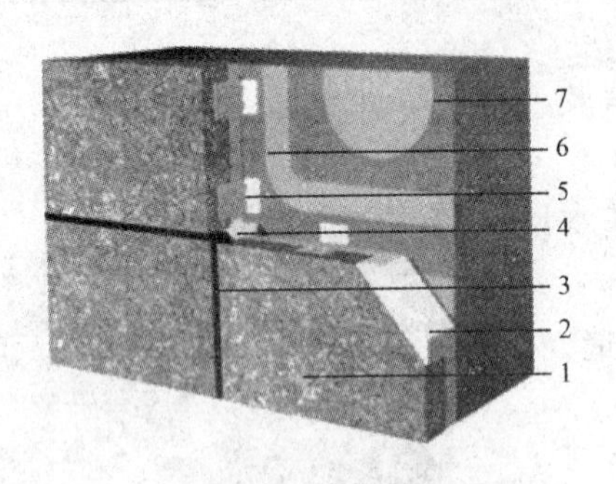

图2-4 保温装饰复合板外墙外保温系统构造示意图

1—超薄石材板；2—聚氨酯保温层；3—耐候硅酮密封胶；4—聚氨酯填缝剂；5—连接角片；6—聚合物砂浆胶粘剂；7—基层墙体

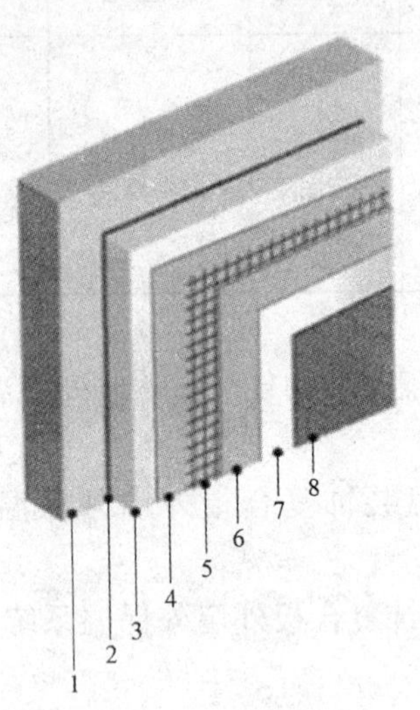

图2-5 复合发泡水泥板外墙外保温系统构造示意图

1—基层墙体；2—粘结砂浆；3—A级不燃ZR复合发泡水泥保温板；4—抗裂砂浆抹面；5—耐碱玻纤网格布；6—抗裂砂浆抹面；7—柔性耐水腻子；8—饰面层

（六）加气混凝土砌块外墙自保温系统材料及构造

1. 加气混凝土砌块外墙自保温系统的基本构造

加气混凝土砌块外墙自保温系统的基本构造，见表2-8。

加气混凝土砌块外墙自保温系统的基本构造 **表2-8**

基层墙体		节能型墙体材料 + 专用保温砌筑砂浆或专用砌筑胶粘剂
抹灰层		专用界面剂 + 专用抹灰砂浆或聚合物水泥抗裂砂浆
饰面层	涂料饰面	建筑外墙用腻子 + 涂料
	面砖饰面	面砖粘结砂浆 + 面砖 + 面砖勾缝料

注：挂网增强材料及锚固按设计及有关标准规定设置。

2. 加气混凝土砌块外墙自保温系统构造示意图

加气混凝土砌块外墙自保温系统构造示意，见图2-6。

（七）淤泥烧结保温砖外墙自保温系统材料及构造

1. 淤泥烧结保温砖外墙自保温系统的基本构造

淤泥烧结保温砖外墙自保温系统的基本构造，见表2-9。

淤泥烧结保温砖外墙自保温系统的基本构造　　　表 2-9

基层墙体		节能型墙体材料 + 专用保温砌筑砂浆或专用砌筑胶粘剂
抹灰层		专用界面剂 + 专用抹灰砂浆或聚合物水泥抗裂砂浆
饰面层	涂料饰面	建筑外墙用腻子 + 涂料
	面砖饰面	面砖粘结砂浆 + 面砖 + 面砖勾缝料

注：挂网增强材料及锚固按设计及有关标准规定设置。

2. 淤泥烧结保温砖外墙自保温系统构造示意图

淤泥烧结保温砖外墙自保温系统构造示意，见图 2-7。

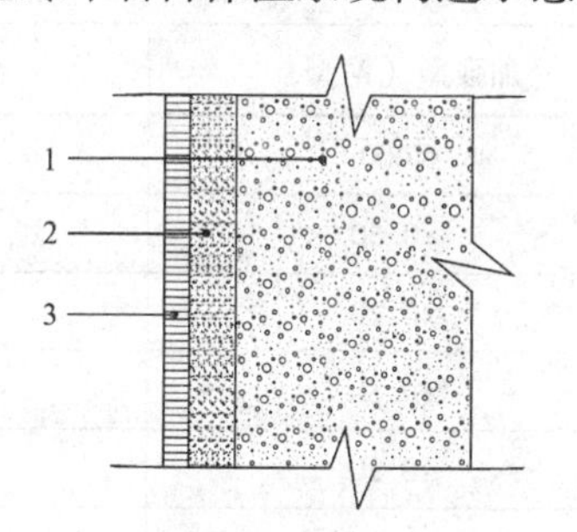

图 2-6　加气混凝土砌块外墙自保温系统构造示意图

1—基层墙体；2—抹灰层；3—饰面层

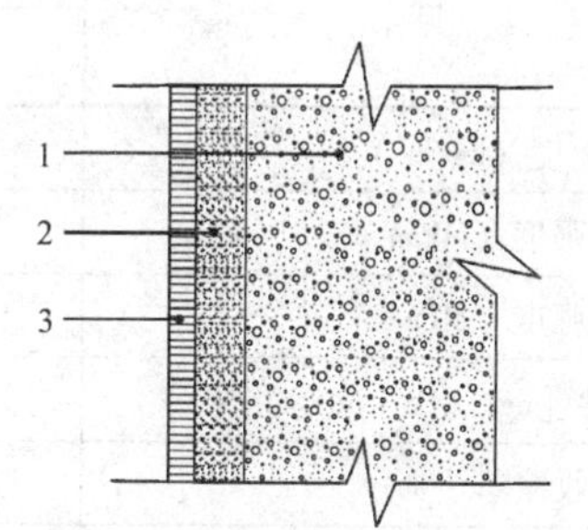

图 2-7　淤泥烧结保温砖外墙自保温系统构造示意图

1—基层墙体；2—抹灰层；3—饰面层

二、墙体保温隔热材料及粘结材料

（一）EPS（XPS）薄抹灰外墙外保温系统保温材料主要性能指标

EPS（XPS）薄抹灰外墙外保温系统保温材料主要性能指标，见表 2-10。

（二）水泥基复合保温砂浆外墙外保温系统保温材料主要性能指标

水泥基复合保温砂浆外墙外保温系统保温材料主要性能指标，见表 2-11。

（三）现场喷涂硬泡聚氨酯外墙外保温系统保温材料主要性能指标

现场喷涂硬泡聚氨酯外墙外保温系统保温材料主要性能指标，见表 2-12。

EPS（XPS）薄抹灰外墙外保温系统保温材料主要性能指标　　　表 2-10

检 验 项 目	EPS 板	XPS 板
密度（kg/m^3）	18～22	25～35
导热系数［W/（m·K）］	≤0.041	≤0.030
水蒸气透湿性［ng/（Pa·m·s）］	≤4.50	≤3.50
压缩强度（MPa）	≥0.10	≥0.15
抗拉强度（MPa）	≥0.10	≥0.25

续表

检验项目	EPS板	XPS板
尺寸稳定性（%）	≤0.3	≤0.3
吸水率（V/V）	≤4.0	≤1.5
燃烧性能	B2	B2或B1

水泥基复合保温砂浆外墙外保温系统保温材料主要性能指标　表2-11

项目	水泥基聚苯颗粒复合保温砂浆	
	加强型（W型）	普通型（L型）
表观密度（kg/m^3）	≤400	≤250
压缩强度（MPa）	≥0.60	≥0.25
抗拉强度（MPa）	≥0.20	≥0.10
水蒸气透湿性［ng/（Pa·m·s）］	≥0.80	≥0.80
线性收缩率（%）	≤0.20	≤0.20
吸水率（V/V）	≤8	≤10
软化系数	≥0.70	≥0.70
燃烧性能	B1	B1
导热系数［W/（m·K）］	≤0.08	≤0.06

现场喷涂硬泡聚氨酯外墙外保温系统保温材料主要性能指标　表2-12

序号	项目		指标
1	不透水性（mm）≤		5
2	导热系数［W/（m·K）］≤		0.024
3	粘结强度（kPa）≥		100
4	密度（kg/m^3）≥		30
5	尺寸变化率（%）≤		1
6	强度（kPa）≥	抗压	150
		抗拉	250
7	断裂延伸率（%）≥		10
8	闭孔率（%）≥		95
9	吸水率（%）≤		3
10	水蒸气透湿性［ng/（Pa·m·s）］		6.5
11	燃烧性能级别		B2

（四）保温装饰复合板外墙外保温系统材料性能指标

1. 保温装饰复合板外墙外保温系统保温材料主要性能指标

保温装饰复合板外墙外保温系统保温材料主要性能指标，见表2-13。

保温装饰复合板外墙外保温系统保温材料主要性能指标　　表2-13

检验项目		性能指标		
		外墙用Ⅰ型	外墙用Ⅱ型	内墙用
保温材料导热系数［W/（m·K）］		≤0.025（PU板）		
		≤0.035（XPS板、酚醛板）		
		≤0.039（EPS板）		
		≤0.048（岩棉带）		
阻燃等级		有机材料不低于C级 无机材料不低于A2级		
不透水性		试样防护层内侧无水渗透		
吸水量（g/m^2）		≤500		
抗冲击性		用于建筑物首层10J冲击合格 其他层3J冲击合格		5J冲击合格
耐冻融性		表面无裂纹、空鼓、起泡、剥离现象		—
放射性核素限量		—	—	I_{ra}≤1.0
单位面积质量（kg/m^2）		≤25	≤40	≤40
抗拉强度（MPa）	原强度	≥0.10，破坏界面应位于保温层	≥0.15，破坏界面应位于保温层	≥0.10，破坏界面应位于保温层
	浸水后	≥0.10，破坏界面应位于保温层	≥0.15，破坏界面应位于保温层	—
	冻融后	≥0.15，破坏界面应位于保温层	≥0.10，破坏界面应位于保温层	—
	热老化后	≥0.10，破坏界面应位于保温层	≥0.15，破坏界面应位于保温层	—

其中外墙用保温装饰复合板系统按照保温装饰复合板单位面积质量的不同又分为Ⅰ型和Ⅱ型。

Ⅰ型：保温装饰复合板单位面积质量不大于25kg/m^2，Ⅱ型：保温装饰复合板单位面积质量不大于40kg/m^2

2. 保温装饰复合板外墙外保温系统饰面材料主要性能指标

保温装饰复合板外墙外保温系统饰面材料主要性能指标，见表2-14。

（五）复合发泡水泥板外墙外保温系统保温材料性能指标

复合发泡水泥板外墙外保温系统保温材料主要性能指标，见表2-15。

保温装饰复合板外墙外保温系统饰面材料主要性能指标 表2-14

检验项目	性能指标
耐酸性（48h）	无异常
耐碱性（96h）	无异常
耐水性（96h）	无异常
耐盐雾（500h）	无损伤
耐人工老化 粉化≤1级，变色≤2级	外墙用≥1500h， 内墙用≥1000h
耐沾污性（%）	≤10
附着力（级）	≤1

注：耐沾污性、附着力仅限平涂饰面。

复合发泡水泥板外墙外保温系统保温材料主要性能指标 表2-15

项目	单位	性能指标	
		Ⅰ型	Ⅱ型
干密度	kg/m³	≤300	≤250
导热系数	[W/（m·k）]	≤0.08	≤0.06
抗压强度	MPa	≥0.50	≥0.40
抗拉强度	MPa	≥0.13	≥0.13
吸水率（V/V）	%	≤10.0	≤10.0
干燥收缩值	mm/m	≤0.80	≤0.80
碳化系数	—	≥0.80	≥0.80
软化系数	—	≥0.80	≥0.80

（六）蒸压加气混凝土砌块外墙自保温系统材料性能指标

蒸压加气混凝土砌块性能指标应符合《蒸压加气混凝土砌块》GB 11968-2006的要求。其主要性能指标见表2-16～表2-19。

蒸压加气混凝土砌块规格尺寸（mm） 表2-16

长度 *L*	宽度 *B*	高度 *H*
600	100、120、125、150、180、200、240、250、300	200、240、250、300

注：如需其他规格，也可由供需双方定制。

尺寸偏差和外观 表2-17

项目			指标	
			优等品（A）	合格品（B）
尺寸允许偏差（mm）	长度	*L*	±3	±4
	宽度	*B*	±1	±2
	高度	*H*	±1	±2
缺棱掉角	最小尺寸不得大于（mm）		0	30
	最大尺寸不得大于（mm）		0	70
	大于以上尺寸的缺棱掉角个数，不多于（个）		0	2
裂缝长度，	贯穿一棱二面的裂缝长度不得大于裂缝所在面的裂缝方向尺寸总和的		0	1/3
	任一面上的裂缝长度不得大于裂缝方向尺寸的		0	1/2
	大于以上尺寸的裂缝条数，不多于（条）		0	2

续表

项目	指标	
	优等品（A）	合格品（B）
爆裂、粘模和损坏深度不得大于（mm）	10	30
平面弯曲	不允许	
表面疏松、层裂	不允许	
表面油污	不允许	

蒸压加气混凝土主要保温性能指标　　表 2-18

项目		性能指标							
		B04		B05		B06		B07	
		合格品	优等品	合格品	优等品	合格品	优等品	合格品	优等品
干体积密度（kg/m³） ≤		425	400	525	500	625	600	725	700
抗压强度（MPa） ≥		2.0		2.5	3.5	3.5	5.0	5.0	7.5
抗冻性	冻后强度（MPa） ≥	1.6		2.0	2.8	2.8	4.0	4.0	6.0
	质量损失（%） ≤	5.0							
干燥收缩率	标准法（mm/m） ≤	0.5							
	快速法（mm/m） ≤	0.8							
导热系数（干态）[W/（m·K）] ≤		0.12		0.14		0.16		0.18	
蓄热系数 [W/（m²·K）] ≥		1.97		2.36		2.75		3.15	

蒸压加气混凝土专用保温砌筑砂浆性能指标　　表 2-19

项目	性能指标	检验方法
干表观密度（kg/m³）	≤800	参照 JG 158-2004
保水性（%）	≥95	参照 JGJ 70-2009
凝结时间（h）	贯入阻力达到 0.5 MPa 时，3~5h	参照 JGJ 70-2009
导热系数 [W/（m·K）]	≤0.26	参照 GB/T 10294-2008
蓄热系数 [W/（m²·K）]	≥4.37	参照 JGJ 51-2002
压缩强度（MPa）	≥5	参照 GB/T 8813-2008
粘结强度（MPa）	≥0.20	参照 JG 158-2004
抗冻性 25（%）	质量损失≤5；强度损失≤20	参照 JGJ 70-2009
收缩性能	≤1mm/m	参照 JGJ 70-2009
软化系数	≥0.8	参照 GB/T 20473-2006

（七）淤泥烧结保温砖外墙自保温系统保温材料主要性能指标

（1）淤泥烧结保温砖外墙自保温系统保温材料主要性能指标，见表2-20。

淤泥烧结保温砖外墙自保温系统保温材料主要性能指标　　表2-20

<table>
<tr><th colspan="4">保　温　砖</th><th colspan="2">砌　　体</th></tr>
<tr><th>型　号</th><th>尺寸（mm）
（长×宽×高）</th><th>强度等级
（MPa）</th><th>干体积密度
（kg/m³）</th><th>导热系数
［W/（m·K）］</th><th>蓄热系数
［W/（m²·K）］</th></tr>
<tr><td>S₁型</td><td>240×115×53</td><td>MU10</td><td>≤1400</td><td>≤0.40</td><td>6.55</td></tr>
<tr><td>Sg-1型</td><td>240×115×90</td><td>MU10</td><td>≤1300</td><td>≤0.36</td><td>5.98</td></tr>
<tr><td>Sg-2型</td><td>240×115×90</td><td>MU5.0</td><td>≤1200</td><td>≤0.34</td><td>5.59</td></tr>
</table>

注：导热系数和蓄热系数是指用导热系数不大于0.32W/（m·K）的轻质砂浆砌筑的240mm厚保温砖砌体在平衡含水率状态下的导热系数和蓄热系数。

（2）保温砂浆的主要性能指标，见表2-21。

保温砂浆的主要性能指标　　表2-21

强度等级	干体积密度（kg/m³）	抗压强度（MPa）	导热系数［W/（m·K）］	蓄热系数［W/（m²·K）］
M10	≤1400	≥10.0	≤0.32	5.86
M7.5	≤1350	≥7.5	≤0.32	5.75
M5	≤1300	≥5.0	≤0.30	5.46

（八）粘结材料及其他辅助材料主要性能指标

（1）胶粘剂、界面砂浆及抗裂砂浆主要性能指标，见表2-22。

胶粘剂、界面砂浆及抗裂砂浆主要性能指标　　表2-22

<table>
<tr><th colspan="2">材料名称
指标
项目</th><th>胶粘剂</th><th>界面砂浆</th><th>抗裂砂浆</th></tr>
<tr><td rowspan="3">拉伸粘结强度（MPa）</td><td>常温常态</td><td rowspan="2">≥0.10与EPS/XPS板</td><td>≥0.10（聚苯板、胶粉EPS保温砂浆）</td><td>≥0.10</td></tr>
<tr><td>耐　水</td><td>≥0.20（聚氨酯、水泥基复合保温砂浆）</td><td>≥0.10</td></tr>
<tr><td>耐冻融</td><td>—</td><td>—</td><td>≥0.10</td></tr>
<tr><td rowspan="2">柔韧性</td><td>抗压强度/抗折强度（水泥基）</td><td>—</td><td>—</td><td>≤3.0</td></tr>
<tr><td>开裂应变（非水泥基）（%）</td><td>—</td><td>—</td><td>≥1.5</td></tr>
<tr><td rowspan="2">拉伸粘结强度（MPa）（与水泥砂浆）</td><td>常温状态</td><td>≥0.70</td><td>≥0.50</td><td>—</td></tr>
<tr><td>耐　水</td><td>≥0.50</td><td>≥0.50</td><td>—</td></tr>
<tr><td colspan="2">可操作时间（h）</td><td>≥1.5</td><td>—</td><td>≥1.5</td></tr>
</table>

（2）耐碱网格布与钢丝网主要性能指标，见表2-23。

耐碱网格布与钢丝网主要性能指标　　表2-23

项目＼材料名称	耐碱网格布			胶粉颗粒贴面砖系统（镀锌钢丝网）
	EPS板系统	XPS板系统 PU系统	胶粉聚苯颗粒涂料系统、水泥基系统及其他粘贴面砖系统	
网孔中心距（mm）	—	—	—	12.7
丝径（mm）	—	—	—	0.9
单位面积质量（g/m^2）	≥130（涂料饰面） ≥160（面砖饰面）	≥160	≥160	—
断裂伸长率（%）	≤4	≤4	≤4	—
断裂强力（N/50mm）（经纬向） 普通型	—	—	≥1250	—
断裂强力（N/50mm）（经纬向） 加强型	—	—	≥3000	—
耐碱断裂强力保留率（经纬向）（%）	≥50（涂料饰面） ≥75（贴面砖）	≥50（涂料饰面） ≥75（贴面砖）	≥75	—
耐碱断裂强力（N/50mm）	≥750（涂料饰面） ≥1250（贴面砖）	≥750（涂料饰面） ≥1250（贴面砖）	—	—
焊点抗拉力（N）	—	—	—	>65
热镀锌质量（g/m^2）	—	—	—	≥122
玻璃中二氧化锆含量（%）	—（涂料饰面） 14.5±0.8（贴面砖）	—（涂料饰面） 14.5±0.8（贴面砖）	14.5±0.8	—

（3）锚栓主要性能指标，见表2-24。

锚栓主要性能指标　　表2-24

项目	性能指标
单个锚栓抗拉承载力标准值（kN）	≥0.30
单个对系统传热增加值［W/（m^2·K）］	≤0.004

三、墙体材料节能检测

（1）2012年2月10日，住房和城乡建设部下发了《关于贯彻落实国务院关于加强和改进消防工作的意见的通知》（建科［2012］16号），要求各地严格执行现行有关标准规范和公安部、住房和城乡建设部联合印发的《民用建筑外墙保温系统及外墙装饰防火暂行规定》（公通字［2009］46号），加强建筑工程的消防安全管理。

（2）墙体材料节能检测应对保温材料的导热系数或热阻、密度、抗压强度或压缩强度；粘结材料的拉伸粘结强度；增强网的力学性能、抗腐蚀性能进行进场见证取样送检。有条件时，可进行外墙传热系数试验室检测，可采用热流计法或热箱法，墙体试件构造应与实际墙体相一致。

外保温系统主要组成材料复检项目，见表2-25。

外保温系统主要组成材料复检项目 **表2-25**

组成材料	复检项目
EPS板、XPS板	密度，导热系数、抗拉强度、尺寸稳定性、燃烧性能
胶粉EPS颗粒保温浆料、水泥基保温砂浆	干密度、导热系数、抗压强度
EPS钢丝网架板	EPS板密度、导热系数
喷涂聚氨酯硬泡	密度、导热系数、尺寸稳定性、断裂延伸率
保温装饰板	密度、导热系数、垂直于板面抗拉强度、芯材尺寸稳定性、燃烧性能
加气混凝土砌块	密度等级、导热系数、抗压强度
胶粘剂、抹面胶浆、抗裂砂浆、界面砂浆	原强度和浸水48h拉伸粘结强度
玻纤网格布	耐碱拉伸断裂强力、耐碱拉伸断裂强力保留率
钢丝网、腹丝	镀锌层质量、焊点拉拔力
锚固件	拉拔力
防火隔离带	保温材料燃烧性能、密度、导热系数、抗拉强度
饰面材料	必须与其他系统组成材料相容，应符合设计要求和相关标准规定

（3）根据《建筑节能工程施工质量验收规范》GB 50411，同厂家、同品种、同规格产品，每1000m^2扣除窗洞面积后的墙面使用的材料为一个检验批，每个检验批抽查1次，不足1000m^2时抽查1次；

墙面超过1000m^2时，每增加2000m^2应增加1次抽样；墙面超过5000m^2时，每增加3000m^2应增加1次抽样。

同项目、同施工单位且同时施工的多个单位工程（群体建筑），可合并计算墙面抽检面积。

（4）节能保温隔热材料的燃烧性能每种产品应至少检验1次。

（5）对墙体节能工程中凸窗或门窗等部位的配套保温系统（如门窗外侧洞口，凸窗非透明的顶板、侧板和底板等），均按同一厂家、同一品种产品抽样不得少于1次。

（6）保温板材与基层及各构造层之间的粘结强度，其中保温板材与基层的粘结强度应做现场拉拔试验。每个检验批不少于3处。

（7）后置锚固件数量、位置、锚固深度和拉拔力，其中拉拔力应做现场拉拔试验。每个检验批不少于3处。

（8）饰面砖应做粘结强度拉拔试验。检验数量应符合《建筑工程饰面砖粘结强度检验标准》JGJ 110-2008 相关规定。

（9）外墙节能构造应做钻芯法现场实体检验，检验墙体保温材料种类、保温层的厚度、保温构造层的做法是否符合设计要求。

外墙节能构造检测取样部位应由监理（建设）与施工双方共同确定，不得在外墙施工前预先确定；取样部位应选取节能构造有代表性的外墙上相对隐蔽的部位，并且兼顾不同朝向和楼层；每个单位工程的外墙至少抽查不少于 3 处，每处一个检查点；当一个单位工程外墙有 2 种以上节能保温做法时，每种节能做法的外墙应抽查不少于 3 处；取样部位应均匀分布，不宜在同一个房间外墙上取 2 个或 2 个以上芯样。

（10）当外墙采用保温浆料做保温层时，应在施工中制作同条件养护试件，检测导热系数、干密度（300mm × 300mm × 30mm）、抗压强度（100mm × 100mm × 100mm）。抗压强度试件数量为 2 个三联试模、6 个试件，导热系数试件数量为 2 个试件。保温浆料和保温砂浆的同条件养护试件应见证取样送检。每个检验批应抽样制作同条件养护试块不少于 1 组。

第三节　常用墙体节能系统施工质量监理控制要点

一、EPS（XPS）板薄抹灰外墙外保温系统质量监理控制要点

（1）基层墙体处理：对新建工程的结构墙体，在 1∶3 水泥砂浆找平层做好后，应按照现行国家施工验收规范检查其平整度和垂直度，局部墙体平整度采用 2m 靠尺检查，最大偏差应小于 4mm，超出部分应剔凿或用水泥砂浆修补平整。

系统施工前，还应彻底清除基层墙体表面浮灰、油污、脱模剂、泥土及风化物等影响粘结强度的材料，并应对墙面空鼓进行修补。

对旧房保温改造工程，应根据附着力情况考虑是否对外饰面层进行清除。若进行清除则在清除饰面层后应将基层墙体修补平整达到前面规定的平整度要求，并对基层墙体附着力进行检查，若仍不具备粘结条件，则应全部采用机械固定方式，固定件的数量应设计确定。

（2）为增加挤塑板与特用粘结面层聚合物砂浆的结合力，应在挤塑板上下表面涂刷界面剂。

（3）弹控制线：

1）根据建筑立面设计和外墙保温技术要求，在外门窗洞口及伸缩缝、装饰线处弹水平、垂直控制线。

2）在建筑物外墙阴阳角及其他必要处挂出垂直基准控制线，弹出水平控制基线。

3）施工过程中每层适当挂水平线，以控制挤塑板粘贴的垂直度和平整度。

（4）配制特用胶粘剂：

1）使用一只干净的塑料桶先加入一份的水，再倒入五份干混砂浆，然后用手持式电动搅拌器搅拌约 5min，直到搅拌均匀，且稠度适中为止。保证聚合物砂浆有一定黏度。

2）将配好的砂浆静置 5min，再搅拌即可使用。调好的砂浆宜在 1h 内用完。

（5）粘贴翻包网格布：凡挤塑板侧边端部与主体墙体接触处，门窗洞口处及建筑变形

缝两侧，都应做网格布翻包处理。

(6) 粘贴挤塑板：

1）标准外墙板尺寸为1200mm×600mm。非标准尺寸和局部不规则处可用电热丝切割器或工具刀现场切割，尺寸允许偏差为±1.5mm，大小面垂直。整块墙面的边角处应采用尺寸不小于300mm的挤塑板。

2）在挤塑板背面涂刷一道专用界面剂，待晾干至粘手后即可涂抹特用胶粘剂。

3）采用条点法或条粘法粘贴挤塑板，墙面基层平整度较差时采用条点法，平整度较好时可以采用条粘法，确保粘结面积，涂料和饰面砂浆饰面系统在40%以上，面砖饰面系统在50%以上。①条点法：用抹子在每块挤塑板周边抹宽50mm特用胶粘剂，从边缘向中间逐渐加厚，最厚处达到10mm，然后再在挤塑板上抹3个厚10mm的圆形特用胶粘剂和6个厚10mm、直径80mm的圆形特用胶粘剂。②条粘法：用抹子在每块挤塑板上抹满厚约10mm的特用胶粘剂，然后用专用齿形抹子刮出15mm的条状。

4）涂好灰后立即将挤塑板贴到墙上，并用2m靠尺将其挤压找平，保证其垂直度、平整度和粘结面积符合要求。碰头处不得抹粘结砂浆，每贴完一块，应及时清除挤出的砂浆。板与板之间要挤紧，不得有缝，板缝超出1.5mm时用挤塑板片填塞。接缝高差不大于1mm，否则应用打磨器打磨平整。

5）挤塑板应水平粘贴，上下两排挤塑板宜竖向错缝板长1/2，保证最小错缝尺寸不小于200mm。

6）在墙拐角处，应先排好尺寸，裁切挤塑板，使其粘贴时垂直交错连接，保证拐角处顺直且垂直。

7）在粘贴门窗框四周的阳角和外墙阳角时，应先弹出基准线，作为控制阳角上下竖直的依据。门窗框侧边也可根据设计采用其他辅助保温材料。

(7) 安装固定件：

1）待挤塑板粘贴牢固，一般在8h后24h内安装固定件，按设计要求的位置用冲击钻钻孔，锚固深度为50mm，钻孔深度60mm。

2）固定件的布置按相关构造图集，固定件个数按下述采用：

七层以下约5个/m^2；

八~十八层（含十八层）约6个/m^2；

十九~二十八层（含二十八层）约9个/m^2；

二十九层以上约11个/m^2。

任何面积大于0.1m^2的单块板必须加固定件，数量视形状及现场情况而定。采用面砖饰面系统，固定件数量应提高一个等级，并需采用固定件专用卡帽。

3）固定件加密：阳角、檐口下、门窗洞口四周应加密，距基层边缘不小于60mm，间距不大于300mm。

4）自攻螺钉应拧紧并将工程塑料膨胀钉的圆盘与挤塑板表面齐平或略拧入一些，确保膨胀钉尾部回拧使之与基层充分锚固。

5）当基层墙体为空心墙体时，应采用回拧式固定件。

(8) 墙面分格条、缝的处理：

1）根据已弹好的水平线和分格尺寸用墨斗弹出分格线的位置。竖向分格线用线坠或经纬仪校正垂直。

2）按照已弹好的线，在挤塑板的适当位置安好定位靠尺，使用专用开槽机将挤塑板切成凹口，凹口处挤塑板的厚度不能少于15mm。

3）对不顺直的凹口要进行修理。

（9）打磨找平：

1）挤塑板接缝不平处应用衬有平整处理的粗砂纸打磨，打磨动作宜为轻柔的圆周运动，不要沿着与挤塑板接缝平等的方向打磨。

2）打磨后应将打磨操作产生的碎屑、其他浮灰清理干净。

（10）抹聚合物砂浆底层：

在挤塑板表面涂刷一道界面剂，待晾干至黏手后，将聚合物砂浆均匀地抹在挤塑板上，厚度约为2mm左右。

当采用面砖饰面系统时，抹聚合物砂浆应留出固定件圆盘的位置，以便于固定件专用卡帽安装。

（11）压入网格布：

1）抹完聚合物砂浆后立即压入网格布。

2）网格面应按工作面的长度要求剪裁，并应留出搭接长度。

3）门窗洞口内侧周边与大墙面形成的45°阳角部分各加一层300mm×200mm网格布进行加强，大面网格布搭接在门窗洞口周边的网格布之上。

4）对于窗口、门口及其他洞口四周的挤塑板端头应用网格布和粘结砂浆将其包住，也只有在此时，才允许挤塑板侧边涂抹粘结砂浆。

5）将大面网格布沿水平方向绷直绷平，并将弯曲的一面朝里，用抹子由中间向上、下两边将网格布抹平，使其紧贴底层聚合物砂浆。网格布左、右搭接宽度不小于100mm，上、下搭接宽度不小于80mm，不得使网格布皱褶、空鼓、翘边。

6）在阴阳角处还需从每边双向绕角且相互搭接宽度不小于200mm。

7）在墙面施工预留空洞四周100mm范围内仅抹一道聚合物砂浆并压入网格布，暂不抹面层聚合物砂浆，待大面积施工完毕后对局部进行修补。

8）对于面砖饰面系统，抹聚合物砂浆时应留出固定件位置。

（12）安装固定件专用卡帽（此为面砖饰面系统时采用）：

1）待网格布铺贴好后，开始安装固定件专用卡帽。

2）先将卡帽的圆心对准固定件圆盘中心，用小锤将卡帽轻轻敲入，要求卡帽安装平整并与固定件圆盘固定牢固。

（13）抹面层聚合物砂浆：

1）抹完底层聚合物砂浆，压入网格布后待砂浆干至不粘手时（面砖系统待安装好固定件专用卡帽后），抹面层聚合物砂浆，对于涂料饰面和饰面砂浆饰面系统，抹灰厚度以盖住网格布为准，约1mm左右，使砂浆保护层总厚度约2.5mm±0.5mm；对于面砖饰面系统，抹灰厚度以盖住固定件专用卡帽为准，约2mm左右，使砂浆保护层的总厚度在3.5mm±0.5mm。

2）在同一块墙面之上，加强层与标准层间、面砖饰面与涂料（饰面砂浆）饰面之间应留设伸缩缝或设置装饰线条。

（14）补洞及修理：

1）当脚手架与墙体的连接拆除后，应立即对连接点的孔洞进行填补，对墙体孔洞用相同的基层墙体材料进行填补，并用水泥砂浆抹平。

2）根据孔洞尺寸切割挤塑板并打磨其边缘部分，使之能紧密填入孔洞处，并在挤塑板两面刷界面剂。

3）待水泥砂浆表层干燥后，将此挤塑板背面涂上厚5mm的粘结砂浆，应注意不要在其四周边沿涂粘结砂浆。将挤塑板塞入粘在基层上。

4）用胶带将周边已作好的涂层盖住，以防施工过程中对其污染。切一块网格布，其大小应能覆盖整个修补区域，与原有的网格布至少重叠80mm。

5）将挤塑板表面涂聚合物砂浆，压入网格布，待表面干至不粘手时，再涂抹一遍聚合物砂浆。注意修补过程中不要将聚合物砂浆涂到周围的表面涂层上。

（15）变形缝做法：

1）变形缝处填塞发泡聚乙烯圆棒，其直径应为变形缝宽的1.3倍，分2～3次勾填嵌缝膏，深度为缝宽的50%～70%。

2）沉降变形缝根据设计缝宽和位置安装金属盖板，以射钉或螺栓紧固。

（16）涂料外饰面和饰面砂浆外饰面：

1）涂料选用水性弹性涂料，性能应符合建筑涂料产品标准要求，若使用底涂和腻子，亦为水性弹性底涂和腻子。

2）饰面砂浆的性能应符合相应的国家及地方标准和规范的要求。

3）涂料及饰面砂浆的施工应符合相应国家及地方标准和规定，同时应符合相应供应商的规定。

（17）面砖外饰面：

1）当墙面外饰面层为面砖时，挤塑板与基层墙体的粘结面积不小于50%，固定件数量需提高一个等级。

2）面砖单块面积不宜大于0.01m^2，重量不应大于20kg/m^2，粘贴面砖采用专用瓷砖胶粘剂，勾缝应采用具有抗渗性的柔性材料，且以上材料都应符合《外墙饰面砖工程施工及验收规程》JGJ 126的要求。

3）外墙饰面砖粘贴应设置伸缩缝。竖向伸缩缝可设在洞口两侧或与横墙、柱对应的部位；水平向伸缩缝可设在洞口上、下或与楼层对应处。伸缩缝的宽度可根据当地的实际经验确定。墙体变形缝两侧粘贴的外墙饰面砖，其间的缝宽不应小于变形缝的宽度。面砖接缝的宽度宜在3～8mm，不得采用密缝。缝深不宜大于3mm，也可采用平缝。并应采取柔性防水材料勾缝处理。

二、水泥基复合保温砂浆外墙外保温系统质量监理控制要点

（1）基层为烧结砖类时，应将墙面上残余砂浆、污垢、灰尘清理干净，用滚筒刷将界面处理剂抹在基层表面，不得漏涂，厚度不小于1mm，在界面处理剂未干燥时随即抹保温砂浆。

（2）基层为混凝土墙时，用铁抹子将界面砂浆均匀抹在基层表面，不得漏涂，厚度不小于2mm，在界面砂浆未干燥时随即抹保温砂浆。

（3）基层为蒸压粉煤灰类新型墙体材料时，应提前2天浇水，每天2遍以上，使渗水深度达到8~10mm为宜，抹灰前最后一遍浇水应提前1h，用专用界面砂浆抹1~2mm，在界面砂浆未干燥时随即抹保温材料。

（4）灰饼冲筋时，墙面应按保温层厚度设计要求用保温砂浆做出灰饼冲筋。

（5）保温层施工：保温层施工时应分遍进行，每遍厚度不宜超过10mm，涂抹时应抹平压实。分层抹灰时间间隔一般在24h以上，待厚度达到冲筋面时，先用大杠刮平，再用铁抹用力抹平压实。

（6）分格缝及滴水槽施工：根据设计要求弹出分格线，采用厚度不大于抹面层的塑料或其他材料制成的分格条，将分格条粘贴在保温层表面，待防护层砂浆粉刷结束后，将分格条轻轻取出形成分格缝，并用1份有机硅防水剂掺30份饮用水，再掺40份水泥（重量比）沿分格缝槽底涂刷两遍，不得漏涂。

（7）防裂砂浆施工：防裂砂浆面层抹灰必须在最后一遍保温层充分凝固后进行，一般在7d后或用手按不动表面的情况下进行防裂砂浆施工，同时在檐口、窗台、窗楣、雨篷、阳台、压顶以及凸出墙面的顶面做出坡度，下面应做出滴水槽或滴水线，并做好防水处理。

（8）网格布施工：用铁抹子将防裂砂浆粉刷到保温层上，厚度应控制在3~5mm，先用大杠刮平，再用塑料抹子搓平，随即将事先按分格缝间距裁剪好的网格布沿分格缝，用铁抹子将网格布压入防裂砂浆中。网格布平面之间的搭接宽度不应小于50mm，阴角处的搭接不应小于100mm，阳角处的搭接不应小于200mm，铺设要平整无褶皱，砂浆饱满度应达到100%，同时应抹平、找直，保持阴阳角的方正和垂直度。在窗洞口处应沿45°方向事先增贴一道300mm×300mm网格布，首层墙面应铺设双层网格布（加强用的耐撞击网格布则对接即可，不宜搭接）。铺贴双层网格布之间的抗裂砂浆应饱满严禁干贴。

（9）钢丝网施工：钢丝网施工时宜从顶层开始沿墙面阳角处，在固化后的保温层上铺设钢丝网。固定时应由两人配合，其中1人按住钢丝网，另一人用与膨胀钉直径相同的冲击钻头成梅花形从钢丝网中钻孔并安装膨胀钉，膨胀钉锚固于基层的深度不小于25mm。当每平方米锚固点小于4个时，钢丝网固定后在有凸出的部位用钢丝做成V形卡子压入。钢丝网平面之间的搭接不应小于10mm，阴阳角处的搭接不应小于50mm，固定阴阳角钢丝网前，应先将钢丝网折成90°直角。钢丝网固定后，用防裂砂浆刮糙3~4mm。刮糙时用铁抹子将钢丝网叠出，使钢丝网处于砂浆中间，固化后再抹第二遍防裂砂浆3~4mm，用大杠刮平后，用木抹搓平并拉毛，待防裂砂浆固化后粘贴饰面砖。

（10）饰面砖施工：饰面砖粘贴前应保证面砖粘贴面清洁、干燥，不得带有脱模剂等杂物。饰面砖应留缝粘贴，面砖之间留缝宽度宜在3~5mm之间。

（11）勾缝剂施工：待面砖粘贴强度达到设计要求（通常7d，视气温条件）后用勾缝剂进行勾缝处理。

三、现场喷涂硬泡聚氨酯外墙外保温系统质量监理控制要点

（1）喷涂施工时的环境温度宜为10~40℃，风速应不大于5m/s（3级风），相对湿度应小于80%，雨天不得施工。当施工时环境温度低于10℃时，应采取可靠的技术措施保证喷涂质量。

（2）喷枪头距作业面的距离应根据喷涂设备的压力进行调整，不宜超过1.5m；喷涂时喷枪头移动的速度要均匀。在作业中，上一层喷涂的聚氨酯硬泡表面不粘手后，才能喷涂下一层。

（3）喷涂后的聚氨酯硬泡保温层应充分熟化48~72h后，再进行下道工序的施工。

（4）喷涂后的聚氨酯硬泡保温层表面平整度允许偏差不大于6mm。

（5）在用抹面胶浆等找平材料找平喷涂聚氨酯硬泡保温层时，应立即将裁好的玻纤网布（或钢丝网），用铁抹子压入抹面胶浆内，相邻网布（或钢丝网）搭接宽度不小于100mm。网布（钢丝网）应铺贴平整，不得有皱褶、空鼓和翘边。阳角处应做护角。

如果饰面层为涂料，则室外自然地面+2.0m范围以内的墙面，应铺贴双层网布，两层网布之间抹面胶浆必须饱满，门窗洞口等阳角处应做护角加强。饰面层为面砖时，应采取有效方法确保系统的安全性，且室外自然地面+2.0m范围以内的墙面阳角钢丝网应双向绕角互相搭接，搭接宽度不得小于200mm。

（6）喷涂施工作业时，门窗洞口及下风口宜做遮蔽，防止泡沫飞溅污染环境。

（7）喷涂后在进行下道工序施工之前，聚氨酯硬泡保温层应避免雨淋，遭受雨淋的应彻底晾干后方可进行下道工序施工。

四、保温装饰复合板外墙外保温系统质量监理控制要点

（1）基层墙体处理应符合下列要求：基层表面应清洁，无油污等妨碍粘结的材料。

（2）基层应坚实平整，表面平整度不大于5mm。局部突起、空鼓等妨碍粘结的污染物应剔除，并用聚合物砂浆找平。

（3）当基层为加气混凝土砌块墙体时，表面喷涂界面剂，然后用砂浆找平。不同结构结合处，宜加设热镀锌钢丝网或耐碱玻纤网格布增强。

（4）当基层为其他材料砌筑墙体时，应用1:3水泥砂浆或聚合物水泥砂浆整体找平。

（5）当基层为钢筋混凝土墙体时，如果墙体表面平整度不大于5mm，可不必进行整体找平。

（6）弹线分隔时，应设垂直和水平线作为平直基准，应按照设计排板图的分隔方案，弹出每块板的安装控制线，确定接缝宽度，并制作统一塞尺。根据实际弹线情况，结合设计排板图，出具相应每块板的实际尺寸和详细构造图清单。

（7）应严格按系统供应商提供的配比和制作工艺在现场进行配制胶粘剂，每次配制不得过多，视不同环境温度条件控制在2h内或按产品说明书中规定的时间内用完。

（8）保温装饰复合板粘结面上应涂刷界面砂浆，在界面砂浆表干后，再批刮胶粘剂。

（9）保温装饰复合板可采用点粘法、点框法或条粘法粘贴。每块板涂抹胶粘剂的面积与板面积之比应≥40%或设计要求。

（10）粘贴保温装饰复合板应从下而上，沿水平方向铺设粘贴，在最下面一排板的底边处固定一圈角钢或木条，作为首行板粘贴后起支撑作用的托板条。

（11）保温装饰复合板粘贴的平整度、垂直度应符合要求。每贴完一块，应及时清除挤出的砂浆，板与板之间的缝隙要均匀一致且达到设计要求。

（12）墙面锚固位置钻孔宜在保温装饰板粘贴前进行，根据排板图确定的锚固件位置钻孔备用，钻孔深度再加上10mm，并随即清理钻孔灰尘。

（13）保温装饰板粘贴完毕后即可进行锚固件安装，锚固件进入混凝土基层的有效锚固深度应≥25mm，进入其他轻质墙体基层的有效锚固深度应≥40mm。

（14）锚固件固定于墙体上，并稍拧紧金属螺钉，确保锚固件与基层充分锚固。胶粘剂未干前，锚栓预拧不应过紧，应在胶粘剂干燥24h后拧紧。

（15）保温装饰复合板缝处理应在胶粘剂干燥至少24h后进行。处理前应清洁其周边部位，在板缝中注入或嵌入填缝材料，然后再挤注硅酮密封胶。

（16）挤注硅酮密封胶的好坏对整个保温装饰板外保温系统的美观性、防水性至关重要，需专业技术人员施工。挤注前宜在板缝两侧饰面层上粘贴胶带，在挤注过程中，枪嘴应伸入缝隙内约4mm以上，均匀缓慢移动，连续进行，不得出现空洞和气泡。

（17）挤注硅硐密封胶后应顺一个方向立即进行胶缝的修刮平整，不可来回往复移动，以免裹入空气形成气泡。

（18）待密封胶晾干24h以后，可在水平板缝中间设置排气栓，按每15m^{2}在板缝处钻同排气栓相匹配的孔，并在孔内和排气栓四周涂上密封胶后，将排气栓嵌入孔中，要求排气孔朝下，以防进水，气孔不堵塞，安装排气栓时粘贴必须牢固无渗漏，靠近顶部或女儿墙处安装大号排气栓。

五、复合发泡水泥板外墙外保温系统质量监理控制要点

（1）施工前，基层墙体应挂基准线，在外墙各大角（阳角、阴角）及其他必要处挂垂直基准线，在每个楼层的适当位置挂水平线，以控制发泡水泥板的垂直度和水平度。

（2）材料配制，粘结砂浆和抹面砂浆均为单组分材料，水灰比应按照材料供应商产品说明书配制，用砂浆搅拌机搅拌均匀，搅拌时间自投料完毕后不小于5min，一次配制用量以4h内用完为宜（夏季施工时间宜控制在2h内）。

（3）发泡水泥板在基层墙体上的粘贴应采用满粘法，并符合下列要求：

1）发泡水泥板铺贴之前应清除表面浮尘。

2）发泡水泥板施工应从首层开始，并距勒脚地面300mm处弹出水平线，用1:3水泥砂浆并按照要求添加一定的防水剂，粉刷和发泡水泥板相同厚度的防水层做托架，干固后自下而上沿水平方向横向铺贴发泡水泥板，上下排之间发泡水泥板的粘贴应错缝1/2板长。

3）发泡水泥板与基层墙体粘贴采用满贴法粘贴，粘贴时用铁抹子在每张发泡水泥板上均匀批刮一层厚不小于3mm的粘结砂浆，粘贴面积应大于95%，及时粘贴并挤压到基层上，板与板之间的接缝缝隙不得大于1mm。

4）发泡水泥板在墙面转角处，应先排好尺寸，裁切发泡水泥板，使其垂直交错连接，并保证墙角垂直度。

5）在粘贴窗框四周的阳角和外墙角时，应先弹出垂直基准线，作为控制阳角上下竖直的依据，门窗洞口四角部位的发泡水泥板应采用整块发泡水泥板裁成L形进行铺贴，不得拼接。接缝距洞口四周距离应不小于100mm。

（4）抹面砂浆施工：发泡水泥板大面积铺贴结束后，视气候条件24~48h后，进行抹面砂浆的施工。施工前用2m靠尺在发泡水泥板平面上检查平整度，对凸出的部位应刮平并清理发泡水泥板表面碎屑后，方可进行抹面砂浆的施工。抹面砂浆施工时，同时在檐

口、窗台、窗楣、雨篷、阳台、压顶及凸出墙面的顶面做出坡度，下面应做出滴水槽或滴水线。

（5）网布施工：用铁抹子将抹面砂浆粉刷到发泡水泥板上，厚度控制在3～5mm，先用大杠刮平，再用塑料抹子搓平，随即用铁抹子将事先剪好的网布压入抹面砂浆表面，网布平面之间的搭接宽度不应小于50mm，阴阳角处的搭接不应小于200mm，铺设要平整无褶皱。在洞口处应沿45°方向增贴一道300mm×400mm网布。首层墙面施工宜采用三道抹灰法施工，第一道抹面砂浆施工后压入网布，待其稍干硬，进行第二道抹灰施工后压入加强型网布（加强型网布对接即可，不宜搭接），第三道抹灰将网布完全覆盖。

（6）锚固件施工：

1）锚固件锚固应在第一遍抹面砂浆（并压入网布）初凝时进行，使用电钻在发泡水泥板的角缝处打孔，将锚固件插入孔中并将塑料圆盘的平面拧压到抹面砂浆中，有效锚固深度为：混凝土墙体不小于25mm；加气混凝土等轻质墙体不小于50mm。墙面高度在20m以下每平方米设置4～5个锚栓，20m以上每平方米设置7～9个锚栓。

2）锚栓固定后抹第二遍抹面砂浆，第二遍抹面砂浆厚度应控制在2～3mm。

（7）分格缝施工按照设计要求进行。

（8）用发泡水泥板做防火隔离带时，防火隔离带铺设应与发泡水泥板施工同步进行。防火隔离带采用胶粘剂满贴。面层施工做法（含锚栓）同发泡水泥板面层做法。

六、加气混凝土砌块墙体质量监理控制要点

（1）砌块材料进场时，工程施工单位应向项目监理机构申报，并提供产品合格证和试验报告。监理工程师要检查砌块的外观质量、砌块强度和保温性能是否符合设计和规范要求。

（2）保温隔热用混凝土砌块必须捆扎加塑料薄膜封包，运输装卸时，宜用专用机具，严禁摔、掷、翻斗车自翻自卸货。

（3）砌筑前应检查砂浆配比是否符合要求，督促施工单位做好技术交底。

（4）砌块施工前，施工单位应弹好建筑物的主要轴线及砌体的砌筑控制边线，并自检合格。监理应对重要部位进行复核，合格后方可同意其施工。

（5）砌块砌筑前，监理应检查需穿墙安装的专业管线是否已安装完成，预留的穿墙套管是否符合要求，完成后可一次砌筑完成。如穿墙管线未完成，又确需先行砌筑时，可采取预留洞口或只砌筑一定高度等处理办法。

（6）需要做保温层的砌块墙面应做到墙体基本平整和垂直。保温砌块应分楼层砌筑，每5～6m应设分隔缝，缝内用PU发泡剂填充；表面有涂料和面砖装饰层时，必须粘贴网格布。

（7）在砌筑保温砌块时，第一皮要用水泥砂浆打底进行找平，砌块底面和侧面用胶粘剂砌筑，第二皮以上保温砌块全部采用胶粘剂砌筑。

（8）门窗洞口周围必须用镀锌角网条护角，以避免对保温砌块产生损坏；凡不同材质与保温砌块墙体交接处，均应粘贴玻纤网格布后再进行批嵌。

七、淤泥烧结保温砖墙体质量监理控制要点

（1）用于外墙的保温砖应按规格型号分别运输和码放，并应明显区分于其他墙体材料。

（2）轻质砂浆原材料与普通砂浆原材料应分开堆放，轻质砂浆应袋装并有明显标识。

（3）保温砖和轻质砂浆在使用前应按规定见证取样送检，检测结果应符合淤泥烧结保温砖相关技术规程的要求。

（4）轻质砂浆配合比应经试验确定，当砂浆的组成材料有变化时，其配合比应重新确定。

（5）轻质砂浆现场配合比应根据现场材料情况，在试验室配合比的基础上进行调整。轻质砂浆应采用机械拌合，拌合时间为3～5min，稠度宜控制在60～80mm。

（6）在前道工序验收合格的基础上方可进行保温砖砌体施工。

（7）保温砖砌体每日砌筑高度宜控制在1.5m或一步脚手架高度内。

（8）常温条件下，保温砖应提前1d浇水湿润，砌筑时保温砖表面宜呈湿润状态，重量含水率宜控制在10%～15%。

（9）砌筑时，保温砖的孔洞应垂直于受压面，上下错缝，每皮顺砌，砌体内不得掺砌非保温砖。

（10）保温砖外墙体砌筑应采用双排外脚手架或内脚手架进行施工，不应在外墙体上设脚手架孔洞。

（11）设计要求的洞口、管道、沟槽和预埋件等，应于砌筑时正确留出或预埋，不应在砌筑好的砌体上剔凿。宽度超过300mm的洞口，应设置过梁。

（12）电气管线暗敷应采用开槽机。管线密集处可砌成马牙槎，并加设拉筋进行加强，然后浇灌C20细石混凝土。

（13）浇筑圈梁混凝土时，为防止混凝土落入保温砖的孔洞中造成浇筑不实，支模前应在砌体顶面抹一层厚约10mm的砌筑砂浆。

（14）雨期施工应防止雨水冲刷砂浆，砂浆稠度宜控制在50～70mm，每日砌筑高度不宜超过1.2m。

（15）冬期施工，尚应符合现行规范中施工的有关规定。

（16）夏期施工宜有遮阳措施，避免阳光暴晒。

第四节 墙体节能及热桥部位旁站监理要点

热桥以往又称冷桥，现统一定名为热桥。热桥是指处在外墙和屋面等围护结构中的钢筋混凝土或金属梁、柱、肋等部位。因这些部位传热能力强，热流较密集，内表面温度较低，故称为热桥。

常见的热桥有处在外墙周边的钢筋混凝土抗震柱、圈梁、门窗过梁，钢筋混凝土或钢框架梁、柱，钢筋混凝土或金属屋面板中的边肋或小肋，以及金属玻璃窗幕墙中和金属窗中的金属框和框料等。热桥的危害在于其增加了墙体局部传热，降低了墙体平均热阻，恶化了围护结构内表面的温度环境，节点处内表面温度有可能低于室内露点温度，使得墙体内表面结露，传热在湿工况下进行，形成恶性循环。热桥影响着围护结构的整体保温效果，有必要对热桥进行准确的分析，采取各种技术措施降低热桥能耗，以促进保温结构的进一步完善。在墙体节能工程施工中，监理人员除按照规范要求进行旁站外，应重点在热桥部位加强旁站，确保热桥部位施工到位。

（一）施工准备阶段

（1）建筑节能相关施工单位资质、生产许可证等的审查（包括分包单位的）。

（2）对审查合格的施工图设计文件的熟悉和确认：

1）查验施工图文件审查结论是否合格，未经施工图审查机构审查的施工图或不合格的施工图文件不得在施工中使用，若发现以上情况时，应及时向建设单位和上级主管部门汇报，要求按有关规定进行送审。

2）查验或协助建设单位向上级主管部门办理建筑节能备案手续，是否符合建筑节能标准情况。

3）参加施工图设计文件的交底和图纸会审会，专业监理工程师熟悉施工图时应做好记录；专业监理工程师熟悉施工图设计文件后，应参加设计文件交底会，对施工图中墙体、门窗、屋面、楼板、地面、阳台等组成的围护结构体系及采暖空调系统及其他系统的建筑节能设计、对选用的节能型用能系统、节水或再生能源利用及维护和保养等方面进行了解、咨询和确认，同时可提出疑问和建议，有权对不符合建筑节能标准的提出质疑；项目监理机构应配合建设单位做好有关建筑节能的设计文件交底、会审工作和纪录。

4）对施工图修改或施工时要求变动施工图时，必须要经设计人员签字，涉及建筑节能强制性标准时，应送原审图机构重审。

（3）建筑节能专项施工方案审查（包括分包单位的）：严格审查施工组织设计中有关墙体、门窗、屋面等组成的围护结构体系施工方案是否符合设计文件中建筑节能的规定和要求及建筑节能标准。

（二）施工阶段

（1）建筑节能材料、构配件和设备的报验：

1）进场检验情况，审查建筑节能材料、构配件、设备的型号、规格、数量、批号是否有出厂合格证、技术标准、使用说明和备案证、建筑节能认定标识证书、生产许可证、安全生产许可证和生产供应商的资质、营业执照等文件资料。

2）建筑节能材料外观检查并按有关规定进行见证取样送检，检查检测机构出具的检测报告并及时做好材料账。

3）审查建筑节能材料、构配件、设备是否符合建筑节能标准，对不符合建筑节能标准、不按照已审查合格的设计文件规定和要求的建筑材料、构配件、设备，监理工程师不予签证并不得在工程上使用。

4）坚决杜绝国家明令禁止的、淘汰的建筑材料在工程上使用。

5）新材料、新工艺、新技术、新设备应要求施工单位报送相应的施工工艺措施和证明材料，组织专题论证，经审定后予以签认。

6）检查质量证明资料，如质保书、说明书、型式检验报告、复验报告是否合格、齐全，是否与设计和产品标准的要求相符，是否符合建筑节能标准。

（2）施工中的巡视旁站：

1）在施工现场进行巡视监督，检查施工单位是否按建筑节能设计文件和施工方案进行施工。

2）建筑节能工程旁站监理：对围护结构体系中墙体、门窗、屋面工序采取必要的旁站监理及根据相关规范规定，对易产生热桥和热工缺陷部位的施工，专业监理工程师应当实施专项旁站监理，并记好旁站监理记录。

3）在巡视旁站中对不符合建筑节能标准、设计文件规定和要求的或有质量问题时，在发出口头指令后，要及时签发监理工程师通知单要求整改。施工单位拒不整改的，项目监理机构有权向建设单位和上级主管部门汇报。

（3）建筑节能工程变更审查。

（4）建筑节能工程检验批、分项质量验收审查，符合要求予以签认，再进入下道工序施工。

（5）建筑节能工程子分部、分部工程质量验收审查（包括质量控制资料核查记录、安全和功能检验资料核查、观感质量核查记录等）。

（6）对怀疑或无法直接判断或者认为存在严重施工缺陷的重要建筑节能部位，可要求委托法定检测机构进行建筑节能施工质量检测。

第五节　墙体节能常见施工质量通病及预防措施

墙体节能常见的施工质量通病有以下几点：

一、墙体保温出现热桥现象

1. 产生原因

热桥往往是由于该部位的传热系数比相邻部位大得多、保温性能差得多所致，如混凝土中的梁、柱等；挑出的阳台板与主体结构；金属门窗框等；由于热桥部位 内表面温度低，当该处的温度低于露点温度时，水蒸气就会凝结在表面上，并出现结露。严重的部位在寒冬甚至会出现淌水现象。产生原因：（1）在地下室顶板、女儿墙、挑梁、窗台板等部位虽然设计了保温措施，但部分建设单位和施工单位为降低造价或施工方便，或认识不到此部位的重要性，在施工中将上述部位的保温取消，以至降低了节能保温效果，出现热桥现象。（2）部分热桥部位设计无明确做法。

2. 预防措施

使用保温材料将此热桥部位与室外空气隔绝，防止该部位直接暴露在空气中。具体做法可参照相关保温系统的节点构造。节点构造没有的可请设计单位出具相关节点做法。

二、保温材料质量达不到设计要求

1. 产生原因

目前用于民用建筑工程技术比较成熟，使用比较广泛的为水泥基聚苯颗粒保温砂浆和聚苯乙烯泡沫塑料板材。水泥基聚苯颗粒保温砂浆存在的主要问题是聚苯颗粒含量和质量。EPS 板存在的质量问题主要有两个：第一是板的密度不够，《外墙外保温工程技术规程》JGJ 144—2004 要求的密度值范围为 18～22kg/m^3，部分施工单位或厂家偷工减料，进场使用的密度仅有 14kg/m^3。由此降低节能建筑外保温层的保温效果，降低了 EPS 板的力学性能（导热系数、压缩强度、吸水率、熔结性、抗拉强度），节能建筑的耐久年限就大打折扣。第二是掺假，部分不法生产厂家为了增加板的重量，密度符合要求，在发泡器中加入粉砂等增重的材料。虽然用这种方法生产的 EPS 板密度能达到了标准要求，但其他主要技术指标（压缩强度、导热系数、吸水率、熔结性、抗拉强度）却背离了标准规定，将EPS板掰开后横断面处都掉渣，严重降低了节能建筑复合墙体的耐久年限。

2. 预防措施

（1）政府主管部门加强执法力度，对不合格厂家实行退出市场的制度。（2）监理单位加强抽检工作，对不符合质量要求的通知施工单位退货。（3）施工单位在施工时严格按照设计图纸和相关规范进行施工。

三、墙体保温层出现裂缝

外保温墙体的裂缝主要发生在板缝、窗口周围、窗角、女儿墙部分、保温板与非保温墙体的结合部。从裂缝的形状又可分为表面网状裂缝，较长的纵向、横向或斜向裂缝，局部鼓胀裂缝等。

1. 产生原因

（1）外围护结构墙体变形而引起；

（2）玻纤网格布抗拉强度不足或玻纤网格布耐碱力较低或钢丝网的镀锌层厚度不足，钢丝锈蚀膨胀；

（3）直接采用水泥砂浆做抗裂防护层：强度高、收缩大、柔韧变形性不够，引起砂浆层开裂；抗裂砂浆不符合要求；

（4）面层中网格布的埋设位置不当，过于靠近内侧；

（5）保温板板面不平，特别是相邻板面不平。板间缝隙用硬性材料填塞。

2. 预防措施

（1）严格把好材料验收关，做好材料质量保证资料的审核，按要求进行材料的见证取样复验，对材料的性能指标应符合现行有关标准的要求，经复验不合格的材料严禁使用到工程实体中。

（2）采用专用的抗裂砂浆和增强网，且在砂浆中加入适量的聚合物和纤维对控制裂缝的产生比较有效。

（3）装修层的材料最好选用弹性外墙涂料，其他界面层、保温层和粘结加固材料等最好由同一系统的保温材料厂家生产或专业厂家配套。

（4）因水泥砂浆收缩相当大，普通水泥砂浆禁止用在保温层上。

四、内墙表面长霉、结露

长霉、结露现象往往发生在墙角、门窗口和阴面墙、山墙下部以及墙表面湿度过大的部位。保温构造设计不合理的墙体，也会在墙体内部出现长霉、结露现象。严重的长霉、结露会对室内环境造成破坏，甚至危及居住者健康。

1. 产生原因

（1）长霉、结露现象的原因主要是保温设计不合理和通风条件差。其中内保温一般无法断桥，往往更容易出现长霉、结露现象。外保温设计不合理，没有形成完整保温。如结构设计中外挑部分较多，这些线条及外挑部分又多以混凝土挑出，在做保温时放弃对该部分的保温处理。窗口内侧未做保温；房间有与室外大气接触的墙面或楼面未有效保温；也有保温材料局部防水不到位，致使保温材料受潮，引起长霉、结露现象。

（2）施工方法不规范，缺乏施工过程的必要质量控制，致使技术、材料的质量性能不符合质量要求。结构伸缩缝的节能设计不合理；因保温结点设计方案不完善形成局部热桥而引起的。如在施工时因板的切割尺寸不符合要求或施工质量粗糙造成保温板间缝隙过大，在做保护层时没有做相应的保温板条的填塞处理或脚手孔未用保温材料堵严。墙体和保温材料里的水分还没有散发出来，抢工期上防护和装饰层引起长霉、结露现象。

2. 预防措施

根本防治方法是阻断热桥，改善室内湿度死角，保持良好的新风条件。

五、外墙面砖空鼓、脱落

1. 产生原因

（1）温度变形。墙体内外由于温差的变化，饰面砖会受到各种温度应力的影响，在饰面层会产生局部应力集中，如在纵横墙体交接处；墙或屋面与墙体连接处；大面积墙中部等位置应力集中饰面层开裂引起面砖脱落，也有相邻面砖局部挤压变形引起面砖脱落。

（2）砂浆引起抹灰层变形空鼓，造成大面积面砖脱落。

（3）水分渗入所引起的冻融反复冻融循环，造成面砖粘结层破坏，引起面砖脱落。

（4）外力引起的面砖脱落：如地基不均匀沉降引起结构物墙体变形、错位造成墙体严重开裂、面砖脱落，还可能由风压、地震力等引起的机械破坏等。

（5）组成复合体墙体的各层材料不相容，变形不协调，产生位移。

2. 预防措施

（1）在保护保温层的前提下，使外保温系统形成一个整体，转移面砖饰面层负荷作用体，改善面砖粘贴基层的强度，达到标准规定要求。

（2）考虑外保温材料的压折比、粘结强度、耐候稳定性等指标以及整个外保温系统材料变形量的匹配性，以释放和消除热应力或其他应力。

（3）要考虑外保温材料的抗渗性以及保温系统的呼吸性和透气性，避免冻融破坏而导致面砖脱落。

（4）提高外保温系统的防火等级，以免避免火灾等意外事故出现后产生空腔，外保温系统失去整体性，在面砖饰面的自重力影响下大面积塌落。

（5）提高外保温系统的抗震和抗风压能力，以避免偶发事故出现后的水平方向作用力对外保温系统的破坏。

第六节　墙体节能施工质量监理验收

一、检验批划分规定

墙体节能工程的检验批应按下列规定划分：

（1）相同材料、工艺和施工条件的外墙外保温工程每500～1000m^2墙面面积为一个检验批，不足500m^2也划分为一个检验批。检查数量应符合下列规定：每100m^2应至少抽查一处，每处不得少于10m^2。

（2）检验批的划分也可根据与施工流程相一致且方便施工与验收的原则，由施工、监理（建设）单位共同商定。

二、隐蔽工程验收

根据《建筑节能工程施工质量验收规范》GB 50411 规定，墙体节能工程应对下列部位或内容进行隐蔽工程验收，并应有详细的文字记录和必要的图像资料：

（1）保温层附着的基层及其表面处理；

（2）保温板粘结或固定；

（3）锚固件；

（4）增强网铺设；

（5）墙体热桥部位处理；

（6）预置保温板或预制保温墙板的位置、界面处理、锚固、板缝及构造节点；

（7）现场喷涂或浇注有机类保温材料的界面；

（8）被封闭的保温材料的厚度；

（9）保温隔热砌块填充墙。

三、墙体节能工程施工质量标准

墙体节能工程的施工质量如何，不仅关系到建筑围护结构的节能效果，而且关系到建筑物使用安全和经济效益。因此，在工程施工过程中，设计、施工、监理等各方都必须严格按照国家标准《建筑节能工程施工质量验收规范》GB 50411 进行控制，这不仅是施工单位进行施工的标准，还是监理进行工程验收的依据。

1. 墙体节能工程施工质量主控项目

（1）用于墙体节能工程的材料、构件等，其品种、规格应符合设计要求和相关标准的规定。

检验方法：观察、尺量检查；核查质量证明文件。

检查数量：全数检查。

（2）墙体节能工程使用的保温隔热材料，其导热系数、密度、抗压强度或压缩强度、燃烧性能应符合设计要求。

检验方法：核查质量证明文件和进场复验报告。

检查数量：全数检查。

（3）墙体节能工程采用的主要材料，进场时应对其下列性能进行复验，复验应为见证取样送检：1）保温隔热材料的导热系数或热阻、密度、压缩强度或抗压强度、燃烧性能；2）粘结材料的拉伸粘结强度；3）抹面材料的拉伸粘结强度、抗冲击强度；4）增强网的力学性能、抗腐蚀性能；

检验方法：随机抽样送检，核查复验报告。

检查数量：同厂家、同品种、同规格产品，每 1000m^2 扣除窗洞面积后的墙面使用的材料为一个检验批，每个检验批抽查 1 次，不足 1000m^2 时抽查 1 次；

墙面超过 1000m^2 时，每增加 2000m^2 应增加 1 次抽样；墙面超过 5000m^2 时，每增加 3000m^2 应增加 1 次抽样。

节能保温隔热材料的燃烧性能每种产品应至少检验 1 次。

同项目、同施工单位且同时施工的多个单位工程（群体建筑），可合并计算墙面抽检面积。

（4）公共建筑及7层以上（含7层）居住建筑，其外墙外保温工程当采用预制构件、定型产品或成套技术时，应提供形式检验报告。形式检验报告中应包括安全性能、耐久性能和节能性能。

当无形式检验报告时，应委托具备资质的检测机构对产品或工程的安全性能、耐久性能和节能性能进行现场抽样检验。抽样检验的方法、结果应符合设计的要求。

检验方法：核查形式检验报告或抽样检验报告。

检查数量：按照构件、产品或成套技术的类型进行核查、抽查。

（5）严寒和寒冷地区外保温使用的粘结材料，其冻融试验结果应符合该地区最低气温环境的使用要求。

检验方法：核查质量证明文件。

检查数量：全数检查。

（6）墙体节能工程施工前应按照设计和施工方案的要求对基层进行处理，处理后的基层应符合保温层施工方案的要求。

检验方法：对照设计和施工方案观察检查；核查隐蔽工程验收记录。

检查数量：全数检查。

（7）墙体节能工程各层构造做法应符合设计要求，并应按照经过审批的施工方案施工。

检验方法：对照设计和施工方案观察检查；核查隐蔽工程验收记录。

检查数量：全数检查。

（8）墙体节能工程的施工，应符合下列规定：

1）保温隔热材料的厚度必须符合设计要求；

2）保温板材与基层及各构造层之间的粘结或连接必须牢固。保温板材与基层的粘结面积、拉伸粘结强度和连接方式应符合设计要求。保温板材与基层的拉伸粘结强度应做现场拉拔试验。保温板材与基层粘结的饱满度应符合设计和标准要求，应进行饱满度检查。

3）当采用保温浆料做外保温时，厚度大于20mm的保温浆料应分层施工。保温浆料与基层之间及各层之间的粘结必须牢固，不应脱层、空鼓和开裂，拉伸粘结强度应设计要求，保温浆料与基层的拉伸粘结强度应做现场拉拔试验。

4）当墙体节能工程的保温层采用预埋或后置锚固件固定时，锚固件数量、位置、锚固深度和拉拔力应符合设计要求。后置锚固件应进行锚固力现场拉拔试验。

检验方法：观察；手扳检查；保温材料厚度采用尺量、钢针插入或剖开检查；粘结面积采用剥离检验；保温板材、保温材料与基层的拉伸粘结强度现场拉拔试验；锚固拉拔力核查试验报告；隐蔽工程核查验收记录。

检查数量：每个检验批抽查不少于3处。粘结面积检验批每个检验批抽检不少于2处，按照《建筑节能工程施工质量验收规范》GB 50411附录B执行。

（9）外墙采用预置保温板现场浇筑混凝土墙体时，保温材料的验收应符合《建筑节能工程施工质量验收规范》GB 50411第4.2.2条的规定；保温板的安装应位置正确、接缝严密，保温板在浇筑混凝土过程中不得移位、变形，保温板表面应采取界面处理措施，与混凝土粘结应牢固。

混凝土和模板的验收，应执行《混凝土结构工程施工质量验收规范》GB 50204 的相关规定。

检验方法：观察检查；核查隐蔽工程验收记录。

检查数量：全数检查。

（10）当外墙采用保温浆料做保温层时，应在施工中制作同条件养护试件，检测其导热系数、干密度和压缩强度。保温浆料的同条件养护试件应实行见证取样送检。

检验方法：检查检测报告。

检查数量：每个检验批应抽样制作同条件养护试块不少于 1 组。

（11）墙体节能工程各类饰面层的基层及面层施工，应符合设计和《建筑装饰装修工程质量验收规范》GB 50210 的要求，并应符合下列规定：

1）饰面层施工的基层应无脱层、空鼓和裂缝，基层应平整、干净，含水率应符合饰面层施工的要求。

2）外墙外保温工程不宜采用粘贴饰面砖做饰面层。当采用时，必须保证保温层与饰面砖的安全性与耐久性。饰面砖应做粘结强度拉拔试验，试验结果应符合设计和有关标准的规定。

3）外墙外保温工程的饰面层不应渗漏。当外墙外保温工程的饰面层采用饰面板开缝安装时，保温层表面应具有防水功能或采取其他相应的防水措施。

4）外墙外保温层及饰面层与其他部位交接的收口处，应采取密封措施。

检验方法：观察检查。核查试验报告和隐蔽工程验收记录。

检查数量：全数检查。

（12）采用保温砌块砌筑的墙体，应采用具有保温功能的砂浆砌筑。砌筑砂浆的强度等级及导热系数应符合设计要求。砌体的水平灰缝饱满度不应低于 90%，竖直灰缝饱满度不应低于 80%。

检验方法：对照设计核查砂浆品种和砌筑砂浆强度试验及导热系数报告。用百格网检查灰缝砂浆饱满度。

检查数量：每楼层的每个施工段至少抽查一次，每次抽查 5 处，每处不少于 3 个砌块。

（13）采用预制保温墙板现场安装的墙体，应符合下列规定：

1）保温墙板应有型式检验报告，型式检验报告中应包括安装性能的检验。

2）保温墙板的结构性能、热工性能及与主体结构的连接方法应符合设计要求，与主体结构连接必须牢固。

3）保温墙板的板缝处理、构造节点及嵌缝做法应符合设计要求。

4）保温墙板板缝不得渗漏。

检验方法：核查型式检验报告、出厂检验报告、对照设计观察和淋水试验检查；核查隐蔽工程验收记录。

检查数量：型式检验报告、出厂检验报告全数检查；其他项目每个检验批应抽查 5% 并不少于 3 块（处）。

（14）当设计要求在墙体内设置隔汽层时，隔汽层的位置、使用的材料及构造做法应符合设计要求和相关标准的规定。隔汽层应完整、严密，穿透隔汽层处应采取密封措施。隔汽层冷凝水排水构造应符合设计要求。

检验方法：对照设计观察检查，核查材料质量证明文件和隐蔽工程验收记录。

检查数量：每个检验批应抽查5%，并不少于3件（处）。

（15）外墙和毗邻不采暖空间墙体上的门窗洞口四周墙侧面，凸窗四周墙侧面，应按设计要求采取节能保温措施。

检验方法：对照设计观察检查，采取热成像仪检查或必要时抽样剖开检查。核查隐蔽工程验收记录。

检查数量：每个检验批应抽查5%，并不少于5个窗洞。

（16）严寒、寒冷地区外墙热桥部位，应按设计要求采取节能保温等隔断热桥措施。

检验方法：对照设计和施工方案观察检查。核查隐蔽工程验收记录。

检查数量：按不同热桥种类，每种抽查20%，并不少于5处。

2. 墙体节能工程施工质量般项目

（1）进场节能保温材料与构件的外观和包装应完整无破损，符合设计要求和产品标准的规定。

检验方法：观察检查。

检查数量：全数检查。

（2）当采用加强网作防止开裂的措施时，玻纤网格布的铺贴和搭接应符合设计和施工方案的要求。砂浆抹压应严实，不得空鼓，加强网不得皱褶、外露。

检验方法：观察检查；核查隐蔽工程验收记录。

检查数量：每个检验批抽查不少于5处，每处不少于$2m^2$。

（3）设置空调的房间，其外墙热桥部位应按设计要求采取隔断热桥措施。

检验方法：对照设计和施工方案观察检查。核查隐蔽工程验收记录。

检查数量：按不同热桥种类，每中抽查10%，并不少于5处。

（4）施工产生的墙体缺陷，如穿墙套管、脚手眼、孔洞等，应按照施工方案采取隔断热桥措施，不得影响墙体热工性能。

检验方法：对照施工方案观察检查。

检查数量：全数检查。

（5）墙体保温板材的粘贴面积、粘贴方法和接缝方法应符合施工方案要求。保温板接缝应平整严密。

检验方法：观察检查。

检查数量：按墙体检验批检查。每个检验批抽查10%并不少于5处。

（6）墙体采用保温浆料时，保温浆料层宜连续施工；保温浆料厚度应均匀、接茬应平顺密实。

检验方法：观察、尺量检查。

检查数量：保温浆料每个检验批抽查10%，并不少于10处。

（7）墙体上容易碰撞的阳角、门窗洞口及不同材料基体的交接处等特殊部位，其保温层应采取防止开裂和破损的加强措施。

检验方法：观察检查；核查隐蔽工程验收记录。

检查数量：按不同部位，每类抽查10%，并不少于5处。

（8）采用现场喷涂或模板浇注有机类保温材料做外保温时，有机类保温材料应达到陈化时间后方可进行下道工序施工。

检查方法：对照施工方案和产品说明书进行检查。

检查数量：全数检查。

五、墙体节能工程施工质量验收

墙体节能工程的质量验收，应在检验批、分项工程全部验收合格的基础上，进行外墙节能构造实体检验，以及系统节能性能检测，确认墙体节能工程质量达到验收条件后方可进行。

1. 墙体节能工程验收的程序和组织

墙体节能工程验收的程序和组织应遵守《建筑工程施工质量验收统一标准》GB 50300的要求，并应符合下列规定：

（1）墙体节能工程的检验批验收和隐蔽工程验收应由监理工程师主持，施工单位相关专业的质量检查员与施工员参加；

（2）墙体节能分项工程验收应由监理工程师主持，施工单位项目技术负责人和相关专业的质量检查员、施工员参加；必要时可邀请设计单位相关专业的人员参加。

2. 墙体节能工程的检验批质量验收

墙体节能工程的检验批质量验收合格，应符合下列规定：

（1）检验批应按主控项目和一般项目验收；

（2）主控项目应全部合格；

（3）一般项目应合格；当采用计数检验时，至少应有90%以上的检查点合格，且其余检查点不得有严重缺陷；

（4）应具有完整的施工操作依据和质量验收记录。

3. 墙体节能分项工程质量验收

墙体节能分项工程质量验收合格，应符合下列规定：

（1）分项工程所含的检验批均应合格；

（2）分项工程所含检验批的质量验收记录应完整。

4. 墙体节能工程验收资料

墙体节能工程验收资料时应对下列资料核查，并纳入竣工技术档案：

（1）设计文件、图纸会审记录、设计变更和洽商；

（2）主要材料、设备和构件的质量证明文件、进场检验记录、进场核查记录、进场复验报告、见证试验报告；

（3）隐蔽工程验收记录和相关图像资料；

（4）分项工程质量验收记录；必要时应核查检验批验收记录；

（5）建筑围护结构节能构造现场实体检验纪录；

（6）系统节能性能检验报告；

（7）其他对工程质量有影响的重要技术资料。

第三章　幕墙节能质量监理控制

第一节　幕墙节能工程概述

一、幕墙节能系统的分类

根据可见光是否能直接透射入室内，建筑幕墙可以分为透明幕墙和非透明幕墙。透明幕墙主要指玻璃幕墙，非透明墙包括金属幕墙、石材幕墙、内衬非透明保温材料的玻璃幕墙等。透明幕墙和非透明幕墙能耗途径存在很大差异，其节能措施也存在很大不同。

根据《民用建筑热工设计规范》GB 50176—1993 要求，我国建筑热工设计包括：严寒地区，寒冷地区，夏热冬冷地区，夏热冬暖地区，温和地区，我国主要城市一般分别处于前4类地区。透明幕墙应考虑此建筑热工设计分区和设计要求，参见门窗节能工程。不同地区，透明幕墙节能要求有所差异，具体参见相关建筑节能设计标准。

根据《公共建筑节能设计标准》GB 50189-2005 要求，非透明幕墙节能设计也应考虑建筑热工设计分区和设计要求，参见墙体节能工程。但不同于墙体工程需要形成较复杂的保温体系，并经型式检验认可。其往往着重于保温材料的应用，并与幕墙工程、墙体工程形成整体。不同地区，非透明幕墙节能要求有所差异，具体参见相关建筑节能设计标准。

非透明幕墙不同地区热工性能要求，见表3-1。

非透明幕墙不同地区热工性能要求　　　　**表3-1**

非透明幕墙	严寒地区A区	严寒地区B区	寒冷地区	夏热冬冷地区	夏热冬暖地区
K [W/(m^2·K)]	0.45	0.50	0.60	1.00	1.50

根据透明幕墙所采用的型材及配件，所采用的玻璃，玻璃的固定方式，其组合形成各种透明幕墙节能系统。根据非透明幕墙所采用的保温材料，形成各种非透明幕墙节能系统。常见透明幕墙节能系统和非透明幕墙节能系统如下：

1. 透明幕墙

透明幕墙，主要指玻璃幕墙

（1）明框玻璃幕墙（型材及配件+中空玻璃，或单侧采用Low-E玻璃、镀膜玻璃等）。

（2）半隐框玻璃幕墙（型材及配件+中空玻璃，或单侧采用Low-E玻璃、镀膜玻璃等）。

（3）全隐框玻璃幕墙（型材及配件+中空玻璃，或单侧采用Low-E玻璃、镀膜玻璃等）。

（4）全玻璃幕墙（中空玻璃（上挂、下托、肋支），或单侧采用Low-E玻璃、镀膜玻璃等）。

（5）点支式玻璃幕墙（型材及配件+中空玻璃，或单侧采用Low-E玻璃、镀膜玻璃等）。

如需要采用遮阳系统，透明幕墙工程中的遮阳系统一般采用一体化的遮阳系统。

2. 非透明幕墙

非透明幕墙，包括金属幕墙、石材幕墙、内衬非透明保温材料的玻璃幕墙等。

（1）金属幕墙+膨胀聚苯板（EPS），或挤塑聚苯板（XPS），或聚酯泡沫板（PU或PUR）（燃烧性能属B级）+墙体。

（2）金属幕墙+胶粉聚苯颗粒（燃烧性能属A2级），或发泡聚氨酯（燃烧性能属B级）+墙体。

（3）金属幕墙+复合聚苯板，或复合聚氨酯板（燃烧性能属A2级）+墙体。

（4）石材幕墙+膨胀聚苯板（EPS），或挤塑聚苯板（XPS），或聚酯泡沫板（PU或PUR）（燃烧性能属B级）+墙体。

（5）石材幕墙+胶粉聚苯颗粒（燃烧性能属A2级），或发泡聚氨酯（燃烧性能属B级）+墙体。

（6）石材幕墙+复合聚苯板，或复合聚氨酯板（燃烧性能属A2级）+墙体。

二、幕墙节能系统的性能要求

一般认为，透明幕墙主要通过三种途径传递热量，其一是通过透明幕墙型材及配件、玻璃进行热传递（传导传热）（保温性能，一般通过K值反映），其二是通过玻璃形成太阳辐射直接进行热传递（辐射传热）（隔热性能，一般通过S_c值反映），其三是通过透明幕墙缝隙形成空气渗漏进行热交换（交换传热）（气密性能，一般通过q_L、q_A值反映）。节能透明幕墙主要要阻断透明幕墙此三种传热途径。非透明幕墙主要通过两种途径传递热量，其一是通过非透明幕墙、保温材料、墙体进行热传递（传导传热）（保温性能，一般通过K值反映），其二是通过非透明幕墙缝隙形成空气渗漏进行热交换（交换传热）（气密性能，一般通过q_L、q_A值反映）。节能非透明幕墙主要阻断非透明幕墙此两种传热途径。

透明幕墙和非透明幕墙热量传递主要途径，见表3-2。

透明幕墙和非透明幕墙热量传递主要途径 **表3-2**

幕墙类别		热量传递途径
透明幕墙	明框玻璃幕墙	（1）玻璃与型材、配件接收热量，并传递热量，其中玻璃占主导地位 （2）玻璃透过太阳光直接使室内气体升温直接传递热量 （3）幕墙板块间及周边缝隙形成通道进行空气交换传递热量
	全隐框玻璃幕墙	（1）玻璃接收热量，并传递热量，其中玻璃占决定地位 （2）玻璃透过太阳光直接使室内气体升温直接传递热量 （3）幕墙板块间及周边缝隙形成通道进行空气交换传递热量
	半隐框玻璃幕墙	（1）玻璃与外露型材、配件接收热量，并传递热量，其中玻璃占主导地位 （2）玻璃透过太阳光直接使室内气体升温直接传递热量 （3）幕墙板块间及周边缝隙形成通道进行空气交换传递热量
	全玻璃幕墙	（1）玻璃接收热量，并传递热量，其中玻璃占决定地位 （2）玻璃透过太阳光直接使室内气体升温直接传递热量 （3）幕墙板块间及周边缝隙形成通道进行空气交换传递热量
	点支式玻璃幕墙	（1）玻璃与爪件接收热量，并传递热量，其中玻璃占主导地位 （2）玻璃透过太阳光直接使室内气体升温直接传递热量 （3）幕墙板块间及周边缝隙形成通道进行空气交换传递热量

续表

幕墙类别		热量传递途径
非透明幕墙	金属幕墙	（1）金属与型材、配件接收热量，并通过保温材料、墙体传递热量 （2）幕墙板块间及周边缝隙形成通道进行空气交换传递热量
	石材幕墙	（1）石材与型材、配件接收热量，并通过保温材料、墙体传递热量 （2）幕墙板块间及周边缝隙形成通道进行空气交换传递热量

建筑幕墙热工性能应满足相关规范、规程要求。建筑幕墙传热系数应按《民用建筑热工设计规范》GB 50176—1993 的规定确定，并满足《公共建筑节能设计标准》GB 50189-2005、《采暖居住建筑节能检验标准》JGJ 132-2001、《夏热冬冷地区居住建筑节能设计标准》JGJ 134-2010、《严寒和寒冷地区居住建筑节能设计标准》JGJ 26-2010、《夏热冬暖地区居住建筑节能设计标准》JGJ 75-2003 的要求。玻璃（或其他透明材料）幕墙遮阳系数应满足《公共建筑节能设计标准》GB 50189-2005 和《夏热冬暖地区居住建筑节能设计标准》JGJ 75-2003 的要求。

1. 建筑幕墙传热系数分级

建筑幕墙传热系数分级，见表3-3。

建筑幕墙传热系数分级 **表3-3**

分级代号	1	2	3	4
K [W/(m^2·K)]	$K \geqslant 5.0$	$5.0 > K \geqslant 4.0$	$4.0 > K \geqslant 3.0$	$3.0 > K \geqslant 2.5$
分级代号	5	6	7	8
K [W/(m^2·K)]	$2.5 > K \geqslant 2.0$	$2.0 > K \geqslant 1.5$	$1.5 > K \geqslant 1.0$	$1.0 > K$

注：1. 8级时需同时注明 K 的测试值。
2. 上述数据引自《建筑幕墙》GB/T 21086-2007。

2. 玻璃幕墙遮阳系数分级

玻璃幕墙遮阳系数分级，见表3-4。

玻璃幕墙遮阳系数分级 **表3-4**

分级代号	1	2	3	4
S_c	$0.9 \geqslant S_c > 0.8$	$0.8 \geqslant S_c > 0.7$	$0.7 \geqslant S_c > 0.6$	$0.6 \geqslant S_c > 0.5$
分级代号	5	6	7	8
S_c	$0.5 \geqslant S_c > 0.4$	$0.4 \geqslant S_c > 0.3$	$0.3 \geqslant S_c > 0.2$	$0.2 \geqslant S_c$

注：1. 8级时需同时标注 S_c 的测试值。
2. 玻璃幕墙遮阳系数 = 幕墙玻璃遮阳系数 × 外遮阳的遮阳系数 ×（1 - 非透光部分面积/玻璃幕墙总面积）。
3. 上述数据引自《建筑幕墙》GB/T 21086-2007。

3. 建筑幕墙开启部分气密性能分级

建筑幕墙开启部分气密性能分级，见表3-5。

建筑幕墙开启部分气密性能分级 **表3-5**

分级代号	1	2	3	4
q_L［m^3/（m·h）］	$4.0 \geq q_L > 2.5$	$2.5 \geq q_L > 1.5$	$1.5 \geq q_L > 0.5$	$0.5 \geq q_L$

4. 建筑幕墙整体部分气密性能分级

建筑幕墙整体部分气密性能分级，见表3-6。

建筑幕墙整体部分气密性能分级 **表3-6**

分级代号	1	2	3	4
q_A［m^3/（m^2·h）］	$4.0 \geq q_A > 2.0$	$2.0 \geq q_A > 1.2$	$1.2 \geq q_A > 0.5$	$0.5 \geq q_A$

5. 建筑幕墙气密性能设计指标一般规定

建筑幕墙气密性能设计指标一般规定，见表3-7。

建筑幕墙气密性能设计指标一般规定 **表3-7**

地区分类	建筑层数、高度	气密性能分级	气密性能指标小于	
			开启部分 q_L［m^3/（m·h）］	幕墙整体 q_A［m^3/（m^2·h）］
夏热冬暖地区	10层以下	2	2.5	2.0
	10层及以上	3	1.5	1.2
其他地区	7层以下	2	2.5	2.0
	7层及以上	3	1.5	1.2

6. 建筑幕墙采光性能分级

建筑幕墙采光性能分级，见表3-8。

建筑幕墙采光性能分级 **表3-8**

分级代号	1	2	3	4	5
T_r	$0.3 > T_r \geq 0.2$	$0.4 > T_r \geq 0.3$	$0.5 > T_r \geq 0.4$	$0.6 > T_r \geq 0.5$	$T_r \geq 0.6$

注：5级时需同时标注 T_r 的测试值。

第二节 幕墙节能材料质量及验收

一、幕墙节能工程的材料及配件、构件

建筑幕墙分为透明幕墙和非透明幕墙，因其能耗途径存在很大差异，其节能措施也存在很大不同。透明幕墙的型材及配件、玻璃等需要考虑节能措施，非透明幕墙主要利用保

温材料作为节能措施。

二、幕墙节能工程材料的保温性能要求

（一）透明幕墙节能工程材料的保温性能要求

透明幕墙节能工程材料主要要考虑玻璃的保温、隔热性能，其次要考虑型材及配件的保温性能，最后要考虑幕墙板块及周边缝隙气密性能。

1. 中空玻璃性能分级

中空玻璃隔热性能分级，见表3-9。

中空玻璃隔热性能分级 **表3-9**

分级	遮阳系数	采用玻璃品种	适用地区
Ⅰ	$S_c \leqslant 0.25$	阳光控制镀膜玻璃、具有遮掩功能的Low-E玻璃	夏热冬暖地区、夏热冬冷地区
Ⅱ	$0.25 < S_c \leqslant 0.40$	阳光控制镀膜玻璃、具有遮掩功能的Low-E玻璃	夏热冬暖地区、夏热冬冷地区、寒冷地区
Ⅲ	$0.40 < S_c \leqslant 0.60$	着色玻璃、阳光控制镀膜玻璃、具有遮掩功能的Low-E玻璃	夏热冬冷地区、寒冷地区、严寒地区
Ⅳ	$0.60 < S_c \leqslant 0.80$	着色玻璃、阳光控制镀膜玻璃、具有遮掩功能的Low-E玻璃	寒冷地区、严寒地区

注：上述数据引自《建筑节能门窗（一）》06J607-1。

2. 中空玻璃保温性能分级

中空玻璃保温性能分级，见表3-10。

中空玻璃保温性能分级 **表3-10**

分级	K [W/(m²·K)]	材料或构造			门窗框配置	选用地区
		玻璃	间隔层	气体		
一级	$K \leqslant 1.80$	离线Low-E	单层12mm	空气	断桥铝合金PVC玻璃钢	夏热冬暖地区、夏热冬冷地区、寒冷地区、严寒地区
		在线Low-E	单层12mm	氩气		
		不限	双层24mm	氩气		
二级	$1.80 < K \leqslant 2.50$	离线Low-E	单层≥9mm	空气	断桥铝合金PVC玻璃钢	夏热冬暖地区、夏热冬冷地区、寒冷地区、严寒地区
		在线Low-E	单层≥9mm	空气		
		阳光控制镀膜玻璃	单层12mm	空气		
		不限	双层24mm	空气		
三级	$2.50 < K \leqslant 2.90$	阳光控制镀膜玻璃	单层≥9mm	空气	断桥铝合金PVC玻璃钢	夏热冬暖地区、夏热冬冷地区、寒冷地区
		不限	单层12mm	空气		
		不限	单层≥9mm	氩气		
四级	$2.90 < K$	不限	单层	空气	普通铝合金、断桥铝合金、PVC、玻璃钢	夏热冬暖地区夏热冬冷地区

注：上述数据引自《建筑节能门窗（一）》06J607-1。

3. 玻璃性能指标

玻璃性能指标，见表3-11。

玻璃性能指标 表3-11

玻璃种类	玻璃及膜代号	反射颜色	单片			中空6+6A+6		
			透光折减系数T_r（%）	传热系数K	遮阳系数S_c	透光折减系数T_r（%）	传热系数K	遮阳系数S_c
白玻	6C	—	89	5.98	0.98	80	3.15	0.87
绿玻	6F	—	74	5.98	0.66	67	3.15	0.54
热反射镀膜	CCS108	蓝灰色	10	4.46	0.25	9	2.78	0.20
	CSY120	灰色	18	5.13	0.38	17	2.96	0.29
	CMG165	银灰色	64	5.97	0.80	59	3.15	0.71
单银Low-E	CEB12-48/TS	银灰色	—	—	—	39	2.43	0.37
	CEB14-50/TS	浅灰色	—	—	—	47	2.54	0.42
	CEB12-60/TS	银灰色	—	—	—	53	2.45	0.45
	CEB14-60/TS	浅灰色(冷)	—	—	—	53	2.50	0.47
	CEB13-63/TS	蓝色	—	—	—	54	2.52	0.51
	CEF11-38/TS	银灰色	—	—	—	36	2.43	0.31
	CEF16-50/TS	蓝灰色	—	—	—	42	2.46	0.37
	CEF13-69/TS	浅蓝色	—	—	—	60	2.46	0.50
	CES11-70/TS	无色	—	—	—	63	2.51	0.56
	CES11-80/TS	无色	—	—	—	69	2.50	0.59
	CES11-85/TS	无色	—	—	—	75	2.49	0.63
住宅Low-E	SuperSE-Ⅰ	无色	—	—	—	77	2.50	0.68
	SuperSE-Ⅲ	灰色	—	—	—	57	2.42	0.47
双银Low-E	CED13-58S/TS	蓝灰色	—	—	—	52	2.40	0.37
	CED12-68S/TS	无色	—	—	—	61	2.42	0.38
	CED12-78S/TS	无色	—	—	—	69	2.44	0.47

玻璃种类	玻璃及膜代号	反射颜色	中空6+9A+6			中空6+12A+6		
			透光折减系数T_r（%）	传热系数K	遮阳系数S_c	透光折减系数T_r（%）	传热系数K	遮阳系数S_c
白玻	6C	—	80	2.87	0.87	80	2.73	0.87
绿玻	6F	—	67	2.87	0.54	67	2.73	0.53
热反射镀膜	CCS108	蓝灰色	9	2.40	0.19	9	2.23	0.18
	CSY120	灰色	17	2.63	0.28	17	2.47	0.28
	CMG165	银灰色	59	2.87	0.71	59	2.73	0.71

续表

玻璃种类	玻璃及膜代号	反射颜色	中空 6+9A+6			中空 6+12A+6		
			透光折减系数 T_r（%）	传热系数 K	遮阳系数 S_c	透光折减系数 T_r（%）	传热系数 K	遮阳系数 S_c
单银 Low-E	CEB12-48/TS	银灰色	39	1.96	0.36	39	1.75	0.36
	CEB14-50/TS	浅灰色	47	2.10	0.42	47	1.90	0.41
	CEB12-60/TS	银灰色	53	1.98	0.44	53	1.78	0.44
	CEB14-60/TS	浅灰色(冷)	53	2.04	0.46	53	1.84	0.46
	CEB13-63/TS	蓝色	54	2.08	0.51	54	1.88	0.50
	CEF11-38/TS	银灰色	36	1.96	0.30	36	1.75	0.29
	CEF16-50/TS	蓝灰色	42	1.99	0.36	42	1.79	0.36
	CEF13-69/TS	浅蓝色	60	1.99	0.49	60	1.79	0.49
	CES11-70/TS	无色	63	2.05	0.55	63	1.85	0.55
	CES11-80/TS	无色	69	2.04	0.58	69	1.84	0.58
	CES11-85/TS	无色	75	2.04	0.62	75	1.83	0.62
住宅 Low-E	SuperSE-Ⅰ	无色	77	2.05	0.68	77	1.85	0.68
	SuperSE-Ⅲ	灰色	57	1.95	0.47	57	1.83	0.46
双银 Low-E	CED13-58S/TS	蓝灰色	52	1.91	0.37	52	1.71	0.36
	CED12-68S/TS	无色	61	1.95	0.38	61	1.74	0.37
	CED12-78S/TS	无色	69	1.96	0.46	69	1.78	0.46

注：上述数据引自《建筑节能门窗（一）》06J607-1。

（二）非透明幕墙节能工程材料的保温性能要求

非透明幕墙主要要考虑保温材料的保温性能，常用的有：膨胀聚苯板（EPS）、挤塑聚苯板（XPS）、聚酯泡沫板（PU 或 PUR）、胶粉聚苯颗粒、发泡聚氨酯、复合聚苯板、复合聚氨酯板等。

1. 绝热用模塑聚苯乙烯泡沫塑料物理机械性能及保温性能

绝热用模塑聚苯乙烯泡沫塑料物理机械性能及保温性能，见表 3-12。

绝热用模塑聚苯乙烯泡沫塑料物理机械性能及保温性能　　表 3-12

项目		单位	性能指标					
			Ⅰ	Ⅱ	Ⅲ	Ⅳ	Ⅴ	Ⅵ
表观密度	不小于	kg/m³	15.0	20.0	30.0	40.0	50.0	60.0
压缩强度	不小于	kPa	60	100	150	200	300	400
导热系数	不大于	W/（m·K）	0.041		0.039			

续表

项目		单位	性能指标					
			Ⅰ	Ⅱ	Ⅲ	Ⅳ	Ⅴ	Ⅵ
尺寸稳定性	不大于	%	4	3	2	2	2	1
水蒸气透过系数	不大于	ng/（Pa·m·s）	6	4.5	4.5	4	3	2
吸水率（体积系数）	不大于	%	6	4	2			
烧结性[①] 断裂弯曲负荷	不小于	N	15	25	35	60	90	120
烧结性[①] 弯曲变形	不小于	mm	20			—		
燃烧性能[②] 氧指数	不小于	%	30					
燃烧性能[②] 燃烧分级			达到B2级					

①断裂弯曲负荷或弯曲变形有一项能符合指标要求即为合格。

②普通型聚苯乙烯泡沫塑料板材不要求。

注：上述数据引自《绝热用模塑聚苯乙烯泡沫塑料》GB/T 10801.1—2002。

2. 绝热用挤塑聚苯乙烯泡沫塑料物理机械性能及保温性能

绝热用挤塑聚苯乙烯泡沫塑料物理机械性能及保温性能，见表3-13。

绝热用挤塑聚苯乙烯泡沫塑料物理机械性能及保温性能 **表3-13**

项目			单位	性能指标									
				带表皮								不带表皮	
				X150	X200	X250	X300	X350	X400	X450	X500	W200	W300
压缩强度			kPa	≥150	≥200	≥250	≥300	≥350	≥400	≥450	≥500	≥200	≥300
吸水率，浸水96h			%（体积分数）	≤1.5		≤1.0						≤2.0	≤1.5
透湿系数，23℃±1℃，RH50%±5%			ng/（m·s·Pa）	≤3.5		≤3.0			≤2.0			≤3.5	≤3.0
热能	热阻厚度25mm时，平均温度	10℃	（m²·K）/W	≥0.89					≥0.93			≥0.76	≥0.83
热能	热阻厚度25mm时，平均温度	25℃	（m²·K）/W	≥0.83					≥0.86			≥0.71	≥0.78
热能	导热系数平均温度	10℃	W/（m·K）	≤0.028					≤0.027			≤0.033	≤0.030
热能	导热系数平均温度	25℃	W/（m·K）	≤0.030					≤0.029			≤0.035	≤0.032
尺寸稳定性，70℃±2℃下，48h			%	≤2.0		≤1.5			≤1.0			≤2.0	≤1.5
燃烧性能分级				达到B2级									

注：上述数据引自《绝热用挤塑聚苯乙烯泡沫塑料》GB/T 10801.2—2002。

3. 聚酯泡沫板（PU或PUR）物理力学性能及保温性能

聚酯泡沫板（PU或PUR）物理力学性能及保温性能，见表3-14。

聚酯泡沫板（PU或PUR）物理力学性能及保温性能　　表3-14

项次	项目		指标		
			Ⅰ	Ⅱ-A	Ⅱ-B
1	密度（kg/m³）	≥	30	35	50
2	导热系数［W/（m·K）］	≤	0.024		
3	粘结强度（kPa）	≥	100		
4	尺寸变化率（70℃×24h）（%）	≤	1		
5	抗压强度（kPa）	≥	150	200	300
6	拉伸强度（kPa）	≥	250	—	—
7	断裂伸长率（%）	≥	10		
8	闭孔率（%）	≥	92		95
9	吸水率（%）	≤	3		
10	水蒸气渗透率，［ng/（Pa·m·s）］	≤	5		
11	抗渗性(mm)(1000mm水柱×24h静水压)	≤	5		

注：上述数据引自《喷涂聚氨酯硬泡体保温材料》JC/T 998—2006。

4. 胶粉聚苯颗粒保温浆料性能指标

胶粉聚苯颗粒保温浆料性能指标，见表3-15。

胶粉聚苯颗粒保温浆料性能指标　　表3-15

项目	单位	指标
湿表观密度	kg/m³	≤420
干表观密度	kg/m³	180~250
导热系数	W/（m·K）	0.060
蓄热系数	W/（m²·K）	≥0.95
抗压强度	kPa	≥200
压剪粘结强度	kPa	≥50
线性收缩率	%	≤0.30
软化系数	—	≥0.50
难燃系数	—	B1级

注：上述数据引自《胶粉聚苯颗粒外墙外保温系统》JG 158—2004。

三、幕墙节能工程的材料及配件、构件的验收

幕墙节能工程的材料及配件、构件的验收，应按设计文件要求进行，但不同的设计文件，具体要求会有所差异。首先，幕墙节能工程的材料及配件、构件的验收，应按《建筑节能工程施工质量验收规范》GB 50411—2013 进行。同时，针对不同的幕墙节能工程的材料及配件、构件，尚应符合相关保温隔热材料标准、技术规程的相关要求。

（1）建筑幕墙，包括隔断热桥型材，进场时应核对其质量证明文件，进场后应按验收规范要求见证取样复试。质量证明文件齐全、见证取样复试合格，方可允许其用于工程。

（2）核对其质量证明文件、计算报告，应核对其品种、规格、技术指标（如导热系数、密度、燃烧性能、传热系数、遮阳系数、可见光透射比、太阳光透射比、反射比、抗风性能等）是否符合设计文件要求，其所标示的技术指标，其外观尺寸是否符合相应材料标准要求。

（3）建筑幕墙，应对其保温隔热材料的导热系数、密度、燃烧性能等指标进行现场见证取样复试，复试结果应符合设计要求。建筑幕墙，应对其玻璃的传热系数、遮阳系数、可见光透射比、中空玻璃密封性能等指标进行现场见证取样复试，复试结果应符合设计要求。对于透光、部分透光遮阳材料，应检测其太阳光透射比和反射比。对隔热型材，应检测其抗拉强度、抗剪强度。其检测结果均应符合设计要求。建筑幕墙的气密性能应现场制作检测试件（一般按幕墙典型单元、典型拼缝、典型可开启部分制作），并经确认后送检，检测结果应符合设计要求。

（4）幕墙节能工程使用的材料、构件等进场时，应对其下列性能进行复验，复验应为见证取样送检：

1）保温材料：导热系数、密度、有机保温材料的燃烧性能；

2）幕墙玻璃：可见光透射比、传热系数、遮阳系数、中空玻璃密封性能；

3）隔热型材：抗拉强度、抗剪强度；

4）透光、部分透光遮阳材料的太阳光透射比、反射比。

（5）建筑幕墙用保温材料、幕墙玻璃以及幕墙型材等，其品种、规格不符合设计要求，技术指标复试不合格，应书面通知承包单位将该批保温材料、幕墙玻璃及幕墙型材作退场处理。必要时，请建设单位联系设计单位协调处理。

（6）建筑幕墙用保温材料、幕墙玻璃以及幕墙型材等，核对其质量证明文件，核查其外观质量，现场见证取样复试的检验方法和检查数量应按相应质量验收规范要求进行。

（7）检查门窗扇安装后，整门整窗的成品保护情况。

第三节　幕墙节能系统质量监理控制要点

一、幕墙节能分项工程监理工作流程

幕墙节能分项工程监理工作流程，如图 3-1 所示。

二、透明幕墙保温系统质量监理控制要点

透明幕墙保温系统质量监理控制要点包括如下方面：

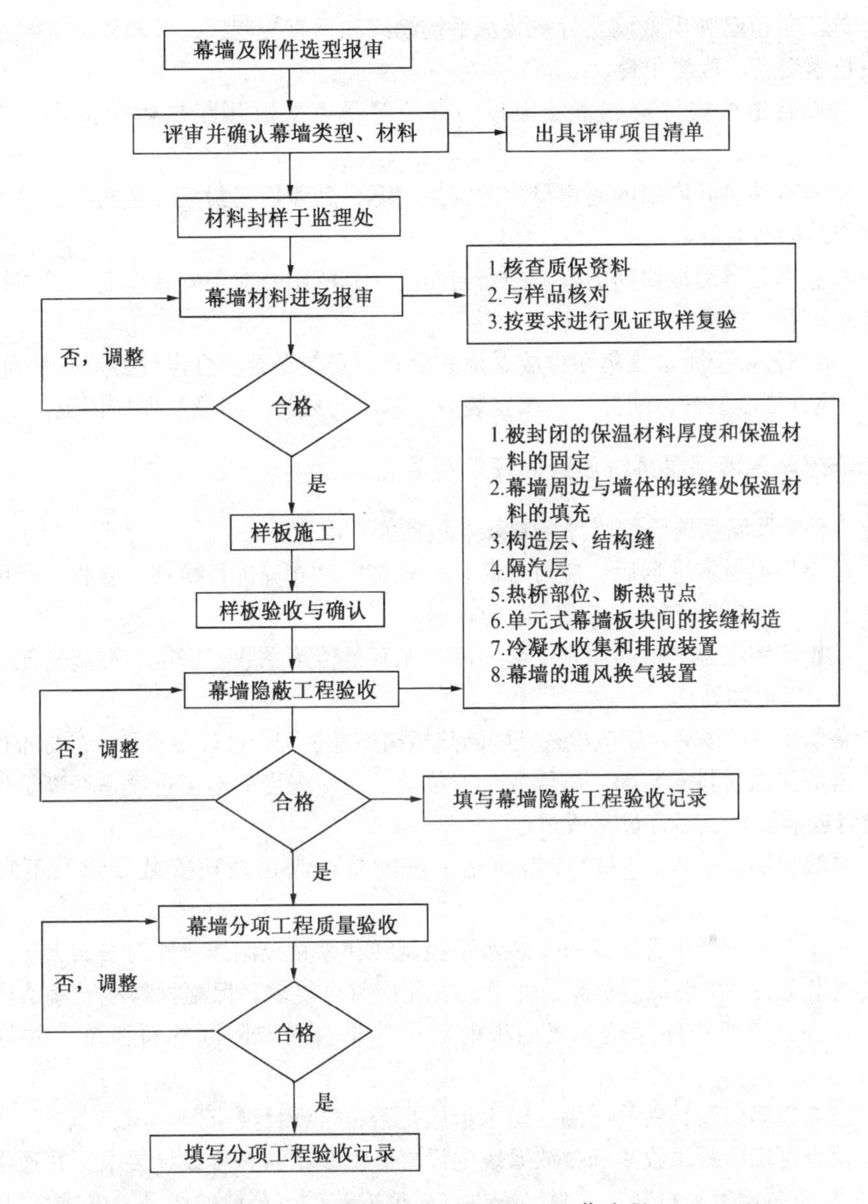

图 3-1　幕墙节能分项工程监理工作流程

（1）幕墙型材、配件、玻璃进场后，应对其品种、规格等进行检查、验收，所用型材、配件、玻璃，所用系列符合要求。不符合要求的，应予以退场处理。

（2）核查幕墙型材、配件、玻璃的质量证明文件，尤其是传热系数（玻璃）、遮阳系数（玻璃）、可见光透射比（玻璃）、太阳光透射比、反射比（透光、部分透光遮阳材料）、抗风性能等。不符合要求的，应予以退场处理。

（3）幕墙型材进场后，还应检查其隔断热桥措施是否符合设计要求和产品标准的规定。

（4）幕墙龙骨安装前，应检查当前施工进度是否满足龙骨安装要求，不宜过早或过迟。

（5）幕墙玻璃安装前，应检查当前施工进度是否满足玻璃安装要求，不宜过早或过迟。

（6）施工单位已弹出幕墙龙骨安装水平控制线和垂直控制线，并对安装人员进行幕墙龙骨安装技术交底。幕墙龙骨、玻璃安装应符合要求。

（7）检查管道或构件穿越幕墙面板的部位等是否采取隔断热桥措施，并符合设计要求。

（8）检查幕墙可开启扇的周边缝隙的密封情况，其所用密封条安装情况，是否符合设计要求和产品标准的规定。

（9）检查单元幕墙板块间的缝隙的密封情况，其所用密封条安装情况，是否符合设计要求和产品标准的规定。

（10）检查幕墙冷凝水收集和排放系统的设置、安装是否符合设计要求，并通水试验。

（11）检查幕墙型材、配件、玻璃安装后，幕墙的成品、半成品保护情况。

三、非透明幕墙保温系统质量监理控制要点

非透明幕墙保温系统质量监理控制要点包括如下内容：

（1）幕墙保温材料进场后，应对其品种、规格、尺寸等进行检查、验收，所用保温材料符合要求。不符合要求的，应予以退场处理。

（2）核查幕墙保温材料的质量证明文件，尤其是传热系数、密度、燃烧性能。不符合要求的，应予以退场处理。

（3）幕墙型材进场后，还应检查其隔断热桥措施是否符合设计要求和产品标准的规定。

（4）幕墙保温材料安装前，幕墙龙骨安装前，应检查当前施工进度是否满足保温材料安装，龙骨安装要求，不宜过早或过迟。

（5）幕墙玻璃安装前，应检查当前施工进度是否满足玻璃安装要求，不宜过早或过迟。

（6）施工单位已弹出幕墙龙骨安装水平控制线和垂直控制线，并对安装人员进行幕墙龙骨安装技术交底。幕墙保温材料、龙骨的安装应符合要求，保温材料不应紧贴玻璃。

（7）检查管道或构件穿越幕墙面板的部位等是否采取隔断热桥措施，并符合设计要求。

（8）检查幕墙保温材料的防潮、防水措施是否符合设计要求。

（9）检查幕墙冷凝水收集和排放系统的设置、安装是否符合设计要求，并通水试验。

（10）检查幕墙保温材料、型材、配件、玻璃安装后，幕墙的成品、半成品保护情况。

四、遮阳设施系统质量监理控制要点

遮阳设施系统质量监理控制要点包括如下内容：

（1）外遮阳设施的尺寸、颜色、透光性能等应符合设计和产品标准要求。

（2）遮阳设施的安装应位置正确、牢固，满足安全和使用功能的要求。

（3）活动遮阳设施的调节应灵活，能调节到位。

第四节　幕墙节能常见施工质量通病及预防措施

幕墙节能分项工程常见施工质量通病及预防措施，见表3-16。

幕墙节能分项工程常见施工质量通病及预防措施　　表3-16

序号	常见施工质量通病	质量通病原因分析	预防措施
1	热炸现象	① 幕墙玻璃热稳定性差；② 幕墙玻璃与结构间隙过小	① 使用吸热玻璃时，应留有一定的间隙；② 窗帘、百页窗等远离玻璃表面以利于通风、散热；③ 避免暖风或冷风吹到玻璃上；④ 避免强光直接照射在玻璃上；⑤ 避免在玻璃上粘贴纸等易吸收阳光的物品
2	结露水现象	幕墙表面水排水构造未设置或设置不合理	①在墙框适当位置留出排水孔，以利结露水排出；② 双层玻璃幕墙，可适当设置换气孔便于夹层空气与室外空气交换，但不能影响幕墙保温性能；③ 隔热型材的K值和中窗玻璃的K值要接近，如两者相差过大，K值较大的一侧易产生结露现象
3	气渗现象	① 密封材料选择不当；② 不同密封材料间相容性差	① 选择优良粘结材料，如三元乙丙或氯丁橡胶密封条；② 密封胶与玻璃及所接触的配套材料的相容性要做试验确定后使用
4	幕墙与周边墙体密封不好	未按照设计要求施工	① 禁止使用水泥砂浆封堵幕墙与墙体接缝处；② 应在缝隙中填入高效的保温材料（如发泡聚氨酯等），并用密封胶封闭
5	铝型材形成热桥现象	① 未采用隔断热桥型材；②细部节点构造不符合设计要求	① 恰当地选择隔热型材；②门窗附件辅料的选型不应影响幕墙节能效果；③ 断桥铝型材内冷腔、热腔应形成独立的腔体；④ 胶条尽可能选择多腔体的密封材料

第五节　幕墙节能施工质量监理验收

一、检验批划分规定

幕墙节能分项工程检验批划分应根据《建筑节能工程施工质量验收规范》GB 50411—2013和《建筑装饰装修工程质量验收规范》GB 50210进行，并结合工程具体情况确定。幕墙节能分项工程是建筑节能分部工程的一个分项工程，现场监理应加强地面节能分项工程检验批质量验收。

1. 幕墙节能分项工程检验批划分

（1）相同设计、材料、工艺和施工条件的幕墙工程每500～1000m^{2}应划分为一个检验批，不足500m^{2}也应划分为一个检验批。

（2）同一单位工程的不连续的幕墙工程应单独划分为检验批；

（3）对于异型或有特殊要求的幕墙工程，检验批的划分应根据幕墙的结构、工艺特点及幕墙工程规模，由监理单位（建设单位）和施工单位协商确定。

2. 幕墙节能分项工程检验批抽查数量

（1）每个检验批每100m^{2}应至少抽查一处，每处不得少于10m^2；

（2）对于异型或有特殊要求的幕墙工程应根据幕墙的结构和工艺特点由监理单位或建设单位和施工单位协商确定。

二、隐蔽工程验收

幕墙节能工程施工中应对下列部位或项目进行隐蔽工程验收，并应有详细的文字记录和必要的图像资料：

（1）被封闭的保温材料厚度和保温材料的固定；

（2）幕墙周边与墙体、屋面、地面的接缝处保温、密封、接缝构造；

（3）构造缝、结构缝保温、密封构造；

（4）隔汽层；

（5）热桥部位、断热节点；

（6）单元式幕墙板块间的保温、密封接缝构造；

（7）冷凝水收集和排放构造；

（8）幕墙的通风换气装置；

（9）遮阳构件的锚固。

三、幕墙节能工程施工质量标准

1. 材料质量控制要求

材料质量控制要求见本章幕墙节能工程材料的验收。

2. 幕墙节能分项工程施工质量的主控项目

（1）幕墙的气密性能应符合设计规定的要求。当幕墙面积大于3000m^2或建筑外墙面积50%时，应现场抽取材料和配件，在检测试验室安装制作试件进行气密性能检测，检测结果应符合设计规定的等级要求。

密封条应镶嵌牢固、位置正确、对接严密。单元幕墙板块之间的密封应符合设计要求。开启扇应关闭严密。

气密性能检测试件应包括幕墙典型单元、典型拼缝、典型可开启部分。试件应按照幕墙工程施工图进行设计。试件设计应经建筑设计单位项目负责人、监理工程师同意并确认。气密性能的检测应按照国家现行有关标准的规定执行。

（2）幕墙节能工程使用的保温材料，厚度应符合设计要求，安装牢固，且不得松脱。

（3）遮阳设施的安装位置应满足设计要求。遮阳设施的安装应牢固。

（4）幕墙工程热桥部位的隔断热桥措施应符合设计要求，断热节点的连接应牢固。

（5）幕墙隔汽层应完整、严密、位置正确，穿透隔汽层处的节点构造应采取密封措施。

（6）冷凝水的收集和排放应畅通，并不得渗漏。

（7）建筑幕墙施工质量不符合相关质量验收规范要求，应书面通知承包单位返修或返工，未经返修，不得进行验收，未经返工，不得进行重新验收。

（8）建筑幕墙施工质量验收的检验方法和检查数量应按相应质量验收规范要求进行。

3. 幕墙节能分项工程施工质量的一般项目

（1）镀（贴）膜玻璃的安装方向、位置应正确。中空玻璃应采用双道密封。中空玻璃的均压管应密封处理。

（2）单元式幕墙板块组装应符合下列要求：

1）密封条：规格正确，长度无负偏差，接缝的搭接符合设计要求；

2）保温材料：固定牢固，厚度符合设计要求；

3）隔汽层：密封完整、严密；

4）冷凝水排水系统通畅，无渗漏。

（3）幕墙与周边墙体间的接缝处应采用弹性闭孔材料填充饱满，并应采用耐候密封胶密封。

（4）活动遮阳设施的调节机构应灵活，并应能调节到位。

（5）建筑幕墙施工质量验收的检验方法和检查数量应按相应质量验收规范要求进行。

四、幕墙节能工程施工质量验收

1. 幕墙节能分项工程施工质量验收流程

幕墙节能分项工程检验批质量验收、分项工程质量验收应由监理工程师组织验收。

检查、验收应坚持做到：先施工方案报审，再现场实施；先材料检查验收，再用于工序施工；先施工自检专检，再监理检查验收；先工序资料报审，再现场实物验收；先工序检查验收，再分项检查验收。幕墙节能分项工程检验批验收流程，如图3-2所示。

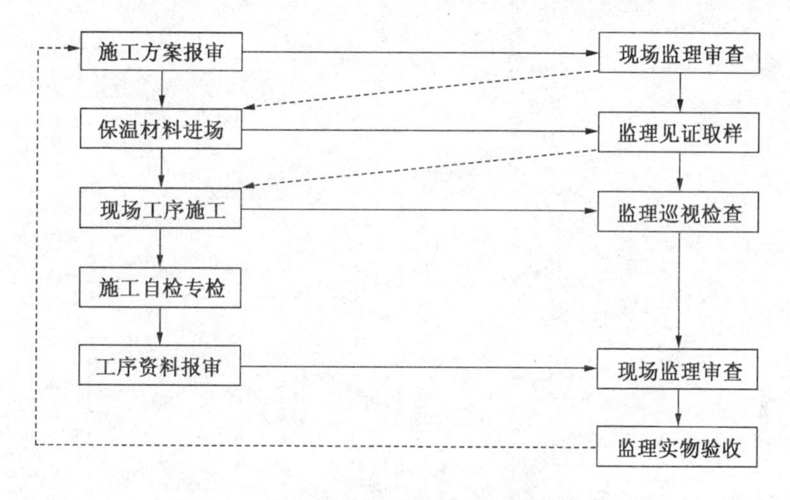

图3-2　幕墙节能分项工程检验批验收流程

2. 幕墙节能分项工程施工质量验收条件

（1）设计图纸中幕墙节能分项工程内容，包括保温层的施工（主要针对非透明幕墙），幕墙的制作、安装全部施工结束（主要针对透明幕墙）；

（2）幕墙节能分项工程的质量保证资料齐全，包括保温材料、幕墙型材、幕墙玻璃、填充材料、密封材料等，所有见证复试均符合要求；

（3）幕墙框与墙体接缝处的保温填充做法的隐蔽验收记录齐全，相关影像资料齐全；

（4）现场按要求进行相关试验和检测，并符合相关要求；

（5）幕墙节能分项工程中的所有检验批报验资料齐全，包括保温层、幕墙型材、幕墙玻璃等，实物验收均符合要求；

（6）现场施工中存在的问题已按要求进行处理，并经复验满足相关要求；

（7）其他有关分项工程验收内容已完成，相关资料齐全，符合相关要求；

（8）现场监理已审查现场施工技术资料，满足幕墙节能分项工程验收要求。

3. 幕墙节能分项工程施工质量验收内容

（1）幕墙节能分项工程保温材料的保温隔热性能（主要针对非透明幕墙），幕墙型材、幕墙玻璃的保温隔热性能、密封性能，包括幕墙型材、幕墙玻璃、填充材料、密封材料等（主要针对透明幕墙）；

（2）幕墙节能分项工程隐蔽验收工程质量；

（3）幕墙节能分项工程检验批工程质量；

（4）幕墙节能分项工程施工质量问题处理情况；

（5）其他有关分项工程验收内容。

第四章　门窗节能质量监理控制

第一节　门窗节能工程概述

一、门窗节能系统的分类

根据《民用建筑热工设计规范》GB 50176 要求，我国建筑热工设计包括：严寒地区，寒冷地区，夏热冬冷地区，夏热冬暖地区，温和地区，我国主要城市一般分别处于前 4 类地区。不同地区，门窗节能要求有所差异，具体参见相关建筑节能设计标准。

根据门窗框扇所采用的材料，门窗所采用的玻璃，其组合形成各种门窗节能系统。常见门窗节能系统如下：

（1）塑钢框 + 中空玻璃，主要防止传导传热，可降低辐射传热。

（2）塑钢框 + 中空玻璃（其中与室外空气接触侧采用 Low-E 玻璃或镀膜玻璃），可防止传导传热和辐射传热。

（3）塑钢框 + 中空玻璃 + 外遮阳(固定遮阳或活动遮阳),可防止传导传热和辐射传热。

（4）塑钢框 + 中空玻璃（其中与室外空气接触侧采用 Low-E 玻璃或镀膜玻璃）+ 外遮阳（固定遮阳或活动遮阳），可防止传导传热和辐射传热。

（5）铝合金框（隔断热桥）+ 中空玻璃，主要防止传导传热，可降低辐射传热。

（6）铝合金框（隔断热桥）+ 中空玻璃（其中与室外空气接触侧采用 Low-E 玻璃或镀膜玻璃），可防止传导传热和辐射传热。

（7）铝合金框（隔断热桥）+ 中空玻璃 + 外遮阳（固定遮阳或活动遮阳），可防止传导传热和辐射传热。

（8）铝合金框（隔断热桥）+ 中空玻璃（其中与室外空气接触侧采用 Low-E 玻璃或镀膜玻璃）+ 外遮阳（固定遮阳或活动遮阳），可防止传导传热和辐射传热。

（9）塑钢框 + 真空玻璃，主要防止传导传热，可降低辐射传热。

（10）塑钢框 + 真空玻璃（其中与室外空气接触侧采用 Low-E 玻璃或镀膜玻璃），可防止传导传热和辐射传热。

（11）塑钢框 + 真空玻璃 + 外遮阳(固定遮阳或活动遮阳),可防止传导传热和辐射传热。

（12）塑钢框 + 真空玻璃（其中与室外空气接触侧采用 Low-E 玻璃或镀膜玻璃）+ 外遮阳（固定遮阳或活动遮阳），可防止传导传热和辐射传热。

（13）铝合金框（隔断热桥）+ 真空玻璃，主要防止传导传热，可降低辐射传热。

（14）铝合金框（隔断热桥）+ 真空玻璃（其中与室外空气接触侧采用 Low-E 玻璃或镀膜玻璃），可防止传导传热和辐射传热。

（15）铝合金框（隔断热桥）+真空玻璃+外遮阳（固定遮阳或活动遮阳），可防止传导传热和辐射传热。

（16）铝合金框（隔断热桥）+真空玻璃（其中与室外空气接触侧采用Low-E玻璃或镀膜玻璃）+外遮阳（固定遮阳或活动遮阳），可防止传导传热和辐射传热。

上述所列门窗节能系统，其所使用的玻璃还应根据使用场所要求，采用安全玻璃，现一般采用钢化玻璃。

具体选用可参见《建筑节能门窗（一）》06J607-1。

二、门窗节能系统的性能要求

一般认为，门窗主要通过三种途径传递热量，其一是通过门窗框、门窗扇及玻璃进行热传递（传导传热）（保温性能，一般通过K值反映），其二是通过玻璃形成太阳辐射直接进行热传递（辐射传热）（隔热性能，一般通过S_c值反映），其三是通过门窗缝隙形成空气渗漏进行热交换（交换传热）（气密性能，一般通过q_1、q_2值反映）。节能门窗主要要阻断门窗此三种传热途径。此外，在设计时，采取合适的窗墙面积比也不失为一种门窗节能方法。

不同的门窗节能系统，因其所采用的门窗框料、门窗扇料，如合金框扇、塑料框扇，门窗玻璃，如中空玻璃、真空玻璃，密封性能、外遮阳等不同，其抗风压性能、水密性能、气密性能、传热系数、隔声性能等也不同。

1. 铝合金节能门窗性能

铝合金节能门窗性能，见表4-1。

铝合金节能门窗性能　　表4-1

门窗型号		玻璃配置（白玻）	抗风压性能 P（kPa）	水密性能 ΔP（Pa）	气密性能 q_1 [$m^3/(m \cdot h)$]	气密性能 q_2 [$m^3/(m \cdot h)$]	保温性能 K [$W/(m^2 \cdot k)$]	隔声性能（dB）
A型	60系列平开窗	5+9A+5	≥3.50	≥500	≤1.50	≤4.50	2.9~3.1	R_w≤30
		5+12A+5	≥3.50	≥500	≤1.50	≤4.50	2.7~2.8	R_w≤35
		5+12A+5暖边	≥3.50	≥500	≤1.50	≤4.50	2.5~2.7	R_w≤35
		5+12A+5 Low-E	≥3.50	≥500	≤1.50	≤4.50	1.9~2.1	R_w≤35
		5+6A+5+6A+5	≥3.50	≥500	≤1.50	≤4.50	2.2~2.4	R_w≤40
	70系列平开窗	5+12A+5	≥3.50	≥500	≤1.50	≤4.50	2.6~2.8	R_w≤35
		5+12A+5暖边	≥3.50	≥500	≤1.50	≤4.50	2.4~2.6	R_w≤35
		5+12A+5 Low-e	≥3.50	≥500	≤1.50	≤4.50	1.8~2.0	R_w≤35
		5+6A+5+6A+5	≥3.50	≥500	≤1.50	≤4.50	2.1~2.4	R_w≤40
	90系列推拉窗	5+12A+5	≥3.50	≥350	≤1.50	≤4.50	<3.0	30≤R_w≤40
	60系列平开门	5+12A+5	≥3.50	≥500	≤0.50	≤1.50	<2.5	30≤R_w≤40
	60系列折叠门	5+12A+5	≥3.50	≥500	≤0.50	≤1.50	<2.5	30≤R_w≤40
	提升推拉门	5+12A+5	≥3.50	≥350	≤1.50	≤4.50	<2.8	30≤R_w≤40

续表

门窗型号 \ 项目		玻璃配置（白玻）	抗风压性能 P（kPa）	水密性能 ΔP（Pa）	气密性能		保温性能 K [W/(m²·k)]	隔声性能（dB）
					q_1 [m³/(m·h)]	q_2 [m³/(m·h)]		
B型	EAHX50 平开窗	5+12A+5	≥3.50	≥350	≤1.50	≤4.50	2.7~2.8	$30 \leq R_w \leq 40$
	EAHX55 平开窗	5+12A+5	≥3.50	≥350	≤1.50	≤4.50	2.7~2.8	$30 \leq R_w \leq 40$
	EAHD55 平开窗	5+9A+5+9A+5	≥4.00	≥350	≤1.50	≤4.50	2.0	$30 \leq R_w \leq 40$
	EAHX60 平开窗	5+12A+5	≥3.50	≥350	≤1.50	≤4.50	2.7~2.8	$30 \leq R_w \leq 40$
	EAHD60 平开窗	5+9A+5+9A+5	≥4.00	≥350	≤1.50	≤4.50	2.0	$30 \leq R_w \leq 40$
	EAHX65 平开窗	5+12A+5	≥3.50	≥350	≤1.50	≤4.50	2.7~2.8	$30 \leq R_w \leq 40$
	EAHD65 平开窗	5+9A+5+9A+5	≥4.00	≥350	≤1.50	≤4.50	2.0	$30 \leq R_w \leq 40$
	EAH70 平开窗	5+9A+5+9A+5	≥4.00	≥350	≤1.50	≤4.50	2.0	$30 \leq R_w \leq 40$

注：上述数据引自《建筑节能门窗（一）》06J607-1。

2. 塑料节能门窗性能

塑料节能门窗性能，见表4-2。

塑料节能门窗性能 **表4-2**

门窗型号 \ 项目		玻璃配置（白玻）	抗风压性能 P（kPa）	水密性能 ΔP（Pa）	气密性能		保温性能 K [W/(m²·k)]	隔声性能（dB）
					q_1 [m³/(m·h)]	q_2 [m³/(m·h)]		
C型	60 系列平开窗	4+12A+4	5.00	333	0.42	1.62	1.90	32
	60A 系列平开窗	4+12A+4	4.90	300	0.41	1.58	1.90	30
	66 系列平开窗	4+12A+4	4.90	300	0.41	1.58	1.90	30
	65 系列平开窗	4+12A+4	5.00	150	0.46	1.73	2.00	32
	68 系列平开窗	5+9A+5	4.80	333	0.22	0.80	2.10	32
	70A 系列平开窗	5+9A+4+9A+5	3.50	133	0.46	1.76	1.70	34
	80 系列推拉窗	4+12A+4	1.60	167	1.37	4.36	2.30	25
	88 系列推拉窗	4+12A+4	2.10	250	1.21	3.83	2.20	26
	88A 系列推拉窗	4+12A+4	2.10	250	1.21	3.83	2.20	26
	95 系列推拉窗	4+12A+4	2.90	250	1.74	5.44	2.10	25
	106 系列平开门	4+12A+4	3.50	100	1.05	3.28	2.10	30
	62 系列推拉门	4+12A+4	1.50	100	1.51	4.38	2.20	25

续表

项目 门窗型号		玻璃配置 （白玻）	抗风压性能 P（kPa）	水密性能 ΔP（Pa）	气密性能 q_1 [$m^3/(m \cdot h)$]	气密性能 q_2 [$m^3/(m \cdot h)$]	保温性能 K [$W/(m^2 \cdot k)$]	隔声性能 （dB）
D型	60系列内平开门	4+12A+4	3.60	300	0.40	0.90	1.90	32
	60系列外平开门	4+12A+4	3.60	300	0.40	0.90	1.90	32
	80系列推拉窗	5+9A+5	3.20	250	1.00	3.10	2.20	29
	88系列推拉窗	5+6A+5	3.20	250	1.00	3.10	2.30	28
E型	60F系列平开窗	4+12A+4	4.90	420	0.02	1.00	2.18	30
	60G系列平开窗	4+12A+4	4.70	390	0.15	1.20	2.20	30
	66C系列平开窗	4+12A+4+12A+4	5.00	450	0.64	1.26	1.77	36
F型	AD58内平开窗	6Low-E+12a+5	4.00	500	0.50	—	1.80	32
	AD58外平开窗	6Low-E+12a+5	3.50	500	0.50	—	1.82	32
	MD58内平开窗	6Low-E+12a+5	4.50	700	0.50	—	1.73	34
	AD60彩色共挤内平开窗	6Low-E+12a+5	4.00	600	0.50	—	1.82	33
	AD60彩色共挤外平开窗	6Low-E+12a+5	3.50	600	0.50	—	1.82	33
	MD60塑铝内平开窗	6Low-E+12a+5	4.00	350	1.00	—	2.00	30
	MD65内平开窗	6Low-E+12a+5	4.00	600	0.50	—	1.70	33
	MD70内平开窗	6Low-E+12a+5	4.50	700	0.50	—	1.50	35
	美式手摇外开窗	5+12A+5	3.00	350	1.00	—	2.50	32
	上下提拉窗	5+12A+5	3.50	350	1.00	—	2.50	31
	83推拉窗	5+12A+5	4.50	350	1.00	—	2.50	31
	85彩色共挤推拉窗	5+12A+5	3.50	350	1.00	—	2.50	31
	73推拉门	5+12A+5	3.50	350	1.50	—	2.50	31
	90推拉门	5+12A+5	4.00	350	1.50	—	2.50	31
	90彩色共挤推拉门	5+12A+5	4.00	350	1.50	—	2.50	31

注：上述数据引自《建筑节能门窗（一）》06J607-1。

3. 玻璃钢节能门窗性能

玻璃钢节能门窗性能，见表4-3。

玻璃钢节能门窗性能 **表 4-3**

门窗型号 \ 项目		玻璃配置（白玻）	抗风压性能 P（kPa）	水密性能 ΔP（Pa）	气密性能		保温性能 K [W/(m²·k)]	隔声性能（dB）
					q_1 [m³/(m·h)]	q_2 [m³/(m·h)]		
G型	50 系列平开窗	4+9A+5	3.50	250	0.10	0.30	2.20	35
	58 系列平开窗	5+12A+5Low-E	5.30	250	0.46	1.20	2.20	36
	58 系列平开窗	5+9A+4+6A+5	5.30	250	0.46	1.20	1.80	39
	58 系列平开窗	5Low-E+12A+4+9A+5	5.30	250	0.46	1.20	1.30	39
	58 系列平开窗	4+V(真空)+4+9A+5	5.30	250	0.46	1.20	1.00	36

注：上述数据引自《建筑节能门窗（一）》06J607-1。

4. 铝塑节能门窗性能

铝塑节能门窗性能，见表 4-4。

铝塑节能门窗性能 **表 4-4**

门窗型号 \ 项目		玻璃配置（白玻）	抗风压性能 P（kPa）	水密性能 ΔP（Pa）	气密性能		保温性能 K [W/(m²·k)]	隔声性能（dB）
					q_1 [m³/(m·h)]	q_2 [m³/(m·h)]		
H型	60 系列平开窗	5+9A+5	≥4.50	≥350	≤1.50	≤4.50	2.7~2.9	≥30
		5+12A+5	≥4.50	≥350	≤1.50	≤4.50	2.3~2.6	≥32
		5+12A+5Low-E	≥4.50	≥350	≤1.50	≤4.50	1.8~2.0	≥32
		5+12A+5+12A+5	≥4.50	≥350	≤1.50	≤4.50	1.6~1.9	≥35
		5+12A+5+12A+5Low-E	≥4.50	≥350	≤1.50	≤4.50	1.2~1.5	≥35

注：上述数据引自《建筑节能门窗（一）》06J607-1。

第二节 门窗节能材料质量及验收

一、建筑外门窗规格及要求

建筑外门窗洞口尺寸应与建筑模数匹配，常为 300 的倍数。门洞口尺寸有：750mm×2100mm、750mm×2200mm、900mm×2100mm、900mm×2200mm、1200mm×2100mm、1200mm×2200mm 等。窗洞口尺寸有：600mm×900mm、600mm×1200mm、600mm×1500mm、900mm×1200mm、900mm×1500mm、900mm×1800mm、1200mm×1500mm、1200mm×1800mm、1200mm×2100mm、1500mm×1500mm、1500mm×1800mm、1500mm×2100mm 等。

建筑外门窗的框料、扇料常采用塑料型材（为防止变形，常内置衬钢）、铝合金型材等。

考虑门窗开启方式、中空玻璃厚度、真空玻璃厚度、安装纱门纱窗等，塑料型材的框料、扇料常采用60系列、70系列、80系列、90系列，铝合金型材的框料、扇料常采用50系列、60系列、70系列。框料、扇料的型材壁厚应符合相关塑料、铝合金制品材料规范要求。

建筑外门窗的框料、扇料如采用金属材料，应有隔断热桥措施。目前，主要采用塑料制作隔断热桥配件，塑料隔断热桥配件应与金属框料可靠连接。

主要门窗框料扇料保温性能，见表4-5。

主要门窗框料扇料保温性能 **表4-5**

材料名称	松木	钢材	铝材	PVC	玻璃钢	空气
K [W/ (m^2 · K)]	0.17	110.90	203.00	0.30	0.27	0.046

二、建筑门窗玻璃规格及要求

目前，建筑门窗玻璃常使用中空玻璃，偶有使用真空玻璃。中空玻璃常使用浮法生产的平板玻璃。根据需要，有的平板玻璃一侧镀膜，有的平板玻璃需要钢化等。中空玻璃厚度常使用5mm平板玻璃叠合，偶有使用4mm平板玻璃叠合，其间隙一般为6mm、9mm、12mm不等，内填气体。真空玻璃厚度常使用4mm单片点接，其间隙一般为0.1~0.2mm，内为真空。镀膜玻璃的镀膜厚度应符合相关规范要求。中空玻璃的隔热性能、保温性能分级，及其透光性能、隔热性能、保温性能如下表：

1. 中空玻璃隔热性能分级

中空玻璃隔热性能分级，见表3-9。

2. 中空玻璃保温性能分级

中空玻璃保温性能分级，见表3-10。

3. 玻璃性能指标

玻璃性能指标，见表3-11。

4. 真空玻璃与中空玻璃保温性能对比

真空玻璃与中空玻璃保温性能对比，见表4-6。

真空玻璃与中空玻璃保温性能对比 **表4-6**

品　种	间隙对比 mm	间隙介质	密封方式	传热系数 (W · m^{-2} · k^{-1})	隔声量 R_w (dB)
真空玻璃	0.1~0.2	真空	玻璃熔封	0.4~0.8	15~27
中空玻璃	6~12	气体	树脂胶粘接	1.5~2.9	24~27

5. 不同种类、规格玻璃保温性能对比

不同种类、规格玻璃保温性能对比，见表4-7。

三、建筑外门窗的保温性能要求

根据建筑外门窗的传热系数、遮阳系数，分别对建筑外门窗的传导传热、辐射传热等性能进行分级，同时也便于门窗设计时依据相关规范，并参考相关图集采用。设计图纸中一般须明确门窗的传热系数、遮阳系数、气密性能等要求，现场监理检查、验收应注意节能门窗的此三项指标要求。

不同种类、规格玻璃保温性能对比 **表4-7**

名称	规格（mm）	厚度（mm）	Low-E玻璃辐射率	传热系数（K值）W/（m^2·K）
单片玻璃	5	5	—	6.1
中空玻璃	5+12A+5	22	—	2.9
低辐射中空玻璃	5+12A+5L	22	0.05~0.17	1.8~2.0
低辐射中空玻璃（充氩气）	5+12Ar+5L	22	0.05~0.17	1.7~1.8
低辐射真空玻璃	4+0.15V+4L	10	0.05~0.17	0.3~0.9

注：0.1V，0.1mm真空层；A：空气；Ar：氩气；L：Low-E玻璃。

1. 建筑外窗传热系数分级

建筑外窗传热系数分级，见表4-8。

建筑外窗传热系数分级 **表4-8**

分级	1	2	3	4	5
K［W/（m^2·K）］	$K \geq 5.0$	$5.0>K \geq 4.0$	$4.0>K \geq 3.5$	$3.5>K \geq 3.0$	$3.0>K \geq 2.5$
分级	6	7	8	9	10
K［W/（m^2·K）］	$2.5>K \geq 2.0$	$2.0>K \geq 1.6$	$1.6>K \geq 1.3$	$1.3>K \geq 1.1$	$K<1.1$

注：上述数据引自《建筑外窗保温性能分级及检测方法》GB/T 8484-2008。

2. 建筑外门窗气密性能分级

建筑外门窗气密性能分级，见表4-9。

建筑外门窗气密性能分级 **表4-9**

分级	1	2	3	4	5	6	7	8
单位缝长分级指标值 q_1［m^3/m·h］	$4.0 \geq q_1 > 3.5$	$3.5 \geq q_1 > 3.0$	$3.0 \geq q_1 > 2.5$	$2.5 \geq q_1 > 2.0$	$2.0 \geq q_1 > 1.5$	$1.5 \geq q_1 > 1.0$	$1.0 \geq q_1 > 0.5$	$0.5 \geq q_1$
单位面积分级指标值 q_2［m^3/m^2·h］	$12.0 \geq q_2 > 10.5$	$10.5 \geq q_2 > 9.0$	$9.0 \geq q_2 > 7.5$	$7.5 \geq q_2 > 6.0$	$6.0 \geq q_2 > 4.5$	$4.5 \geq q_2 > 3.0$	$3.0 \geq q_2 > 1.5$	$1.5 \geq q_2$

注：上述数据引自《建筑外门窗气密、水密、抗风压性能分级及检测方法》GB/T 7106-2008。

3. 建筑外窗采光性能分级

建筑外窗采光性能分级，见表4-10。

建筑外窗采光性能分级　　表 4-10

分级代号	1	2	3	4	5
T_r	$0.30 > T_r \geq 0.20$	$0.40 > T_r \geq 0.30$	$0.50 > T_r \geq 0.40$	$0.60 > T_r \geq 0.50$	$T_r \geq 0.60$

注：上述数据引自《建筑节能门窗(一)》06J607-1、参考《建筑外窗采光性能分级及检测方法》GB/T 11976-2002。

4. 常见外窗热工参数

常见外窗热工参数，见表 4-11。

常见外窗热工参数　　表 4-11

玻　璃	普通铝合金窗		断热铝合金窗		PVC 塑料窗	
	$K[W/(m^2 \cdot K)]$	S_c	$K[W/(m^2 \cdot K)]$	S_c	$K[W/(m^2 \cdot K)]$	S_c
无色透明玻璃(5~6mm)	6.50~6.00	0.90~0.80	6.00~5.50	0.90~0.80	5.00~4.50	0.90~0.80
热反射镀膜玻璃	6.50~6.00	0.55~0.45	6.00~5.00	0.55~0.45	5.00~4.50	0.55~0.45
无色透明中空玻璃	4.00~3.50	0.85~0.75	3.50~3.00	0.85~0.75	3.00~2.50	0.85~0.75
Low-E 中空玻璃	3.50~3.00	0.55~0.40	3.00~2.50	0.55~0.40	2.50~2.00	0.55~0.40

注：上述数据引自《建筑节能门窗（一）》06J607-1。

四、建筑节能外门窗的验收

建筑节能外门窗的验收，应按设计文件要求进行，但不同的设计文件，具体要求会有所差异。首先，建筑节能外门窗的验收，应按《建筑节能工程施工质量验收规范》GB 50411—2013 进行。同时，针对不同的建筑节能外门窗，尚应符合相关节能门窗的材料标准、技术规程的相关要求。

（1）建筑外门窗，包括玻璃，进场时应核对其质量证明文件，进场后应按验收规范要求见证取样复试。质量证明文件齐全、见证取样复试合格，方可允许其用于工程。

（2）核对其质量证明文件、计算报告，应核对其品种、规格、技术指标（如气密性能、传热系数、遮阳系数、可见光透射比、太阳光透射比、反射比、抗风性能、通风面积、窗墙比和窗地比等）是否符合设计文件要求，其所标示的技术指标，其外观尺寸是否符合相应材料标准要求。

（3）建筑外门窗（包括天窗），应对其气密性、传热系数，以及玻璃传热系数、遮阳系数和可见光透射比等指标进行现场见证取样复试，复试结果应符合设计要求。对中空玻璃，应检测中空玻璃密封性能。对于透光、部分透光遮阳材料，应检测其太阳光透射比和反射比。其检测结果均应符合设计要求。

（4）不同的气候区类别，建筑外门窗（包括天窗）见证取样复试指标不同，具体情况如下：

1）严寒、寒冷地区：气密性能、传热系数；

2）夏热冬冷地区：气密性能、传热系数、玻璃遮阳系数、可见光透射比；

3）夏热冬暖地区：气密性能、玻璃遮阳系数、可见光透射比。

4）透光、部分透光遮阳材料的太阳光透射比、反射比。

5）中空玻璃密封性能。

（5）金属外门窗隔断热桥措施应符合设计要求和产品标准的规定，金属副框的隔断热桥措施应与门窗框的隔断热桥措施相当。

（6）外窗遮阳设施的性能、位置、尺寸应符合设计和产品标准要求。

（7）特种门的性能应符合设计和产品标准要求，特种门安装中的节能措施，应符合设计要求。

（8）材料，包括框扇料、玻璃、遮阳等，以及门窗的品种、规格、尺寸不符合设计要求，技术指标复试不合格，应书面通知承包单位将该批门窗作退场处理。必要时，请建设单位联系设计单位协调处理。

（9）用于建筑外门窗的材料，包括框扇料、玻璃等，也包括外门窗本身，以及遮阳等，核对其质量证明文件，现场见证取样复试的检验方法和检查数量应按相应质量验收规范要求进行。

（10）建筑外门窗、遮阳等进场后，以及安装后交付前，应做好现场保管工作。

第三节 门窗节能系统施工质量监理控制要点

一、门窗节能分项工程监理工作流程

门窗节能分项工程监理工作流程，如图4-1所示。

二、门窗框保温施工质量监理控制要点

门窗框保温施工质量监理控制要点包括如下方面：

（1）门窗框进场后，应对其外观、品种、规格及附件进行检查、验收，其外观应无变形、翘曲、损坏，所用框料，所用系列符合要求。不符合要求的，应予以退场处理。

（2）核查门窗框的质量证明文件、计算报告，尤其是气密性能（门窗）、传热系数（门窗和玻璃）、遮阳系数（玻璃）、可见光透射比（玻璃）、太阳光透射比、反射比、窗墙比和窗地比等。不符合要求的，应予以退场处理。（一般按整门整窗核查）。

（3）金属门窗框进场后，还应检查其隔断热桥措施是否符合设计要求和产品标准的规定，也还应检查其金属副框的隔断措施是否与门窗框的隔断热桥措施相当。

（4）门窗框安装前，应检查当前施工进度是否满足门窗框安装要求，不宜过早或过迟。

（5）门窗框安装前，应检查预留洞口尺寸是否满足门窗框安装要求，不宜过大或过小。洞口四周是否经过处理，便于门窗框四周发泡密封胶的填充。

（6）施工单位已弹出门窗框安装水平控制线和垂直控制线，并对安装人员进行门窗框安装技术交底。门窗框的安装符合要求。

（7）对于面积较大的门窗框，应事安设计进行预拼装。先安装通长拼樘料，再安装分段拼樘料，最后安装基本单元门窗框。

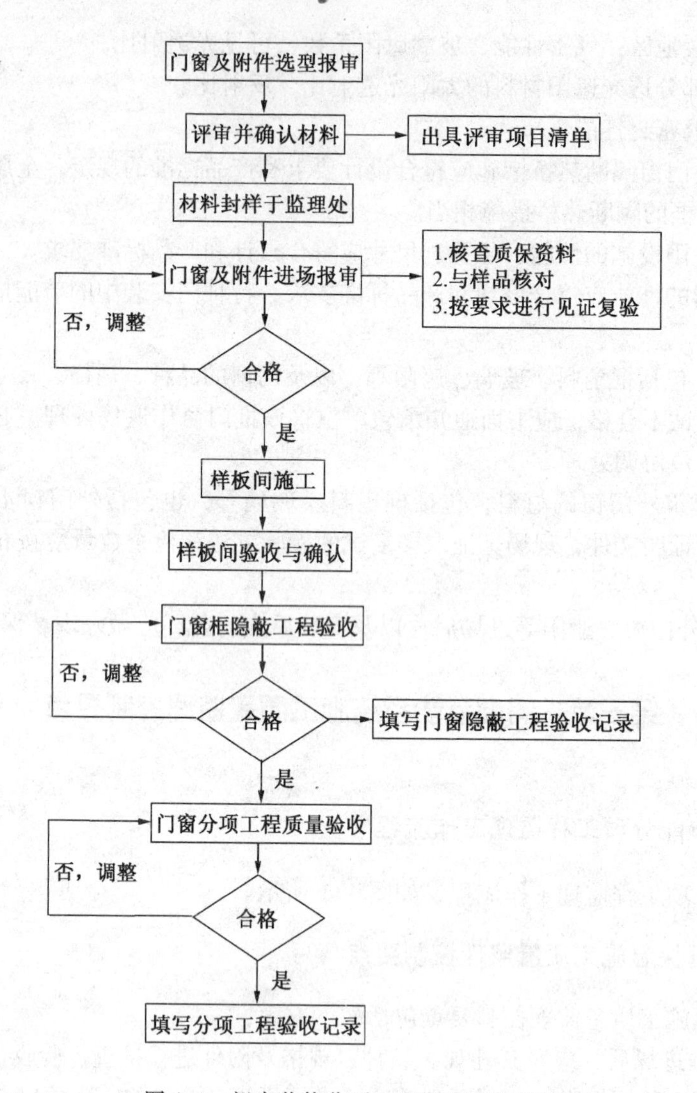

图4-1　门窗节能分项工程监理工作流程

（8）门窗框四周封闭前，应检查其四周发泡密封胶填充情况，并检查其细部收刹情况。

三、门窗扇保温施工质量监理控制要点

门窗扇保温施工质量监理控制要点包括如下方面：

（1）门窗扇进场后，应对其外观、品种、规格及附件进行检查、验收，其外观应无变形、翘曲、损坏，所用扇料、玻璃，所用系列符合要求。不符合要求的，应予以退场处理。

（2）核查门窗扇、玻璃的质量证明文件、计算报告，尤其是传热系数（门窗和玻璃）、遮阳系数（玻璃）、气密性能（门窗）、可见光透射比（玻璃）、中空玻璃密封性能（玻璃）、通风面积等。不符合要求的，应予以退场处理。（一般按整门整窗核查）。

（3）金属门窗扇进场后，还应检查其隔断热桥措施是否符合设计要求和产品标准的规

定，也还应检查其金属副框的隔断措施是否与门窗扇的隔断热桥措施相当。

(4) 门窗扇安装前，应检查当前施工进度是否满足门窗框安装要求，不宜过早或过迟。

(5) 检查门窗扇与门窗框间的缝隙的密封情况，其所用密封条安装情况，是否符合设计要求和产品标准的规定。

(6) 检查门窗扇安装后，整门整窗的成品保护情况。

四、遮阳设施系统施工质量监理控制要点

遮阳设施系统施工质量监理控制要点包括如下方面：

(1) 外遮阳设施的尺寸、光学性能（太阳光透射比、反射比）、抗风性能等应符合设计和产品标准要求。

(2) 遮阳设施的安装应位置正确、牢固，满足安全和使用功能的要求。

(3) 活动遮阳设施的调节应灵活，能调节到位。

第四节 门窗节能常见施工质量通病及预防措施

门窗节能分项工程常见施工质量通病及预防措施，见表4-12。

门窗节能分项工程常见施工质量通病及预防措施 表4-12

序号	常见施工质量通病	质量通病原因分析	预防措施
1	门窗框选用未达到节能要求	设计不合理	门窗选型时应达到节能要求
2	配用玻璃未达到节能要求	设计不合理	玻璃选型时应达到节能要求
3	门窗框隔断热桥措施未达到设计要求和产品标准规定	门窗框加工未严格按设计要求和产品标准规定施工	门窗框加工时，监理应至生产厂进行检查
4	中空玻璃均压管未密封	中空玻璃四周未按密封	中空玻璃应采用双道密封
5	镀膜玻璃安装方向错误，玻璃镀膜层损坏	镀膜玻璃安装方向错误，玻璃镀膜层未保护完好	镀膜玻璃安装方向正确，玻璃搬运、使用过程中应加强保护
6	门窗框尺寸偏差超标，门窗框变形起翘	门窗框加工精度不符合要求	控制门窗生产厂的加工质量
7	门窗框安装不牢固	预埋件的数量、位置、埋设方式、与框的连接方式不符合要求	对门窗框安装进行隐蔽验收
8	门窗框安装允许偏差超差	安装时未严格控制正侧面垂直度、水平度、槽口对角线差等	对门窗框安装质量进行实测实量检查
9	门窗安装形成热桥	门窗框与墙体之间填塞砂浆	门窗框与墙体之间填塞发泡密封胶
10	门窗框与墙体之间的缝隙填嵌不饱满，门窗框和副框之间存在缝隙	① 门窗与墙体之间留缝过大或过小；② 发泡密封胶施工质量得不到保证；③ 门窗框和副框之间未使用密封胶密封	① 对门窗框与墙体之间过大或过小的缝隙应进行处理；② 发泡密封胶应有专人施工，并控制质量；③ 门窗框与副框之间使用密封胶密封

续表

序号	常见施工质量通病	质量通病原因分析	预防措施
11	洞口饰面完成后，窗框与墙体有缝隙	洞口饰面完成后，未预留5~8mm槽口，并用防水密封胶密封	应按要求留置槽口，并用防水密封胶密封
12	门窗扇开关不灵活，关闭不严密倒翘	①门窗扇安装不到位；②橡胶密封条安装质量差，并有脱槽现象	①控制门窗扇的安装质量；②橡胶密封条应安装完好，不得脱槽
13	外窗遮阳设施的选型、安装角度和位置未达到节能要求	①外窗遮阳设施的尺寸、颜色、透光性能等未符合设计和产品标准要求；②安装角度和位置未调节到位	①外窗遮阳设施的尺寸、颜色、透光性能等应符合设计和产品标准要求；②安装角度和位置应调节到位

第五节　门窗节能施工质量监理验收

一、检验批划分规定

门窗节能分项工程检验批划分应根据《建筑节能工程施工质量验收规范》GB 50411—2007进行，并结合工程具体情况确定。门窗节能分项工程是建筑节能分部工程的一个分项工程，现场监理应加强地面节能分项工程检验批质量验收。

1. 门窗节能分项工程检验批划分

（1）同一厂家的同一品种、类型、规格的门窗及门窗一玻璃每100樘划分为一个检验批，不足100樘也为一个检验批。

（2）同一厂家的同一品种、类型和规格的特种门每50樘划分为一个检验批，不足50樘也为一个检验批。

（3）对于异型或有特殊要求的门窗，检验批的划分应根据其特点和数量，由监理（建设）单位和施工单位协商确定。

2. 门窗节能分项工程检验批抽查数量

（1）建筑门窗每个检一批应抽查5%，并不少于3樘，不足3樘时应全数检查。

（2）高层建筑的外窗，每个检验批应抽查10%，并不少于6樘，不足6樘时应全数检查。

（3）特种门每个检验批应抽查50%，并不少于10樘，不足10樘时应全数检查。

二、隐蔽工程验收

建筑门窗施工中，应对门窗框的固定以及与墙体接缝处的保温填充做法进行隐蔽工程验收，并应有隐蔽工程验收记录和必要的图像资料。

三、门窗节能工程施工质量标准

1. 材料质量控制要求

材料质量控制要求见本章节能门窗验收。

2. 门窗节能分项工程施工质量的主控项目

(1) 严寒、寒冷地区以及超高层建筑的建筑外窗，应对其气密性做现场实体检验，检测结果应满足设计要求。

(2) 外门窗框或副框与洞口之间的间隙应采用弹性闭孔材料填充饱满，并使用密封胶密封，外门窗框与副框之间的缝隙应使用密封胶密封。

(3) 严寒、寒冷地区的外门安装，应按照设计要求采取保温、密封等节能措施。

(4) 遮阳设施的安装应位置正确、牢固，满足安全和使用功能的要求。

(5) 天窗安装的位置、坡度应正确，封闭严密，嵌缝处不得渗漏。

(6) 建筑外门窗、遮阳、天窗等施工质量不符合相关质量验收规范要求，应书面通知承包单位返修或返工，未经返修，不得进行验收，未经返工，不得进行重新验收。

(7) 建筑外门窗、遮阳、天窗等施工质量验收的检验方法和检查数量应按相应质量验收规范要求进行。

3. 门窗节能分项工程施工质量的一般项目

(1) 门窗扇密封条和玻璃镶嵌的密封条，其物理性能应符合相关标准的规定。密封条安装位置应正确，镶嵌牢固，不得脱槽，接头处不得开裂。关闭门窗时密封条应接触严密。

(2) 门窗镀（贴）膜玻璃的安装方向应正确，中空玻璃的均压管应密封处理。

(3) 外门窗遮阳设施调节应灵活，能调节到位。

(4) 建筑外门窗、遮阳、天窗等施工质量验收的检验方法和检查数量应按相应质量验收规范要求进行。

四、门窗节能工程施工质量验收

1. 门窗节能分项工程施工质量验收流程

参见第三章　第五节　五、1 的相关内容。

2. 门窗节能分项工程施工质量验收条件

(1) 设计图纸中门窗节能分项工程内容，包括门窗的制作、安装，全部施工结束；

(2) 门窗节能分项工程的质量保证资料齐全，包括门窗框、门窗扇、门窗玻璃、填充材料、密封材料的保温隔热性能，所有见证取样复试均符合要求；

(3) 门窗框与墙体接缝处的保温填充做法的隐蔽验收记录齐全，相关影像资料齐全；

(4) 现场按要求进行相关试验和检测，并符合相关要求；

(5) 门窗节能分项工程中的所有检验批报验资料齐全，包括门窗框、门窗扇、门窗玻璃、填充材料、密封材料等，实物验收均符合要求；

(6) 现场施工中存在的问题已按要求进行处理，并经复验满足相关要求；

(7) 其他有关分项工程验收内容已完成，相关资料齐全，符合相关要求；

(8) 现场监理已审查现场施工技术资料，满足门窗节能分项工程验收要求。

3. 门窗节能分项工程施工质量验收内容

(1) 门窗节能分项工程中门窗的保温隔热性能、密封性能，包括门窗框、门窗扇、门窗玻璃、填充材料、密封材料等；

（2）门窗节能分项工程隐蔽验收工程质量；

（3）门窗节能分项工程检验批工程质量；

（4）门窗节能分项工程施工质量问题处理情况；

（5）其他有关分项工程验收内容。

第五章　屋面节能质量监理控制

第一节　屋面节能工程概述

一、屋面节能系统的分类

屋面工程保温系统不同于墙体工程保温系统，需要形成较复杂的保温体系，并经形式检验认可。其往往着重于保温材料的应用，并与屋面工程的其他构造层形成整体。屋面工程保温材料目前主要应用加气混凝土、泡沫混凝土、胶粉聚苯颗粒等。根据屋面工程保温材料性能、屋面找坡形式和防水层布置，屋面工程构造一般有如下几种形式。

（一）平屋面构造层布置（建筑找坡）

1. Ⅰ型

屋面结构层→找平层→隔汽层→保温层（兼找坡）→找平层（加强型）→防水层→隔离层→保护层；在有些情况下，不设计找平层、隔汽层；

2. Ⅱ型

屋面结构层→找平层→隔汽层→保温层→找坡层→找平层（加强型）→防水层→隔离层→保护层；在有些情况下，不设计找平层、隔汽层；

3. Ⅲ型

屋面结构层→找平层→隔汽层→找坡层→保温层→找平层（加强型）→防水层→隔离层→保护层；在有些情况下，不设计找平层、隔汽层；

4. Ⅳ型

屋面结构层→找坡层→找平层→防水层→保温层→找平层（结合层或隔离层）→保护层；在此情况下，保温层应采用憎水性保温材料。

（二）平屋面构造层布置（结构找坡）

1. Ⅴ型

屋面结构层→找平层→隔汽层→保温层→找平层（加强型）→防水层→隔离层→保护层；在有些情况下，不设计找平层、隔汽层；

2. Ⅵ型

屋面结构层→找平层→防水层→保温层→找平层（结合层或隔离层）→保护层。在此情况下，保温层应采用憎水性保温材料。

（三）坡屋面构造层布置

1. Ⅶ型

屋面结构层→找平层→防水层→保温层→挂瓦层（贴瓦层）→屋面瓦；

2. Ⅷ型

屋面结构层→保温层→挂瓦层（贴瓦层）→屋面瓦。

（四）其他屋面构造布置

1. Ⅸ型

屋面结构层→找平层→防水层→架空层；

2. Ⅹ型

屋面结构层→找平层→防水层→覆土层→绿化层；

3. Ⅺ型

屋面结构层→找平层→防水层→蓄水层。

具体选用可参见《屋面节能建筑构造》06J204。、

二、屋面节能系统的性能要求

1. 传统型节能屋面构造做法

该做法是将保温层放在下部，防水层放在上部，保温层常采用非憎水性保温材料。此种屋面具有一定的节能作用，但往往需要做隔离层、保护层，构造较为复杂，增加工程造价。另外，防水层置于上部，有的暴露于最上层，容易老化，造成层面雨水渗漏，保温材料性能降低。如上述的Ⅰ型、Ⅱ型、Ⅲ型、Ⅴ型。

2. 倒置式节能屋面构造做法

该做法是将保温层放在上部，防水层放在下部，保温层常采用憎水性保温材料。此种屋面可避免设置隔离层、保护层，构造较为简单，易于降低工程造价。同时，也可防止防水层过早老化，避免屋面雨水渗漏和保温材料性能降低问题。如上述的Ⅳ型、Ⅵ型。

3. 种植式隔热屋面构造做法

该做法是将保护层变为绿化层，即在屋面上种植草坪等。此种屋面可大幅降低能耗，增加城市绿化面积，改善城市气候环境，降低粉尘噪音污染。《种植屋面工程技术规程》JGJ 155—2007 有较为明确的规定。

4. 架空式隔热屋面构造做法

该做法是将保护层变为架空层，起到隔热效果。此种屋面构造简单，施工方便，故得到较为广泛应用，但应用区域范围有所限制。

5. 蓄水式隔热屋面构造做法

该做法是将保护层变为蓄水层，起到隔热效果。

第二节　屋面节能材料质量及验收

屋面保温隔热材料可按不同标准进行分类，在实际应用中，可根据具体需要选用不同种类的保温隔热材料。

1. 按保温隔热材料形状划分

可分为散状保温隔热材料，如高炉矿渣、膨胀珍珠岩、膨胀蛭石；块状保温隔热材料，如膨胀珍珠岩制品、膨胀蛭石制品、膨胀聚苯板（EPS）、挤塑聚苯板（XPS）、聚酯泡沫板（PU 或 PUR）、复合聚苯板、复合聚氨酯板、发泡陶瓷板、发泡水泥板；整体保温隔热材料，如加气混凝土、泡沫混凝土、胶粉聚苯颗粒、发泡聚氨酯。

2. 按保温隔热材料性质划分

可分为有机保温隔热材料，如膨胀聚苯板（EPS）、挤塑聚苯板（XPS）、聚酯泡沫板（PU 或 PUR）、发泡聚氨酯；无机保温隔热材料，如高炉矿渣、膨胀珍珠岩、膨胀蛭石、加气混凝土、泡沫混凝土、发泡陶瓷板、发泡水泥板；复合保温隔热材料，如胶粉聚苯颗粒、复合聚苯板、复合聚氨酯板。

3. 按保温隔热材料吸水率划分

可分为高吸水率保温隔热材料（>20%），如高炉矿渣、膨胀珍珠岩、膨胀蛭石、发泡陶瓷板、发泡水泥板、加气混凝土、泡沫混凝土、胶粉聚苯颗粒；低吸水率保温隔热材料（<6%），如膨胀聚苯板（EPS）、挤塑聚苯板（XPS）、聚酯泡沫板（PU 或 PUR）、发泡聚氨酯、复合聚苯板、复合聚氨酯板

一、屋面保温隔热材料性能

1. 加气混凝土保温隔热性能

（1）加气混凝土材料导热系数和蓄热系数设计计算值，见表5-1。

加气混凝土材料导热系数和蓄热系数设计计算值　　表5-1

围护结构类别		干密度 ρ_0（kg/m^3）	理论计算值（体积含水量3%条件下）		灰缝影响系数	潮湿影响系数	设计计算值	
			导热系数 λ [W/(m·K)]	蓄热系数 S_{24} [W/(m^2·K)]			导热系数 λ [W/(m·K)]	蓄热系数 S_{24} [W/(m^2·K)]
单一结构		400	0.13	2.06	1.25	—	0.16	2.58
		500	0.16	2.61	1.25	—	0.20	3.26
		600	0.19	3.01	1.25	—	0.24	3.76
		700	0.22	3.49	1.25	—	0.28	4.36
复合结构	铺设在密闭的屋面内	300	0.11	1.64	—	1.5	0.17	2.46
		400	0.13	2.06	—	1.5	0.20	3.09
		500	0.16	2.61	—	1.5	0.24	3.92
		600	0.19	3.01	—	1.5	0.29	4.52
	浇注在混凝土构件中	300	0.11	1.64	—	1.6	0.18	2.62
		400	0.13	2.06	—	1.6	0.21	3.30
		500	0.16	2.61	—	1.6	0.26	4.18
		600	0.19	3.01	—	1.6	0.30	4.82

注：1. 当加气混凝土砌块和条板之间采用粘结砂浆，且灰缝≤3mm 是时，灰缝影响系数取 1.00。

2. 上述数据引自《蒸压加气混凝土建筑应用技术规程》JGJ/T 17—2008。

（2）不同厚度加气混凝土屋面板热工性能指标（B06 级），见表5-2。

2. 泡沫混凝土保温隔热性能

（1）泡沫混凝土用于屋面保温层时典型节能计算，见表5-3。

不同厚度加气混凝土屋面板热工性能指标（B06级） 表5-2

屋面板厚度δ（mm）	传热阻R_0［（m^2·K）/W］	传热系数K［W/（m^2·K）］	热惰性指标D
200	1.02	0.98	3.55
225	1.13	0.88	3.95
250	1.23	0.81	4.34
275	1.34	0.75	4.73
300	1.44	0.69	5.12
325	1.54	0.65	5.51
350	1.65	0.61	5.90

注：1. 表中热工性能指标这干密度600kg/m^3加气混凝土，考虑灰缝影响导热系数λ=0.24［W/（m·K）］，蓄热系数S_{24}=3.76［W/（m^2·K）］；

2. 其他干密度的加气混凝土热工性能指标根据表5-1的数据计算；

3. 上述数据引自《蒸压加气混凝土建筑应用技术规程》JGJ/T 17—2008。

泡沫混凝土用于屋面保温层时典型节能计算 表5-3

各层材料名称	厚度（mm）	导热系数［W/（m·K）］	修正系数	蓄热系数［W/（m^2·K）］	热阻值［（m^2·K）/W］	热惰性指标D D=RS
细石混凝土（双向配筋）	50	1.74	1.0	17.06	0.03	0.49
卷材或涂膜防水层	—	—	—	—	—	—
水泥砂浆	20	0.93	1.0	11.37	0.02	0.24
泡沫混凝土	130	0.085	1.5	1.02	1.02	1.04
涂膜防水层	—	—	—	—	—	—
水泥砂浆	20	0.93	1.0	11.37	0.02	0.24
钢筋混凝土	120	1.74	1.0	17.20	0.07	1.19
合计	340	—	—	—	1.16	3.20
屋面传热阻$R_0=R_i+\sum R+R_e$［（m^2·K）/W］	1.31					

注：上述数据引自《泡沫混凝土保温构造图集》苏J36-2009。

（2）现浇轻质泡沫混凝土性能指标，见表5-4。

3. 胶粉聚苯颗粒保温隔热性能

胶粉聚苯颗粒保温浆料性能指标，见表3-15。

4. 膨胀聚苯板（EPS）保温隔热性能

（1）膨胀聚苯板（EPS）主要性能指标，见表5-5。

（2）绝热用模塑聚苯乙烯泡沫塑料物理机械性能及保温性能，见表3-12。

5. 挤塑聚苯板（XPS）保温隔热性能

现浇轻质泡沫混凝土性能指标 **表 5-4**

项 目	指 标						
级别	300	400	500	600	700	800	900
干体积密度（kg/m^3）	<350	350~450	450~550	550~650	650~750	750~850	850~950
抗压强度（MPa）	≥0.5	≥0.7	≥1.0	≥1.5	≥2.5	≥3.5	≥4.5
导热系数［W/（m·K）］	≤0.070	≤0.080	≤0.100	≤0.120	≤0.140	≤0.180	≤0.220
吸水率（%）	≤23			≤20			

注：1. 用于屋面、地面的现浇轻质泡沫混凝土的导热系数修正系数 $\alpha=1.5$；

2. 用于楼面的现浇轻质混凝土的导热系数修正系数 $\alpha=1.3$；

3. 上述数据引自《现浇轻质泡沫混凝土应用技术规程》DGJ32/TJ 104—2010。

膨胀聚苯板（EPS）主要性能指标 **表 5-5**

试 验 项 目	性能指标	试 验 项 目	性能指标
导热系数［W/（m·K）］	≤0.041	表观密度（kg/m^3）	18.0~22.0
垂直于板面方向的抗拉强度（MPa）	≥0.10	尺寸稳定性（%）	≤0.30

注：上述数据引自《膨胀聚苯板薄抹灰外墙外保温系统》JG 149-2003。

绝热用挤塑聚苯乙烯泡沫塑料物理机械性能及保温性能，见表 3-13。

6. 聚酯泡沫板（PU 或 PUR）保温隔热性能

聚酯泡沫板（PU 或 PUR）物理力学性能及保温性能，见表 3-14。

7. 保温隔热材料燃烧性能分级

根据《建筑材料及制品燃烧性能分级》GB 8624-2006 要求，燃烧性能属 A1 级的保温隔热材料有高炉矿渣散料、膨胀珍珠岩及制品、膨胀蛭石及制品、加气混凝土、泡沫混凝土、发泡陶瓷板、发泡水泥板等；燃烧性能属 A2 级的保温隔热材料有胶粉聚苯颗粒、复合聚苯板、复合聚氨酯板等；燃烧性能属 B 级的保温隔热材料有膨胀聚苯板（EPS）、挤塑聚苯板（XPS）、聚氨酯泡沫板（PU 或 PUR）、发泡聚氨酯等。

二、屋面保温隔热材料验收

屋面工程保温隔热材料的验收，应按设计文件要求进行，但不同的设计文件，具体要求会有所差异。首先，屋面工程保温隔热材料的验收，应按《建筑节能工程施工质量验收规范》GB 50411—2013 进行。同时，针对不同的屋面工程保温隔热材料，尚应符合相关保温隔热材料标准、技术规程的相关要求。

新型的保温隔热材料比较多，在验收时，尚应关注住房和城乡建设部、当地省厅等有关保温隔热材料应用方面的技术标准、规范性文件等要求。

（1）用于屋面工程的保温隔热材料，进场时应核对其质量证明文件，进场后应按验收规范要求见证取样复试。质量证明文件齐全、见证取样复试合格，方可允许其用于工程。

（2）核对其质量证明文件，应核对其品种、规格、技术指标是否符合设计文件要求，其所标示的技术指标，是否符合相应材料标准要求。

（3）用于屋面工程的保温隔热材料，应对其导热系数（传热系数）、密度、抗压强度或压缩系数、燃烧性能等指标进行现场见证取样复试，复试结果应符合设计要求。

（4）对于采光屋面，应对其传热系数、遮阳系数、可见光透射比、气密性等技术指标，核查其质量证明文件，不符合设计要求，应不允许其用于工程。

（5）材料品种、规格不符合设计要求，技术指标复试不合格或不符合设计要求，应书面通知承包单位将该批保温材料作退场处理。必要时，请建设单位联系设计单位协调处理。

（6）用于屋面工程的保温隔热材料，核对其质量证明文件，现场见证取样复试的检验方法和检查数量应按相应质量验收规范要求进行。

（7）用于屋面工程的保温隔热材料，应做好材料的现场保管工作。

第三节　屋面节能系统施工质量监理控制要点

一、屋面节能分项工程监理工作流程

屋面节能分项工程监理工作流程，如图5-1所示。

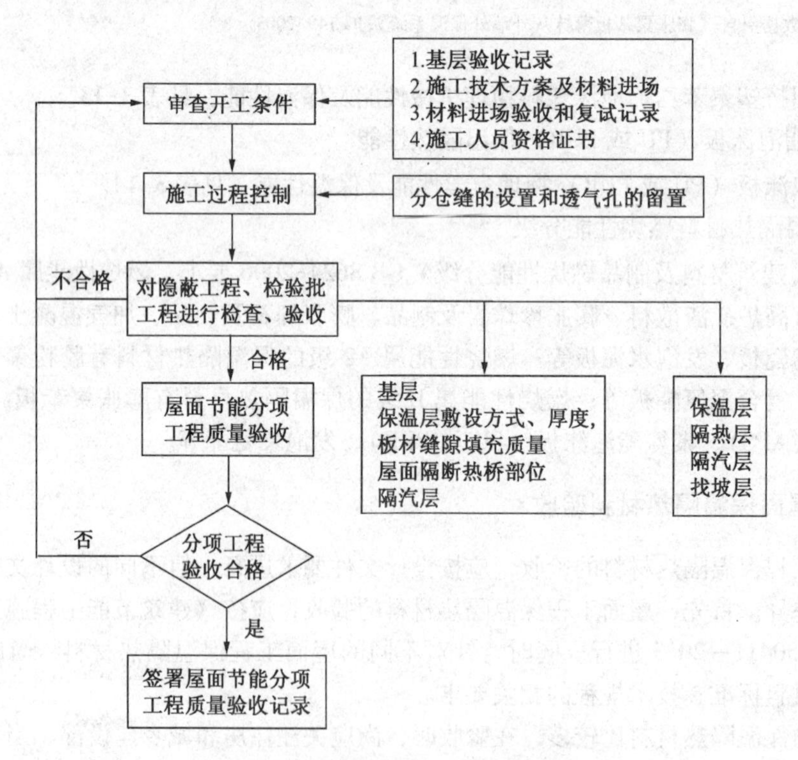

图5-1　屋面节能分项工程监理工作流程

二、松散保温材料施工质量监理控制要点

松散保温材料施工质量监理控制要点包括如下方面：

（1）松散保温隔热材料主要用于平屋面，不适用于坡屋面，也不适用于有较大震动、易受冲击的屋面。如高炉矿渣、膨胀珍珠岩、膨胀蛭石等；

（2）施工前，基层应处理干净，并保持平整、干燥，更不得有积水；

（3）松散材料的含水率不得超过设计文件、相关规范规程要求，否则，应采取措施；

（4）松散材料应分层铺设，每层铺设厚度不宜大于150mm，并适当压实至设计文件、相关规范规程要求。压实的程度及厚度应经事先试验确定，确保压实一次性成活，压实后不得直接在保温隔热层上行车或堆放重物；

（5）为控制铺设厚度，可采取间隔做塌饼或摆木条方式，压实时清除塌饼或木条；

（6）雨雪天或五级风以上不得铺设松散保温隔热材料；

（7）为防止松散材料失水、吸湿、雨淋，可在松散保温隔热材料上覆盖塑料薄膜；

（8）保温隔热层施工完成后，应及时进行隐蔽验收，并进入下道工序施工，如找平层和防水层；

（9）对于保温隔离材料为非A级材料的，应设置水平防火隔离带。

三、现浇保温材料施工质量监理控制要点

现浇保温材料施工质量监理控制要点包括如下方面：

（1）现浇保温隔热材料适用于平屋面或坡度较缓的坡屋面，如水泥膨胀珍珠岩、水泥膨胀蛭石、沥青膨胀珍珠岩、加气混凝土、泡沫混凝土、胶粉聚苯颗粒等；

（2）此种保温隔热材料需现场拌制，虽施工简便，但存在湿作业。在冬季往往不便施工，一是易受冻达不到强度，二是体内所含水分不易蒸发；

（3）施工前，应确保基层干净，并保持平整，不得有积水。

（4）保温隔热材料拌制配合比应经事先试验确定。

（5）铺设厚度应采取合理的措施进行控制，如做塌饼或摆木条；

（6）铺设时应合理留置分仓缝，并预留排汽孔，便于体内所含水分蒸发；

（7）现浇后的保温隔热材料应适当拍实，其表面应平整，其强度应达到设计要求；

（8）现浇后雨雪天应覆盖塑料薄膜防止雨淋，晴天应敞开便于体内所含水分蒸发；

（9）现浇后应及时进行隐蔽验收，并进入下道工序施工，如找平层和防水层；

（10）对于保温隔离材料为非A级材料的，应设置水平防火隔离带。

四、喷涂保温材料施工质量监理控制要点

喷涂保温材料施工质量监理控制要点包括如下方面：

（1）喷涂保温隔热材料适用于平屋面、坡屋面，如发泡聚氨酯等；

（2）喷涂前，基层应干净、平整、干燥，不得有积水；

（3）喷涂时厚度应适当大于设计厚度，便于修平后厚度符合设计要求；

（4）对于保温隔离材料为非A级材料的，应设置水平防火隔离带。

五、块状保温材料施工质量监理控制要点

块状保温材料施工质量监理控制要点包括如下方面：

（1）板状保温隔热材料适用于平屋面、坡屋面，用于坡屋面时，应采用粘贴法，如膨胀聚苯板（EPS）、挤塑聚苯板（XPS）、聚氨酯泡沫板（PU或PUR）、复合聚苯板、复合聚氨酯板等。

（2）铺设前，基层处理干净，并保持平整、干燥，不得有积水；

（3）板状保温隔热材料形状应规整，无破碎，并应防止雨淋；

（4）板状保温隔热材料应分层铺设，上下层应错缝咬接，缝隙间应用同类材料嵌填；

（5）采用干铺法时，保温隔热材料应平整，不得翘曲，铺设时应铺平、垫稳；

（6）采用粘贴法时，板状保温隔热材料间及与基层间，应采用胶结材料粘牢；

（7）对于保温隔离材料为非A级材料的，应设置水平防火隔离带。

第四节　屋面节能旁站监理要点

一、屋面节能分项工程旁站监理部位

根据国务院令《民用建筑节能条例》第530号（2008年版）第十六条第三款规定：墙体、屋面的保温工程施工时，监理工程师应当按照工程监理规范的要求，采取旁站、巡视和平行检验等形式实施监理。第四十三条规定：未按照民用建筑节能强制性标准实施监理的；墙体、屋面的保温工程施工时，未采取旁站、巡视和平行检验等形式实施监理的，监理单位应承担法律责任。

屋面节能分项工程的热桥部位施工时，如女儿墙、伸缩缝、凸出屋面部位等，现场监理应按建设工程监理规范要求进行旁站。

二、屋面节能分项工程旁站监理要点

1. 女儿墙部位节能工程施工旁站要点

施工工艺、施工人员、材料质量、施工环境、保温层收剎位置、保温层接口处理、保温层厚度、防水细部处理等。

2. 伸缩缝部位节能工程施工旁站要点

施工工艺、施工人员、材料质量、施工环境、保温层收剎位置、保温层接口处理、保温层厚度、防水细部处理、盖板细部处理等。

3. 凸出屋面部位节能工程施工旁站要点

施工工艺、施工人员、材料质量、施工环境、保温层收剎位置、保温层接口处理、保温层厚度、防水细部处理等。

4. 旁站监理记录表应反映内容

日期、气候、旁站部位、起止时间、施工情况、监理情况、发现问题、处理情况、签字确认等内容。

第五节 屋面节能常见施工质量通病及预防措施

屋面节能分项工程常见施工质量通病及预防措施，见表5-6。

屋面节能分项工程常见施工质量通病及预防措施 表5-6

序号	常见施工质量通病	质量通病原因分析	预防措施
1	保温隔热效果差	① 松散保温材料过于压实；② 保温层厚度达不到要求；③ 保温层吸水后保温性能降低；④ 施工的保温层保温性能达不到设计要求；⑤ 保温层的材料老化、粉化失效	① 检查保温材料质量；② 按要求做好保温材料现场复检；③ 控制松散保温材料压实度；④ 控制保温层施工厚度；⑤ 严格控制防水层施工质量；⑥ 合理选用保温材料
2	屋面女儿墙开裂	① 保温层内积水未排尽，受热后膨胀，撕裂防水层；② 防水细部处理不当，雨水下渗，保温层脱落	① 控制基层干燥程度；② 保温层干燥方可进行防水层施工；③ 严格控制防水层施工质量；④ 采用现浇女儿墙或合理设置构造柱；⑤ 合理留置排汽孔
3	刚性防水层开裂	① 松散保温材料未压实；② 保温层强度达不到要求；③ 找坡层强度达不到要求；④ 刚性防水层强度达不到要求；⑤ 块状材料拼接不严密	① 控制松散保温材料压实度；② 控制保温层、找坡层、刚防层强度，加强抽检；③ 控制刚性防水层中抗裂钢筋位置；④ 控制块状材料缝隙填充质量；⑤ 控制刚性防水层实心实意程度
4	卷材防水层空鼓	① 松散保温材料未压实；② 保温层（找坡层）强度达不到要求；③ 块状材料拼接不严密；④ 防水层粘贴不牢固；⑤ 防水层接头宽度不足	① 控制松散保温材料压实度；② 控制保温层、找坡层强度，加强抽检；③ 控制块状材料的缝隙填充质量；④ 控制防水层粘贴质量和搭接质量；⑤ 严格控制防水层粘贴层强度
5	热桥部位效果差	① 保温层厚度达不到要求；② 保温层收刹不满足要求；③ 保温层接口处理不当；④ 防水细部处理不当	① 控制保温层施工厚度；② 严格控制防水层施工质量；③ 做好保温层接口部位处理

第六节 屋面节能施工质量监理验收

一、检验批划分规定

屋面节能分项工程检验批划分应根据《建筑节能工程施工质量验收规范》GB 50411—2013进行，并结合工程具体情况确定。屋面节能分项工程是建筑节能分部工程的一个分项工程，涉及整幢建筑物的使用功能，如屋面保温、屋面隔热、屋面渗漏等，现场监理应加强屋面节能分项工程检验批质量验收。

1. 屋面节能分项工程检验批划分

（1）一般情况下，可将一个单独的屋面划分为一个检验批；

（2）如屋面的面积较大，可按施工段或变形缝划分为若干个检验批；

（3）当面积超过200m^{2}时，每200m^{2}可划分为一个检验批，不足200m^{2}时，也按一

个检验批进行验收；（参照地面节能分项工程检验批规定）

（4）不同构造做法的屋面节能工程，应单独划分为不同的检验批。

2. 屋面节能分项工程检验批验收内容

基层、找平层、找坡层、保温层、隔离层、防水层、保护层、面层等。

二、隐蔽工程验收

屋面节能分项工程应对如下部位进行隐蔽工程验收，并应有详细的文字记录和必要的图像资料。

（1）基层；

（2）保温层的敷设方式、厚度，板材缝隙的填充质量；

（3）屋面热桥部位；

（4）隔汽层。

三、屋面节能工程施工质量标准

1. 材料质量控制要求

材料质量控制要求见本章节能保温隔热材料验收。

2. 屋面节能分项工程施工质量的主控项目

为保证屋面节能分项工程施工质量，在施工中，下列项目必须达到。

（1）对于松散、现浇、喷涂保温材料施工的保温屋面，应检查其厚度、压缩强度、排气槽等，应符合设计要求。对于块状保温材料施工的保温屋面，应检查其铺设方式、厚度、排气槽和填充质量等，应符合设计要求。

（2）对于有通风隔热要求的屋面，应检查其架空高度、安装方式、通风口位置及尺寸，并应符合设计要求。架空层内不得有杂物，以防堵塞通风通道，架空面层不得有断裂和露筋等缺陷，以防架空层损坏影响通风隔热功能。

（3）对于有采光要求的屋面，应检查其材料的保温隔热性能，须对其材料的传热系数、遮阳系数、可见光透射比、气密性等技术指标进行核查，并应符合设计要求。

（4）对于有采光要求的屋面，其节点构造做法应符合设计要求，其可开启部分应符合相应质量验收规范门窗部分的验收规定。

（5）对于有采光要求的屋面，其安装应牢固，坡度正确，封闭严密，嵌缝处不得渗漏。

（6）为防止屋面保温因冷凝水而失去保温隔热性能，需要设置隔汽层，其应完整、严密，并应符合设计要求。

（7）保温屋面的热桥部位施工，应符合设计要求。

（8）屋面保温层施工质量不符合相关质量验收规范要求，应书面通知承包单位返修或返工，未经返修，不得进行验收，未经返工，不得进行重新验收。

（9）屋面保温施工质量验收，以及有通风隔热和有采光要求屋面的施工质量验收的检验方法和检查数量应按相应质量验收规范要求进行。

3. 屋面节能分项工程施工质量的一般项目

为保证屋面节能分项工程施工质量，在施工中，下列项目应该达到。

(1) 屋面保温隔热层应按施工方案施工，并应符合下列规定：

1) 松散材料应分层敷设，按要求压实，表面平整度、坡向正确。

2) 现场采用喷、浇、抹等工艺施工的保温层，其配合比应计量准确，搅拌均匀，分层连续施工，表面平整，坡向正确。

3) 板材应粘贴牢固，缝隙严密、平整。

(2) 金属板保温夹芯屋面应铺装牢固，接口严密，表面清洁，坡向正确。

(3) 坡屋面、内架空屋面当采用敷设于屋面内侧的保温材料做保温隔热层时，保温隔热层应有防潮措施，其表面应有保护层，保护层的做法应符合设计要求。

(4) 屋面保温施工质量验收，其检验方法和检查数量应按相应质量验收规范要求进行。

四、屋面节能工程施工质量验收

1. 屋面节能分项工程施工质量验收流程

参见第三章 第五节 五、1 相关内容。

2. 屋面节能分项工程施工质量验收条件

(1) 设计图纸中屋面节能分项工程内容全部施工结束；

(2) 屋面节能分项工程的保温材料质量保证资料齐全，所有见证取样复试均符合要求；

(3) 基层、保温层、热桥部位、隔汽层等隐蔽验收记录齐全，相关影像资料齐全；

(4) 现场按要求进行相关试验和检测，并符合相关要求；

(5) 屋面节能分项工程的所有检验批报验资料齐全，实物验收均符合相关要求；

(6) 现场施工中存在的问题已按要求进行处理，并经复检满足相关要求；

(7) 其他有关分项工程验收内容已完成，相关资料齐全，符合相关要求；

(8) 现场监理已审查现场施工技术资料，满足屋面节能分项工程验收要求。

3. 屋面节能分项工程施工质量验收内容

(1) 屋面节能分项工程保温隔热材料质量；

(2) 屋面节能分项工程隐蔽验收工程质量；

(3) 屋面节能分项工程检验批工程质量；

(4) 屋面节能分项工程施工质量问题处理情况；

(5) 其他有关分项工程验收内容。

第六章　地面节能质量监理控制

第一节　地面节能工程概述

一、地面节能系统的分类

地面节能分项工程主要包括三种情况：一是直接接触土壤的地面，二是与室外空气接触的架空楼板底面，三是地下室、半地下室与土壤接触的外墙。具体包括：采暖空调房间接触土壤的地面，毗邻不采暖空调房间的楼地面，采暖地下室与土壤接触的外墙，不采暖地下室上面的楼板，不采暖车库上面的楼板，接触室外空气或外挑楼板的地面，穿越地面管道部位热桥处理等。

地面工程保温系统不同于墙体工程保温系统，需要形成较复杂的保温体系，并经形式检验认可。其往往着重于保温材料的应用，并与地面工程的其他构造层形成整体。地面工程保温材料目前主要应用加气混凝土、泡沫混凝土、胶粉聚苯颗粒等。常见地面工程构造一般有如下几种形式。

（1）基土夯实→碎石垫层→混凝土垫层→保温隔热层→找平层（加强型）→粘结层→面层。

此种做法主要用于直接接触土壤的地面，须采取防潮防湿措施、防空鼓裂缝措施，保温隔热材料应具有一定的强度。

（2）基土夯实→碎石垫层→混凝土垫层→保温隔热层→找平层（加强型）→龙骨层→面层。

此种做法主要用于直接接触土壤的地面，须采取防潮防湿措施。

（3）基土夯实→碎石垫层→混凝土垫层→保温隔热层→结构层（架空层）→面层。

此种做法主要用于直接接触土壤的地面，须采取防潮防湿措施。

（4）地下室顶板→找平层→保温隔热层→找平层（加强型）→粘结层（龙骨层）→面层。

此种做法主要用于毗邻不采暖空调房间的楼地面，可不采取防潮防湿措施，但须根据情况采取防空鼓裂缝措施，保温隔热材料须根据情况具有一定的强度。

（5）地下室顶板→找平层→保温隔热层→罩面层。

此种做法主要用于毗邻不采暖空调房间的顶棚，可不采取防潮防湿措施。

（6）地下室墙板→防水层→粘结层→保温隔热层→保护层。

此种做法主要用于采暖地下室与土壤接触的外墙，保温隔热材料应具有憎水性能。

阳台的地面和顶棚，属外墙保温隔热的热桥部位，往往需要采取保温隔断热桥措施，其做法可参照墙面节能分项工程构造做法。

二、地面节能系统的性能要求

地面节能系统涉及三个方面的问题，节能设计和施工中必须妥善处理。

（1）地面节能系统往往承受一定的荷载，保温隔热材料必须具有一定的抗压强度或压缩强度，防止保温隔热层有效厚度达不到设计厚度要求。

（2）地面节能系统往往处于潮湿或浸水环境中，保温隔热材料必须采取防潮防湿措施，或采用憎水性保温隔热材料，防止保温隔热材料受潮受湿降低保温隔热性能。

（3）地面节能系统往往引起地面空鼓裂缝，保温隔热层上的找平层必须采取加强措施。

第二节 地面节能材料质量及验收

地面节能材料与屋面节能材料在应用的品种上基本相同，主要包括保温散料，如膨胀珍珠岩、膨胀蛭石；保温板材，如膨胀聚苯板（EPS）、挤塑聚苯板（XPS）、聚氨酯泡沫板（PU或PUR）；保温浆料，如加气混凝土、泡沫混凝土、胶粉聚苯颗粒；现场喷涂，如发泡聚氨酯等。

一、地面节能保温材料性能

1. 加气混凝土保温隔热性能

加气混凝土材料导热系数和蓄热系数设计计算值，见表6-1。

加气混凝土材料导热系数和蓄热系数设计计算值 **表6-1**

围护结构类别	干密度 ρ_0（kg/m³）	理论计算值（体积含水量3%条件下）		灰缝影响系数	潮湿影响系数	设计计算值	
		导热系数 λ [W/(m·K)]	蓄热系数 S_{24} [W/(m²·K)]			导热系数 λ [W/(m·K)]	蓄热系数 S_{24} [W/(m²·K)]
单一结构	400	0.13	2.06	1.25	—	0.16	2.58
	500	0.16	2.61	1.25	—	0.20	3.26
	600	0.19	3.01	1.25	—	0.24	3.76
	700	0.22	3.49	1.25	—	0.28	4.36

注：1. 当加气混凝土砌块和条板之间采用粘结砂浆，且灰缝≤3mm是时，灰缝影响系数取1.00；

2. 上述数据引自《蒸压加气混凝土建筑应用技术规程》JGJ/T 17—2008。

2. 现浇轻质泡沫混凝土保温隔热性能

现浇轻质泡沫混凝土保温隔热性能，见表5-4。

3. 胶粉聚苯颗粒保温隔热性能

胶粉聚苯颗粒保温浆料性能指标，见表3-15。

4. 膨胀聚苯板（EPS）保温隔热性能

（1）膨胀聚苯板（EPS）主要性能指标，见表5-5。

（2）绝热用模塑聚苯乙烯泡沫塑料物理机械性能及保温性能，见表3-12。

5. 挤塑聚苯板（XPS）保温隔热性能

绝热用挤塑聚苯乙烯泡沫塑料物理机械性能及保温性能，见表3-13。

6. 聚酯泡沫板（PU或PUR）保温隔热性能

聚酯泡沫板（PU或PUR）物理力学性能及保温性能，见表3-14。

7. 保温隔热材料燃烧性能分级

根据《建筑材料及制品燃烧性能分级》GB 8624-2006要求，燃烧性能属A1级的保温隔热材料有高炉矿渣散料、膨胀珍珠岩及制品、膨胀蛭石及制品、加气混凝土、泡沫混凝土、发泡陶瓷板、发泡水泥板等；燃烧性能属A2级的保温隔热材料有胶粉聚苯颗粒、复合聚苯板、复合聚氨酯板等；燃烧性能属B级的保温隔热材料有膨胀聚苯板（EPS）、挤塑聚苯板（XPS）、聚氨酯泡沫板（PU或PUR）、发泡聚氨酯等。

二、地面节能保温材料验收

地面工程保温隔热材料的验收，应按设计文件要求进行，但不同的设计文件，具体要求会有所差异。首先，地面工程保温隔热材料的验收，应按《建筑节能工程施工质量验收规范》GB 50411—2013进行。同时，针对不同的地面工程保温隔热材料，尚应符合相关保温隔热材料标准、技术规程的相关要求。

地面节能分项工程中的保温材料，其导热系数、密度、抗压强度或压缩强度、燃烧性能等技术指标，直接关系到地面节能分项工程的节能效果，应符合相关规范、规程、标准要求。

新型的保温隔热材料比较多，在验收时，尚应关注住建部、当地省厅等有关保温隔热材料应用方面的技术标准、规范性文件等要求。

（1）用于地面工程的保温隔热材料，进场时应核对其质量证明文件，进场后应按验收规范要求见证取样复试。质量证明文件齐全、见证取样复试合格，方可允许其用于工程。

（2）核对其质量证明文件，应核对其品种、规格、技术指标是否符合设计文件要求，其所标示的技术指标，是否符合相应材料标准要求。

（3）用于地面工程的保温隔热材料，应对其导热系数、密度、抗压强度或压缩系数、燃烧性能等指标进行现场见证取样复试，复试结果应符合设计要求。

（4）材料品种、规格不符合设计要求，技术指标复试不合格或不符合设计要求，应书面通知承包单位将该批保温材料作退场处理。必要时，请建设单位联系设计单位协调处理。

（5）用于地面工程的保温隔热材料，核对其质量证明文件，现场见证取样复试的检验方法和检查数量应按相应质量验收规范要求进行。

（6）用于地面工程的保温隔热材料，应做好材料的现场保管工作。

第三节 地面节能施工质量监理控制要点

一、地面节能分项工程监理工作流程

地面节能分项工程监理工作流程，如图6-1所示。

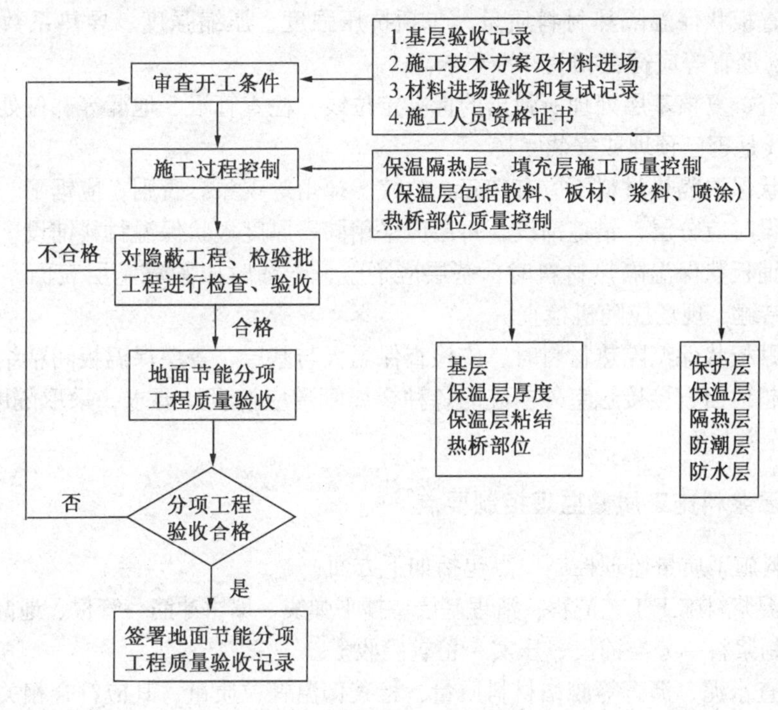

图6-1 地面节能分项工程监理工作流程

二、保温散料施工质量监理控制要点

保温散料施工质量监理控制要点包括如下方面：

(1) 保温散料施工工艺流程：清理基层→抄平弹线→塌饼冲筋→管根、地漏局部处理→分层铺设、压实→检查验收。

(2) 检查散状保温隔热材料质量，包括表观密度、压缩强度、导热系数、粒径等。

(3) 检查、复核基层处理所弹出的标高定位线，检查、复核塌饼冲筋的标高。

(4) 检查管根、地漏等部位处理情况，是否采取临时封堵措施，所有应暗敷管线是否已预埋或安装完毕。

(5) 根据设计图纸要求的厚度确定所需铺设的层数，并根据试验确定每层的虚铺厚度和压实程度，虚铺厚度应略大于设计图纸要求的厚度。

(6) 检查每层保温隔热散料的虚铺厚度和压实程度。

(7) 每层散状保温隔热材料应铺平、压实，表面应平整，便于下一道工序施工。

(8) 穿越地面直接接触室外空气的各种金属管道应按设计要求，采取隔断热桥措施。检查数量应全数检查。

三、保温板材施工质量监理控制要点

保温板材施工质量监理控制要点包括如下方面：

(1) 保温板材施工工艺流程：清理基层→抄平弹线→管根、地漏局部处理→找平层→干铺或粘贴保温板材→板缝处理→检查验收。

（2）检查板状保温隔热材料质量，包括抗压强度、压缩强度、导热系数等，胶结材料，如水泥、沥青等应符合相关标准要求。

（3）检查、复核基层处理所弹出的标高定位线，检查管根、地漏等部位处理情况，所有应暗敷管线是否已预埋或安装完毕。

（4）板状保温隔热材料不应有破碎、缺棱、掉角等现象。否则，应锯平、拼接使用。

（5）铺设时应分层、错缝铺设，每层应采用同一厚度板状保温材料铺设。

（6）干铺板状保温隔热材料时，基层应平整，干铺时应紧靠基层表面，并应分层铺平、垫稳、错缝，现场应随机检查。

（7）粘贴板状保温隔热材料时，应检查保温板与基层、各层保温板间粘结是否牢固。

（8）穿越地面直接接触室外空气的各种金属管道应按设计要求，采取隔断热桥措施。检查数量应全数检查。

四、保温浆料施工质量监理控制要点

保温浆料施工质量监理控制要点包括如下方面：

（1）保温浆料施工工艺流程：清理基层→抄平弹线→塌饼冲筋→管根、地漏局部处理→按配合比拌制浆料→分层铺设、压实→检查验收。

（2）检查水泥、沥青等胶结材料质量，检查保温颗粒质量，其应符合相关标准要求。

（3）检查、复核基层处理所弹出的标高定位线，检查、复核塌饼冲筋的标高。

（4）检查管根、地漏等部位处理情况，是否采取临时封堵措施，所有应暗敷管线是否已预埋或安装完毕。

（5）检查保温浆料拌制质量，现场是否按配合比要求计量拌制，拌制动力、拌制时间是否合理，避免破坏保温颗粒，并确保拌制均匀。

（6）检查保温浆料使用温度是否适宜，尤其采用沥青作胶结材料的保温浆料。

（7）根据设计图纸要求的厚度确定所需铺设的层数，并根据试验确定每层的虚铺厚度和压实程度，虚铺厚度应略大于设计图纸要求的厚度。

（8）检查每层保温隔热浆料的虚铺厚度和压实程度。

（9）每层保温隔热浆料应铺平、压实，表面应平整，便于下一道工序施工。

（10）穿越地面直接接触室外空气的各种金属管道应按设计要求，采取隔断热桥措施。检查数量应全数检查。

五、现场喷涂聚氨酯施工质量监理控制要点

现场喷涂聚氨酯施工质量监理控制要点包括如下方面：

（1）现场喷涂保温隔热材料施工工艺流程：清理基层→抄平弹线→塌饼冲筋→管根、地漏局部处理→分层喷涂、整平→检查验收。

（2）检查喷涂保温隔热材料质量，包括抗压强度、压缩强度、导热系数等。

（3）检查、复核基层处理所弹出的标高定位线，检查、复核塌饼冲筋的标高。

（4）检查管根、地漏等部位处理情况，是否采取临时封堵措施，所有应暗敷管线是否已预埋或安装完毕。

（5）根据设计图纸要求的厚度确定所需喷涂的层数，并根据试验确定每层的虚喷厚度

和压实程度，虚喷厚度应略大于设计图纸要求的厚度。

（6）检查每层喷涂保温隔热材料的虚喷厚度和压实程度。

（7）每层喷涂保温隔热材料应整平、压实，表面应平整，便于下一道工序施工。

（8）穿越地面直接接触室外空气的各种金属管道应按设计要求，采取隔断热桥措施。检查数量应全数检查。

六、采暖地面施工质量监理控制要点

1. 采暖地面的施工前置条件

（1）地面辐射采暖工程安装条件。

1）施工设计图纸和有关技术文件齐全，属于新技术的，已经过技术论证。

2）有较完善的专业工程施工方案，并已完成专业技术交底和施工技术交底。

3）施工现场具备供水条件和供电条件，有较好的原材料储存场所。

4）土建和安装专业相关工程已完成，如墙面粉刷、外门窗安装、厨卫间闭水、电气预埋、地面清理等工作已经完成。

（2）施工现场环境温度应满足要求，一般不宜低于5℃，否则，应采取升温措施。

（3）现场施工时，不宜与其他工种交叉施工，需预留洞口应在填充层施工前完成。

2. 采暖地面绝热层的铺设

（1）绝热层铺设时，其基层应平整、干净、干燥，无杂物。墙根部应平直，无积灰。

（2）绝热层铺设应分层，其表面应平整，板状绝热层应错缝铺设。直接与土壤接触或有潮湿浸入部位，应采取防潮措施。

3. 低温热水系统的安装

（1）加热管敷设前，应对照设计图纸核查加热管的型号、管径、壁厚，并检查加热管外观质量，加热管内不得有杂质。

（2）加热管应按设计图纸标定的管间距和走向敷设。

（3）安装时应保持平直，防止扭曲，管间距的安装误差应符合相关验收规范要求。

（4）加热管固定点的间距，直管段固定点间距宜为0.5～0.7m，弯曲段固定点间距宜为0.2～0.3m。加热管弯头两端应设置固定卡固定，防止脱落。

（5）加热管切割或弯曲应采用专用工具。切割时切口应平整，断口面应垂直管轴线；弯曲时弯折应顺曲，不得出现死折。埋设于填充层内的加热管不应有接头。

（6）加热管安装间断或完毕时，应对敞口处进行临时封堵。

（7）加热管出地面至分水器、集水器下部连接处，弯管部分不宜露出地面装饰层。热管出地面至分水器、集水器下部球阀接口之间的明装段，其外部应加装塑料套管，并高出装饰面150～200mm。

（8）加热管与分水器、集水器连接，应采用卡套、卡夹（挤压式）连接，连接件的材料宜为铜质，铜质连接件与PP-R或PP-B直接接触的表面应镀镍。

（9）分水器、集水器宜在开始铺设加热管之前安装。水平安装时，宜将分水器安装在上，集水器安装在下，中心离地面距离应符合相关验收规范要求。

（10）在与墙、柱等垂直构件交接处应留不间断的伸缩缝，其设置应符合相关规范要求。

4. 发热电缆系统的安装

(1) 发热电缆敷设前，应对照设计图纸核查型号等，并检查其外观质量。

(2) 发热电缆应按设计图纸标定的电缆间距和走向敷设。

(3) 敷设时应保持平直，防止扭曲，电缆间距的敷设误差应符合相关验收规范要求。

(4) 电缆敷设时的弯曲半径不应小于厂家产品使用说明书中规定的限值，且不得小于6倍电缆直径。

(5) 电缆出厂后严禁剪裁或拼接，有外伤或破损的发热电缆严禁使用。

(6) 发热电缆下应铺设钢丝网或金属带，并进行固定，其不得被压入绝热材料中。

(7) 发热电缆敷设完毕，应检测其标称电阻和绝缘电阻，并进行记录。

5. 混凝土填充层的施工

(1) 混凝土填充层应具备一定的条件，如发热电缆的相关电阻值经检测合格，伸缩缝安装完毕，水压试验合格，并处于有压状态等，并经隐蔽工程验收。

(2) 混凝土填充层施工应注意做到：严禁使用机械振捣，施工人员应穿软底鞋，使用平头铁锹，加热管内应保持一定的水压，及时检测发热电缆的标称电阻和绝缘电阻。

第四节 地面节能常见施工质量通病及预防措施

地面节能分项工程常见施工质量通病及预防措施见表6-2。

地面节能分项工程常见施工质量通病及预防措施 **表6-2**

序号	常见施工质量通病	质量通病原因分析	预防措施
1	顶棚保温层空鼓、脱落	① 顶棚未处理干净；② 顶棚未毛化处理；③保温层一次性粉刷过厚	① 清除顶棚油污；② 适当对顶棚毛化；③ 每层厚度不超过20mm
2	保温板脱落	① 顶棚未处理干净；② 胶粘剂不满足要求；③ 作业环境不满足要求，如带潮带湿粘贴	① 清除顶棚油污；② 严格控制胶粘剂质量；③ 保持作业面干燥
3	地面面层空鼓开裂	① 保温层强度不满足要求；② 保温层过厚；③ 保温层受水浸膨胀；④ 面层下找平层等强度不满足要求	① 合理选用具有一定抗压强度或压缩强度的保温材料；② 选用合理导热系数的保温材料，降低保温层厚度；③ 采取措施，防止保温层受潮受湿受水浸；④ 面层下找平层等加大厚度和增加强度
4	地面渗水	采暖地面加热管有渗水现象	① 选用合适的加热管；② 安装前检测加管质量；③ 安装完毕后做水压检测；④ 填充层施工完毕后做水压试验；⑤ 加强成品保护
5	保温隔热效果降低	① 保温隔热材料受潮；② 热桥部位处理不当；③ 保温材料受压厚度减小，热阻变小	① 采取措施防止保温隔热材料受潮；② 加强热桥部位隔断热桥处理；③ 合理选用保温隔热材料；④ 合理确定保温层厚度

第五节 地面节能施工质量监理验收

一、检验批划分规定

地面节能分项工程检验批划分应根据《建筑节能工程施工质量验收规范》GB 50411—2013 进行，并结合工程具体情况确定。地面节能分项工程是建筑节能分部工程的一个分项工程，现场监理应加强地面节能分项工程检验批质量验收。

地面节能分项工程检验批可按以下要求进行划分：

（1）检验批可按施工段或变形缝划分；

（2）当面积超过 200m^2 时，每 200m^2 可划分为一个检验批，不足 200m^2 也为一个检验批；

（3）不同构造做法的地面节能工程应单独划分检验批。

二、隐蔽工程验收

地面节能分项工程应对如下部位进行隐蔽工程验收，并应有详细的文字记录和必要的图像资料。

（1）基层；

（2）被封闭的保温材料厚度；

（3）保温材料粘结；

（4）隔断热桥部位。

三、地面节能工程施工质量标准

1. 材料质量控制要求

材料质量控制要求见本章节能保温材料验收。

2. 地面节能分项工程施工质量的主控项目

（1）地面节能工程施工前，应对基层进行处理，使其达到设计和施工方案的要求。

（2）对于松散、现浇、喷涂保温材料施工的保温地面，应检查其厚度、压缩强度等，应符合设计要求。对于块状保温材料施工的保温地面，应检查其铺设方式、厚度和填充质量等，应符合设计要求。

（3）地面节能工程的施工质量应符合下列规定：

1）保温板与基层之间、各构造层之间的粘结应牢固，缝隙应严密；

2）保温浆料应分层施工；

3）穿越地面直接接触室外空气的种金属管道应按设计要求，采取隔断热桥的保温措施。

（4）有防水要求的地面，其节能保温做法不得影响地面排水坡度，保温层面层不得渗漏。

（5）严寒、寒冷地区的建筑首层直接与土壤接触的地面，采暖地下室与土壤接触的外墙，毗邻不采暖空间的地面以及底面直接接触室外空气的地面应按设计要求采取保温措施。

（6）保温层的表面防潮层、保护层应符合设计要求。

（7）地面保温层施工质量不符合相关质量验收规范要求，应书面通知承包单位返修或返工，未经返修，不得进行验收，未经返工，不得进行重新验收。

（8）地面保温施工质量验收，其检验方法和检查数量应按相应质量验收规范要求进行。

3. 地面节能分项工程施工质量的一般项目

（1）采用地面辐射采暖的工程，其地面节能做法应符合设计要求，并应符合《地面辐射供暖技术规程》JGJ 142 的规定。

（2）地面保温施工质量验收，其检验方法和检查数量应按相应质量验收规范要求进行。

四、地面节能工程施工质量验收

1. 地面节能分项工程施工质量验收流程

参见第三章 第五节 五、1 相关内容。

2. 地面节能分项工程施工质量验收条件

（1）设计图纸中地面节能分项工程内容全部施工结束；

（2）地面节能分项工程的保温材料质量保证资料齐全，所有见证复试均符合要求；

（3）基层、保温层厚度、粘结程度、热桥部位等隐蔽验收记录齐全，相关影像资料齐全；

（4）现场按要求进行相关试验和检测，并符合相关要求；

（5）地面节能分项工程的所有检验批报验资料齐全，实物验收均符合相关要求；

（6）现场施工中存在的问题已按要求进行处理，并经复检满足相关要求；

（7）其他有关分项工程验收内容已完成，相关资料齐全，符合相关要求；

（8）现场监理已审查现场施工技术资料，满足地面节能分项工程验收要求。

3. 地面节能分项工程施工质量验收内容

（1）地面节能分项工程保温隔热材料质量；

（2）地面节能分项工程隐蔽验收工程质量；

（3）地面节能分项工程检验批工程质量；

（4）地面节能分项工程施工质量问题处理情况；

（5）其他有关分项工程验收内容。

第七章　采暖节能质量监理控制

第一节　采暖节能工程概述

一、室内采暖系统的分类方法

室内采暖系统根据热传递媒介、结构、流程和安装位置有不同的分类方法，主要有按采暖范围不同分类和按热媒种类不同分类。

1. 按采暖范围不同分类

按采暖范围不同分类，可分为局部采暖系统、独立采暖系统、集中采暖系统和区域采暖系统。

（1）局部采暖系统 是指热源、管道与散热器连成整体而不能分离的采暖系统，仅用于一个房间，即每套采暖住房均有一个热源。

（2）独立采暖系统 是指仅为一户或几户住宅而设置的采暖系统。

目前系统分为水地暖与电地暖两种：水地暖是以温度不高于60℃的热水为热媒，在埋置于地面以下填充层中的加热管内循环流动，加热整个地面地板，通过地面地板以辐射和对流的传递方式向室内供热的一种采暖方式；电地暖是将外表面允许工作温度上限为65℃的发热电体埋设于地面地板下，以发热电体为热源加热地面地板，以温控器控制室温或地板温度，实现地面辐射供暖的采暖方式。

（3）集中采暖系统 是指采用锅炉或水加热器对水集中加热，通过管道向一栋或数栋房屋供应热能的采暖系统。

（4）区域采暖系统 是指以集中供热的热网作为热源，用以满足一个建筑群或一个区域需要的采暖系统，其供热规模比集中采暖大得多，我国北方地区很多城市利用热电厂或区域锅炉采暖。

2. 按热媒种类不同分类

按热媒种类不同分类，可分为热水采暖系统、蒸汽采暖系统和热风采暖系统。

（1）热水采暖系统　热水采暖系统的供水温度高于100℃的水称为高温水，供水温度在65～95℃之间的水称为中温水，供水温度低于65℃的水称为低温水。在中小型采暖系统中一般宜采用中温水或低温水，区域供热以高温水作为热媒比较好。

（2）蒸汽采暖系统　分为高压蒸汽系统和低压蒸汽系统。蒸汽压力大于70kPa的为高压蒸汽系统，常用于大型厂房和大型公共建筑的热风和加热系统上；蒸汽压力小于等于70kPa的为低压蒸汽系统，可用于厂区域或公共建筑的采暖。

（3）热风采暖系统　热风采暖系统是指热空气作为传热媒介的采暖系统，一般指用暖风机、空气加热器将室内循环空气或从室外吸入的空气加热的采暖系统。热风采暖系统由热源、空气换热器、风机和送风管道组成，由热源提供的热量加热空气换热器，用风机强迫温室内的部分空气流过换热器，当空气被加热后进入温室内进行流动，如此不断地进行循环，从而加热整个室内的空气。

热风采暖系统化与蒸汽、热水采暖系统相比，采暖效率可提高60%以上，节约能源可达70%以上，投资维修率可降低约60%，具有明显的经济效益。

二、热水采暖系统的主要制式

机械循环热水采暖系统按系统的布置方式可分为垂直式与水平式；按供回水干管可分为单管系统和双管系统；按供回水干管敷设的位置可分为上分式、中分式和下分式；按回水的方向可分为上回式和下回式；按膨胀水箱的结构可分为开式和闭式系统。实际的机械循环采暖系统中，其布置方式往往是几种形式的组合。

1. 双管上分下回式

供水干管在上部，各层散热器并联在立管上，可用支管上的阀门对散热器进行单独调节。由于自然循环作用压力的存在，故存在上冷下热的失调现象，尤其是在四层以上的建筑中垂直失调现象明显。

2. 双管下分下回式

供水干管设在下部，通常采用以下两种方式进行排气。一种是供水立管上部设置空气管，通过集气罐或膨胀水箱排气。此方法通常适用于作用半径小或系统压力降小的热水采暖系统中。另一种是在建筑物顶层散热器上部设排气阀排除空气。双管下分下回式与上分下回式相比，减少了主立管长度，管道热损失较少，不同楼层散热环路的阻力较易平衡。缺点是排气比较复杂，管材与阀件用量较大。

3. 中分式系统

本系统供水干管敷设于中间楼层，下部系统呈上供下回式，上部系统呈下供下回式或上供下回式；该系统减轻了上供下回式楼层过多易出现垂直失调的现象，但上部系统要增加一定量的排气装置。中分式系统适用于原有建筑物加建楼层或上部建筑面积少于下部的品字形建筑。

4. 单管上分下回式

因单管顺流式不能对每组散热器进行流量调节和热计量，在新建居住建筑中已不再采用。单管跨越式中跨越管道的管径计算较复杂，现在国内设计时计算省略；如果跨越管管径与立管相同，易造成水力短路、热能浪费，热力调节也不容易。即使采用顺流式与跨越式混合的系统，调节效果也不理想。在国外，为便于单管系统的调节，需采用特殊的阀门，但价格较贵，使用者很少。我国的采暖节能工程中基本上不采用这种供热系统。

5. 单管水平式

单管水平式系统又可分为顺流式和跨越式两种类型。水平顺流式也叫水平串联式，它是用一条水平管把住户室内的各组散热器串联在一起，热水按先后顺序流经各组散热器，水温由近至远逐渐降低，但不会有太大影响，因为每一水平管串联散热器组数不会太多。

水平跨越式也叫水平并联式。它是在每组散热器下部敷设一条水平管道，用支管分别与散热器连接。在支管上设有阀门，当单组散热器有漏水、堵塞现象时，可以关闭支管上的阀门，维修起来很方便，并且也可以适当调节散热器的流量和散热量。

6. 下分上回式

下分上回式系统供水干管在下部，回水干管在上部，水自下而上流动，经膨胀水箱返回锅炉，因此也称倒流式。其主要优点是：水与空气浮升方向一致，便于排除管道中的空气；且供水总立管较短，热损失较小，水温下高上低，对于缓解多层建筑上热下冷也有一定作用。其缺点是：散热器传热系数较上分下回式低，散热面积需要增大。另外，该系统不可用于单管跨越式，以避免热水直接经跨越管流入回水管。

7. 上分上回式

上分上回式系统的供水和回水干管均在上部敷设。该系统结构简单，施工容易，便于布置，但要注意解决好上部排气、下部泄水的问题。该系统多用于工业厂房。

第二节　热水采暖节能材料设备质量及验收

一、采暖系统设备及其材料验收

工程施工中所用材料、构配件及设备的质量好坏是工程质量能否达到设计要求的基础，也是能否实现采暖工程节能效果的关键。采暖系统节能工程采用的供热设备、阀门、仪表、管材、保温材料等产品进场时，应按设计要求对其类型、材质、规格及外观等进行验收，并应经监理工程师、建设单位代表检查认可，且应形成相应的验收记录。各种产品和设备的质量证明文件和相关技术资料应齐全，并应符合国家现行有关标准和规定。主要包括产品质量合格证、中文说明书、产品标识及相关性能检测报告等。进口材料和设备还应提供商检合格报告。

（1）管材的质量要求　采暖系统中所用的碳素钢管、镀锌碳素钢管应有产品出厂合格证，管材不得弯曲、锈蚀，不应有飞刺及凹凸不平，也不应有镀层不均匀等缺陷。

（2）管件的质量要求　采暖系统中所用的管件要符合国家标准，应有产品出厂合格证，无偏扣、方扣、断丝和角度不准等质量缺陷。

（3）阀门的质量要求　采暖系统中所用的各类阀门应有产品出厂合格证、其规格、型号、强度和严密性试验应符合设计要求。丝扣完整，铸造无毛刺、无裂纹，开关灵活严密，手轮无损伤。

（4）附属装置的质量要求　采暖系统中所用的减压器、疏水器、补偿器、散热器、法兰等附属装置均应符合设计要求，并应有产品出厂合格证及相关性能检验报告。

（5）散热器和恒温阀的质量要求　采暖系统中所用的散热器及恒温阀的型号、规格、使用压力必须符合设计要求，并应有产品出厂合格证，产品说明书及安装使用说明书，重点是技术性能参数。散热器不得有砂眼，对口面不得有偏口、裂缝和上下口中心距不一致等现象。翼型散热器的翼片应完好，整组炉片不翘楞。

（6）散热器零件和管件质量要求　采暖系统中散热器所用的零件和管件应配套，并符合质量要求，无偏口、方扣、乱扣和断扣，丝扣应端正，松紧较适宜。所用的石棉橡胶垫以 1mm 厚为宜，最厚不超过 1.5mm，并符合采暖系统使用压力的要求。

（7）仪表的质量要求　采暖系统中所用的仪表是判断整个系统运转情况、采暖效果、系统安全性的工具，也是采暖系统中的关键部件。因此，仪表应有产品质量合格证及相关性能检验报告。

（8）保温材料的质量要求 保温材料的质量关系到采暖系统的节能效果，应有产品质量合格证和材质检测报告，检测报告必须是有效期内的抽样检测报告。建筑物内使用的保温材料还应有防火等级的检测报告。

二、散热器和保温材料性能复验

为了确保用于采暖节能工程材料及设备的质量，在材料及设备进场后要进行复试，复核是否符合设计要求和规范规定。复试应该见证取样，根据采暖节能工程的实际要求，进场材料进行复验的是保温材料，进场设备进行复验的是散热器。进场应进行复验的材料及设备见表7-1。

进场应进行复验的材料及设备 表7-1

序号	进场应进行复验的材料及设备名称	进行复验的指标与性能	应当抽检比例
1	保温材料	导热系数、材料表观密度、吸水率	同一厂家同材质不得少于2次
2	散热器	单位散热量、金属热强度	同一厂家、同材质、同规格的散热器，按其数量500组及以下时，各抽检2组，500组以上时，各抽检3组；由同一施工单位施工的同一建设单位的多个单位工程（群体建筑），当使用同一生产厂家、同材质、同规格、同批次的散热器时，可合并计算按每10万m^2建筑各抽检3组

第三节 采暖节能工程施工质量监理控制要点

一、散热器及其恒温阀安装监理控制要点

（一）散热器安装监理控制要点

1. 散热器的选型及安装

采暖系统应选用节能型的散热器，并能根据设计要求的类型、规格、数量及安装方式等全部安装到位，是实现采暖系统节能的必要条件。散热器的选型及安装，一般应遵循下列原则：

（1）每组散热器的压力的类型、规格及安装方式应符合设计要求，散热器的工作压力应满足系统的工作压力，并符合国家现行有关产品标准的规定。

（2）散热器要有好的传热性能，散热器的外表面应涂刷非金属性涂料。

（3）民用建筑宜采用外形美观、易于清扫的散热器；放散粉尘或防尘要求较高的工业建筑，应采用易于清扫的散热器；具有腐蚀性气体的工业建筑或相对湿度较大的房间，应采用耐腐蚀的散热器。

（4）选用钢制散热器、铝合金散热器时，应有可靠的内防腐处理，并满足产品对水质的要求。

（5）采用铸铁散热器时，应选用内腔无粘砂型散热器。

（6）采用热分配表进行计量时，所选用的散热器应具备安装热分配表的条件。强制对流式散热器不适合热分配表的安装和计量。

（7）散热器宜布置在外墙窗台下，当布置在内墙时，应与室内设施和家具的布置协调。两道外门之间的门斗内，不应设置散热器。

（8）散热器宜明装，非特殊要求散热器不应设置装饰罩。暗装时装饰罩应有合理的气流通道和足够的通道面积，并方便维修。

（9）散热器的布置应尽可能缩短户内管系的长度。

（10）每组散热器上应设手动或自动跑风门。有冻结危险场所的散热器前不得设置调节阀。

2. 散热器监理控制要点

（1）检查散热器安装条件。在散热器安装前，监理工程师应检查散热器安装的条件是否满足，即建筑主体工程已完工，进入室内抹灰施工，且安装散热器的墙面抹灰经质量检查合格，采暖系统供水和回水干管已施工完毕或正在安装。

（2）建筑室内已给出地面标高线或地面相对水平线，或者地面找平层已施工完成，这样就能很容易地确定散热器的安装位置。

（3）检查每组散热器的出厂中文质量合格证，检验注册商标、规格、数量、安装方式、出厂日期、工作压力；选用的散热器必须有制造厂家的注册商标。

（4）钢制散热器一般宜在工厂组对完成，运至施工现场直接就位安装；铸铁散热器需要先将各片散热器进行组对。

（5）散热器安装固定完成后，监理工程师应对照施工图纸检查散热器的安装形式、位置以及散热器与支管的连接方式，考核其是否符合设计要求和有利于散热。

（6）铸铁散热器的安装，严格控制散热器中心与墙面的距离与窗口中心线取齐；安装在同一层或同一房间的散热器，应安装在同一水平高度。

（7）水平安装的圆翼型散热器，纵翼竖向安装；用热水采暖，两端应使用偏心法兰，蒸汽采暖，回水必须使用偏心法兰。

（8）各种形式散热器与管道的连接，必须安装可拆装的连接件。

（9）散热器支托架的安装位置应正确，并符合下列要求：

1）片数相等的散热器支、托架的安装位置应相同；

2）支、托架的排列应整齐、美观、尽可能对称布置；

3）所有支、托架与散热器接触应紧密，不允许有不接触现象；

4）散热设备安装在支、吊、托架上应平稳、牢固，不能有动摇现象；

5）各种散热器的支托架安装数量应符合表7-2的要求。

（10）当散热器表面涂以不同颜色的涂料时，由于涂料的辐射黑度不同，从而导致散热器的辐射换热也不同，因此，监理工程师应检查散热器外表面的涂料性质和颜色是否符合设计要求。

（二）恒温阀监理控制要点

1. 恒温阀的选型及安装

恒温阀是一种自力式调节控制阀，用户可根据对室温高低的要求，设定并调节室温。这样恒温控制阀就确保了各房门的室温，避免了立管水量不平衡，以及双管系统上热下冷的垂直失调问题。同时，更重要的是当室内获得“自由热”（Free Heat，又称“免费热”，如阳光照射，室内热源—炊事、照明、电器及人体等散发的热量）而使室温有升高趋势时，恒温阀会及时减少流经散热器的水量，不仅保持室温合适，同时达到节能目的。恒温阀的选型及安装一般应遵循下列原则：

支托架安装数量 表 7-2

散热器类型	每组片数	固定卡（个）	下托钩（个）	合计（个）
各种铸铁及钢制柱型炉片铸铁辐射时流散热器，M132 型	3~12	1	2	3
	13~15	1	3	4
	16~20	2	3	5
	21 片及以上	2	4	6
铸铁圆翼型	每个散热器均按 2 个托钩计			
各种钢制闭式散热器	高在 300mm 及以下规格焊 3 个固定架，300mm 以上焊 4 个固定架，≤300mm 每组 3 个固定螺栓，>300mm 每组 4 个固定螺栓			
各种板式散热器	每组装四个固定螺栓（或装四个厂家生产的托钩）			

（1）新建和改造等工程中散热器的进水支管上均应安装恒温阀。

（2）恒温阀的特性及其选用，应遵循《散热器恒温控制阀》JG/T195-2006 的规定，且应根据室内采暖系统制式选择恒温阀的类型，垂直单管系统应采用低阻力恒温阀，垂直双管系统应采用高阻力恒温阀。

（3）垂直单管系统可采用双通恒温阀，也可采用三通恒温阀，垂直双管系统应采用两通恒温阀。

（4）采用低温热水地面辐射供暖系统时，每一分支环路应设置室内远传型自力式恒温阀或电子式恒温阀或电子式恒温控制阀等温控装置，也可在各房间加热管上设置自力式恒温阀。

（5）恒温阀感温元件类型应与散热器安装情况相适应。散热器明装时，恒温阀感温元件应采用内置型；散热器暗装时，应采用外置型。

（6）恒温阀选型时，应按通过恒温阀的水量和压差确定规格。

（7）恒温阀应具备防冻设定功能。

（8）明装散热器的恒温阀不应被窗帘或其他障碍物遮挡，且恒温阀的阀头（温度设定器）应水平安装；暗装散热器恒温阀的外置型感温元件应安装在空气流通、且能正确反映房间温度的位置。

（9）低温热水地面辐射供暖系统室内温控阀的温控器应安装在避开阳光直射和有发热设备且距地面 1.4m 处的内墙面上。

2. 恒温阀监理控制要点

（1）恒温阀的规格、数量应符合设计要求；

（2）明装散热器恒温阀不应安装在狭小和封闭空间，其恒温阀阀头应水平安装，且不应被散热器、窗帘或其他障碍物遮挡；

（3）暗装散热器的恒温阀应采用外置式温度传感器，并应安装在空气流通且能正确反映房间温度的位置上。

二、热水采暖系统安装监理控制要点

1. 热水采暖系统的安装规定

（1）采暖系统的制式，应符合设计要求；

（2）散热设备、阀门、过滤器、温度计及仪表应安装齐全，不得随意增减和更换；

（3）室内温度调控装置、热计量装置、水力平衡装置以及热力入口装置的安装位置和方向应符合设计要求，并便于观察、操作和调试；

（4）温度控制器和热计量装置安装后，采暖系统能实现设计要求的分室（区）温度调控、分栋热计量和分户或分室（区）热量分摊的功能。

2. 热水采暖系统监理控制要点

（1）干管安装

1）干管从热力入口或系统分支点开始，安装前监理应检查管道内是否有杂物和垃圾，管材是否需要调直。

2）在地沟、地下室、技术层或吊顶内，先将吊卡或托架按间距与坡度方向调整好，将管道一次放入管卡内固定牢靠；监理应重点检查测量管道安装坡度是否符合设计要求。

3）管道在穿越墙体时，监理应督促安装单位放置套管。

4）支、吊、托架在安装和调整时，必须朝热位移方向偏离预留1/2的收缩量；应分段检查管道坐标、标高、甩口位置和变径是否正确，检查直管道是否安装正直。

5）根据设计规定的管道连接方式，督促安装单位严格执行操作规程逐段安装；严禁在规范禁止的范围内乱设管道焊口。

6）凡需隐蔽的干管，均需按设计或规范进行单体压力试验，并办理隐蔽工程验收手续。

（2）立管安装

1）上供下回式系统，从顶层干管预留口开始，自上而下安装至终点；其他制式的系统，从下部的干管预留立管开始，自下而上安装至终点。监理应检查管道安装工艺顺序是否正确、妥当。

2）因立管距离墙体较近，干管距离墙体较远，须督促安装单位采用消除热膨胀对立管产生影响的措施。

3）因立管需穿越楼层，应检查各层楼板预留孔洞的中心线或管道井内的立管测绘线是否垂直；如不垂直或测绘画线不清晰，应督促其重新弹线。

4）管道在穿越楼板时，监理应督促安装单位放置套管；并检查套管高出装修地面的高度是否合格。

5）末端立管与干管的连接，应注意安装不正确而造成立管上的散热器被堵塞。

（3）支管安装

1）用量尺检查并核对散热器的安装位置及立管甩口是否准确，支管穿墙时先安装好套管。

2）支管与散热器可通过灯叉弯与活接头连接，也可使用柔性接头连接。

3）预制好的管段可先在立管和散热器之间试安装，如果不合适，再用弯管器调整角度。

4）用钢尺、水平尺、线坠校核支管的坡度和平行方向距墙尺寸，复查立管及散热器有无移位。合格后，将穿墙套管固定，用水泥砂浆将缝隙堵严抹平。

（4）附属设备与附件安装

1）附属设备主要有膨胀水箱、循环泵、排气装置、散热器温控阀、除污器与过滤器、采暖计量装置等。

2）在现场组装水箱或开孔接管之后，应及时检查水箱内是否有污物，并督促安装单位清理；水箱必须焊接牢固，经试水不渗不漏；系统试运行时应及时将信号管上阀门打开，观察膨胀水箱内满水情况。

3）监理应重点检查散热器温控阀的安装，须保证散热器和供水管加热的空气不能靠近温控阀，散热器的热辐射不能对温控阀的传感器产生影响，室内温度传感器不能被窗台板、窗帘、家具等遮挡。

三、低温热水地面辐射供暖系统安装监理控制要点

（1）为避免地面下的管道出现渗漏，再进行维修非常困难，在地面敷设的盘管埋地部分应当是一根整体管子，不得有任何接头，因此在埋管前必须按照图纸计算长度，下料时要准确无误。

（2）为检验盘管的质量确实合格，在进行盘管隐蔽前必须进行水压试验，试验水压应为工作压力的1.5倍，且不小于0.6MPa，在试压或冲洗后，应采用压缩空气将加热盘管中的水全部吹出，以防冻坏管路。

（3）需要加热盘管弯曲部分不得出现硬折弯现象，不同材质盘管的曲率半径应符合下列规定：塑料管不应小于管道外径的8倍；复合管不应小于管道外径的5倍。

（4）低温热水地面辐射供暖系统所用的分水器、集水器的型号、规格、公称压力以及安装位置、高度等应符合设计要求。分、集水器的位置宜设在便于控制且有排水管道处。如厕所、厨房等处，不宜设于卧室、起居室，更不宜设于贮藏室内。

（5）低温热水地面辐射供暖系统所用的加热盘管径、间距和长度应符合设计要求，其间距偏差不得超过±10mm。

（6）低温热水地面辐射供暖系统的防潮层、防水层、隔热层及伸缩缝应符合设计要求。

（7）低温热水地面辐射供暖系统的填充层强度应符合设计要求。

（8）室内温控装置的传感器应安装在避开阳光直射和有发热设备的内墙面上，其距离地面的高度一般为1.4m。

（9）在加热盘管的上部或下部宜布置钢丝网。

（10）每个分进水管上应设置过滤器。

（11）地板预留伸缩缝，为了确保地面在供暖工程中正常工作，当房间跨度大于6m后应设地面缝，缝宽以≥5mm为宜，且加热盘管穿越伸缩缝时，应设长度不小于100mm的柔性套管。

四、保温层和防潮层的施工监理控制要点

（1）采暖管道的保温层应采用不燃或难燃材料，以保证管道的安全性，其材质、规格及厚度等应符合设计要求。

（2）采暖管道的保温管壳的粘贴应牢固，铺设应平整。硬质或半硬质的保温管壳每节

至少应用防腐金属丝、难腐织带或专用胶带进行困扎或粘贴2道以上，其间距为300～350mm，并且捆扎或粘贴紧密，不出现滑动、松弛及断裂现象。

（3）硬质或半硬质保温管壳的拼接缝隙不应大于5mm，缝隙要用粘接材料勾缝填满；各层保温管壳的纵缝应相互错开，外层的水平接缝应设在侧下方，以避免水从接缝处渗出。

（4）松散或软质保温材料应按规定的密度压缩其体积，并做到疏密均匀；毡类保温材料在管道上包扎时，搭接处不应有缝隙。

（5）采暖管道的防潮层应紧贴在保温层上，并做到封闭良好，不得出现虚粘、气泡、褶皱、裂缝等质量缺陷。

（6）采暖系统立管上的防潮层应当由管道的低端向高端敷设，环向搭接缝应朝向低端；纵向搭接缝应位于管道的侧面。

（7）选用防水卷材的防潮层，当采用螺旋形缠绕的方式敷设时，防水卷材的搭接宽度宜为30～50mm，并且要贴紧、缠牢。

（8）监理工程师应特别重视采暖系统的 阀门及法兰部位的保温层施工质量，督促施工人员要将这些部位的保温层结构扎严密，且做到能单独拆卸并不得影响其操作功能。

五、采暖节能工程热力入口安装监理控制要点

热力入口是指外热网与室内采暖系统的连接及其相应的入口装置，一般是设在建筑物楼前的暖气沟或地下室等处。热力入口装置通常包括阀门、水力平衡阀、总热计量表、过滤器、压力表、温度计等。

在实际工程中，很多采暖系统的热力入口只有开关阀门和旁通阀门，没有按照设计要求安装水力平衡阀、热计量装置、过滤器、压力表、温度计等入口装置。有的工程虽然安装了入口装置，但空间狭窄，过滤器和阀门无法操作、热计量装置、压力表、温度计等仪表很难观察读取。因此，热力入口装置常常是起不到其过滤、热能计量及调节水力平衡等功能，从而起不到节能的作用。

（一）新建集中采暖系统热力入口的要求

（1）热力入口供、回水管均应设置过滤器。供水管应设两级过滤器，顺水流方向第一级为粗滤，滤网孔径不宜大于3.0mm，第二级为精过滤，滤网规格宜为60目；进入热计量装置流量计前的回水管上应设过滤器，滤网规格不宜小于60目。

（2）供、回水管应设置必要的压力表或压力表管口。

（3）无地下室的建筑，宜在室外管沟入口或楼梯间下部设置小室，室外管沟小室宜有防水和排水措施。小室净高应不低于1.4m，操作面净宽应不小于0.7m。

（4）有地下室的建筑，宜设在地下室可锁闭的专用空间内，空间净高度应不低于2.0m，操作面净宽应不小于0.7m。

（二）平衡阀的选型及安装位置要求

（1）室内采暖为垂直单管跨越式系统，热力入口的平衡阀应选用自力式流量控制阀。

（2）室内采暖为双管系统，热力入口的平衡阀应选用自力式压差控制阀。

（3）自力式压差控制阀或流量控制阀两端压差不宜大于100kPa，不应小于8.0kPa，具体规格应由计算确定。

（4）管网系统中所有需要保证设计流量的热力入口处均应安装一只平衡阀，可安在供

水管路上，也可安在回水管路上，设计如无特殊要求，从降低工作温度，延长其工作寿命等角度考虑，一般安装在回水管路上。

（三）热计量装置

1. 热计量装置的选型

无论是住宅建筑还是公共建筑，无论建筑物种采用何种热计量方式，其热力入口处应设置热计量装置——总热量表，作为房屋产权单位（物业公司）的住户结算时分摊热量费的依据。从防堵塞和提高计量的准确度等当面考虑，该表宜采用超声波型热量表。

2. 热计量装置的安装和维护

（1）热力入口装置中总热量表的流量传感器宜装在回水管上，以延长其寿命、降低故障、降低计量成本；进入热量计量装置流量计前的回水管上应设置滤网规格不宜小于60目过滤器。

（2）总热量表应严格按产品说明书的要求安装。

（3）对总热量表要定期进行检查维护。内容为：检查铅封是否完好；检查仪表工作是否正常；检查有无水滴落在仪表上，或将仪表浸没；检查所有的仪表电缆是否连接牢固可靠，是否因环境温度过高或其他原因导致电缆损坏或失效；根据需要检查、清洗或更换过滤器；检查环境温度是否在仪表使用范围内。

六、采暖系统试运转和调试监理控制要点

（一）采暖节能工程调试相关规定

现行国家标准《建筑给排水及采暖工程施工质量验收规范》GB 50242 就采暖节能工程调试质量作了以下规定：

1. 室内采暖系统水压试验及调试

（1）采暖系统安装完毕，管道保温之前应进行水压试验，试验压力应符合设计要求。当设计未注明时，应符合下列规定：

1）蒸汽、热水采暖系统，应以系统顶点工作压力加0.1 MPa作水压试验，同时，在系统顶点的试验压力不小于0.3 MPa。

2）高温热水采暖系统，试验压力应为系统顶点工作压力加0.4 MPa。

3）使用塑料管及复合管的热水采暖系统，应以系统顶点工作压力加0.2 MPa作水压试验，同时，在系统顶点的试验压力不小于0.4 MPa。

检验方法：使用钢管及复合管的采暖系统应在试验压力下10min内压力降不大于0.02 MPa，降至工作压力后检查，不渗、不漏；

使用塑料管的采暖系统应在试验压力下1h内压力降不大于0.05 MPa，然后降压至工作压力的1.15倍，稳压2h，压力降不大于0.03 MPa，同时各连接处不渗、不漏。

（2）系统试压合格后，应对系统进行冲洗并清扫过滤器及除污器。

检验方法：现场观察，直至排出水不含泥沙、铁屑等杂质，且水色不浑浊为合格。

（3）系统冲洗完毕应充水、加热，进行试运行和调试。

检验方法：观察、测量室温应满足设计要求。

2. 室外供热管网系统水压试验及调试

（1）供热管道的水压试验压力应为工作压力的1.5倍，但不得小于0.6 MPa。

检验方法：在试验压力下，10min 内压力降不大于0.05 MPa，然后降至工作压力下检查，不渗不漏。

(2) 管道试压合格后应进行冲洗。

检验方法：现场观察，以水色不浑浊为合格。

(3) 管道冲洗完毕应通水、加热、进行试运行和调试。当不具备加热条件时，应延期进行。

检验方法：测量各建筑物热力入口处供回水温度及压力。

(4) 供热管道作水压试验时，试验管道上的阀门应开启，试验管道与非试验管道应隔断。

检验方法：开启和关闭阀门检查。

(二) 系统试压

1. 试压程序

室内采暖系统的试压包括两方面，即一切需隐蔽的管道及附件在隐蔽前必须进行水压试验；系统安装完毕，系统的所有组成部分必须进行系统水压试验。前者称为隐蔽性试验，后者称为最终试验。两种试验均应做好水压试验及隐蔽验收记录，经试验合格后方可验收。室内采暖管道用试验压力 P_s 作强度试验，以系统工作压力 P 作严密性试验，其试验压力要符合表7-3 的规定。系统工作压力按循环水泵扬程确定，试验压力由设计确定，以不超过散热器承压能力为原则。

室内采暖系统试验压力 **表7-3**

管道类别	工作压力 P (MPa)	试验压力 P_s (MPa)	
		P_s	同时要求
低压蒸汽管道		顶点工作压力的2倍	底部压力不小于0.25
低温水及高压蒸汽管道	小于0.43	顶点工作压力+0.1	顶部压力不小于0.3
高温水管道	小于0.43	$2P$	—
	0.43~0.71	$1.3P+0.3$	—

2. 水压试验管路连接

(1) 根据水源的位置和工程系统情况，制定出试压程序和技术措施，再测量出各连接管的尺寸，标注在连接图上。

(2) 断管、套螺纹、上管件及阀件，准备连接管路。

(3) 一般选择在系统进户入口供水管的甩头处，连接至加压泵的管路。

(4) 在试压管路的加压泵端和系统的末端安装压力表及表弯管。

3. 灌水前的检查

(1) 检查全系统管路、设备、阀件、固定支架、套管等，必须安装无误，各类连接处均无遗漏。

(2) 根据全系统试压或分系统试压的实际情况，检查系统上各类阀门的开、关状态，不得漏检。

(3) 检查试压用的压力表灵敏度。

(4) 水压试验系统中阀门都处于全关闭状态，待试压中需要开启时再打开。

4. 水压试验

(1) 打开水压试验管路中的阀门，开始向供暖系统注水。

(2) 开启系统上各高处的排气阀，使管道及供暖设备里的空气排尽。待水灌满后，关闭排气阀和进水阀，停止向系统注水。

(3) 打开连接加压泵的阀门，用电动打压泵或手动打压泵通过管道向系统加压，同时拧开压力表上的旋塞阀，观察压力逐渐升高的情况，一般分2~3次升至试验压力。在此过程中，每加压至一定数值时，应停下来对管道进行全面检查，无异常现象方可再继续加压。

(4) 高层建筑其系统低点如果大于散热器所能承受的最大试验压力，则应分层进行水压试验。

(5) 试压过程中，用试验压力对管道进行预先试压，其延续时间应不少于10min。然后将压力降至工作压力，进行全面外观检查。检查中，在漏水或渗水的接口做上记号，便于返修。在5min内压力降不大于0.02MPa为合格。

(6) 系统试压达到合格验收标准后，放掉管道内的全部存水。不合格时，应待补修后再次按前述方法二次试压。

(7) 拆除试压连接管路，将入口处供水管用盲板临时封堵严实。

(三) 管道冲洗

为保证采暖管道系统内部清洁，在投入使用前应对管道进行全面的清洗或吹洗，以清除管道系统内部的灰、砂、焊渣等污物。此项工作是采暖施工过程的组成工序，是施工规范规定必须认真实施的施工技术环节。

1. 清洗前的准备工作

(1) 对照图纸，根据管道系统情况，确定管道分段吹洗方案，对暂不吹洗管段，通过分支管线阀门关闭。

(2) 不允许吹扫的附件，如孔板、调节阀、过滤器等应暂时拆下以短管代替；对减压阀、疏水器等，应关闭进水阀，打开旁通阀，使其不参与清洗，以防污物堵塞。

(3) 不允许吹扫的设备和管道，应暂时用盲板隔开。

(4) 吹出口的设置：气体吹扫时，吹出口一般设置在阀门前，以保证污物不进入关闭的阀体内；用水清洗时，清洗口设于系统各低点泄水阀处。

2. 管道的清洗方法

管道清洗一般按总管—干管—立管—支管的顺序依次进行。当支管数量较多时，可视具体情况，关断某些支管，逐根进行清洗，也可数根支管同时清洗。

确定管道清洗方案时，应考虑所有需清洗的管道都能清洗到，不留死角。清洗介质应具有足够的流量和压力，以保证冲洗速度；管道固定应牢固；排放应安全可靠。为增加清洗效果，可用小锤敲击管子，特别是焊口和转角处。

清（吹）洗合格后，应及时填写清洗记录，封闭排放口，并将拆卸的仪表及阀件复位。

(1) 水清洗

1) 采暖系统在使用前，应用水进行冲洗。冲洗水选用饮用水或工业用水。

2) 冲洗前，应将管道系统内的流量孔板、温度计、压力表、调节阀芯、止回阀芯等拆除，待清洗后再重新装上。

3) 冲洗时，以系统可能达到的最大压力和流量进行，并保证冲洗水的流速不小于

1.5m/s。冲洗应连续进行，直到排出口处水的色度和透明度与入口处相同，且无粒状物为合格。

（2）蒸汽吹洗

1）蒸汽管道应采用蒸汽吹扫。蒸汽吹洗与蒸汽管道的通汽运行同时进行，即先进行蒸汽吹洗，吹洗后封闭各吹洗排放口，随即正式通汽运行。

2）蒸汽吹洗应先进行管道预热。预热时，应开小阀门用小量蒸汽缓慢预热管道，同时检查管道的固定支架是否牢固，管道伸缩是否自如，待管道末端与首端温度相等或接近时，预热结束，即可开大阀门增大蒸汽流量进行吹洗。

3）蒸汽吹洗应从总汽阀开始，沿蒸汽管道中蒸汽的流向逐段进行。一般每一吹洗管段只设一个排汽口。排汽口附近管道固定应牢固，排汽管应接至室外安全的地方，管口朝上倾斜，并设置明显标记，严禁无关人员接近。

4）排汽管的截面积应不下于被吹洗管截面积的75%。

5）排汽管道吹洗时，应关闭减压阀、疏水器的进口阀，打开打开阀前的排泄阀，以排泄管作排出口，打开旁通管阀门，使蒸汽进入管道系统进行吹洗。

6）用总阀控制吹洗蒸汽流量，用各分支管上阀门控制各分支管道吹洗流量。

7）蒸汽吹洗压力应尽量控制在管道设计工作压力的75%左右，最低不能低于工作压力的25%。

8）吹洗流量为设计流量的40%～60%。每一排汽口得吹洗次数不应少于2次，每次吹洗15～20min，并按升温—暖管—恒温—吹洗的顺序反复进行。

9）蒸汽阀的开启和关闭都应缓慢，不应过急，以免引起水击而损伤阀件。

10）蒸汽吹洗的检验，可用刨光的木板至于排汽口处检查，以板上无锈点和赃物为合格。对可能留存污物的部位，应用人工加以清除。

11）蒸汽吹洗过程中不应使用疏水器来排除系统中的凝结水，而应使用疏水器旁通管疏水。

（四）通暖试运转及调试

1. 运转前的准备工作

（1）对采暖系统（包括锅炉房或换热站、室外管网、室内采暖系统）进行全面检查，如，工程项目是否全部完成，且工程质量是否达到合格；在试运行时各组成部分的设备、管道及附件、热工测量仪表等是否完整无缺；各组成部分是否处于运行状态（有无敞口处，阀件该关的是否都关闭严密，该开的是否开启，开度是否合适，锅炉的试运转是否正常，热介质是否达到系统运转参数等）。

（2）系统试运转前，应制定可行性试运转方案，且要有统一指挥，明确分工，并对参与试运转人员进行技术交底。

（3）根据运转方案，做好试运转前的材料、机具和人员的准备工作。水源、电源应能保证运转。通暖一般在冬季进行，对气温突变影响，要有充分地估计，加之系统在不断升压、升温条件下，可能发生的突然事故，均应有可行的应急预案。

（4）冬季气温低于－3℃时，通暖系统应采取必要的防冻措施，如封闭门窗及洞口；设置临时取暖措施，使室温保持在＋5℃左右；提高供、回水温度等。如室内采暖系统较大（如高层建筑），则通暖过程中，应严密监视阀门、散热器以至管道的通暖运行情况，必要时采取局部辅助升温（如喷灯烘烤）的措施，以严防冻裂事故发生；监视各手动排气装置，一旦满水，应有专人负责关闭。

（5）试运转的组织工作。在暖通试运转时，锅炉房内、各用户入口处应有专人负责操作与监控；室内采暖系统应分环路或分片包干负责。在试运转进入正常状态前，工作人员不得擅离岗位，且应不断巡视，发现问题应及时报告并迅速抢修。

为加强联系，便于统一指挥，在高层建筑通暖时，应配置必要的通信设备。

2. 暖通试运转

（1）对于系统较大、分支路较多并且管道复杂的采暖系统，应分系统通暖，通暖时应将其他支路的控制阀门关闭，打开放气阀。

（2）检查通暖支路或系统的阀门是否打开，如试暖人员少可分立管试暖。

（3）打开总入口处的回水管阀门，打开总入口的供水阀门，使热水在系统内形成循环，检查有无漏水处。

（4）冬季通暖时，刚开始应将阀门开小些，进水速度慢些，防止管子骤热而产生裂纹，管子预热后再开大阀门。

（5）如果散热器接头处漏水，可关闭立管阀门，待通暖后再进行修理。

3. 暖通后调试

（1）采暖系统安装完毕后，应在采暖期内分热源进行联合试运转和调试。联合试远转和调试结果应符合设计要求。采暖房间温度不得低于设计计划温度2℃，且不应高于1℃。

（2）通暖后调试的主要目的是使每个房间达到设计温度，对系统远近的各个环路应达到阻力平衡，即每个小环冷热均匀，如果近的环路过热，末端环路不热，可用立管阀门进行调整。对单管顺序式的采暖系统，如顶层过热，底层不热或达不到设计温度，可调整顶层闭合管的阀门；如各支路冷热不均匀，可用控制分支路的回水阀门进行调整；最终达到设计要求温度。在调试过程中，应测试热力入口处热媒的温度及压力是否符合设计要求。

（3）采暖系统工程竣工如果是在非采暖期即还不具备各热源条件时，施工单位和建设单位应在工程（保修）合同中进行约定，在具备热源条件后的第一采暖期间再补做联合试运转及调试。补做的联合试运转及调试报告应经监理工程师（建设单位代表）签字确认后，以补充完善资料。

七、平行检测项目和旁站监理控制要点

在采暖节能工程监理过程中除采用巡视检查的方法外，明确平行检测项目，并针对性的对关键工序进行旁站监理是重要的监理质量控制方法与措施。一般对于安装和施工质量，采用平行检测的监理方法，平行检测项目见表7-4；对于系统试压、冲洗与调试，采用旁站监理的方法，旁站监理项目见表7-5。

平行检测项目 **表7-4**

序 号	平行检测内容	检 测 方 法
1	系统制式	核对图纸，现场检查
2	散热设备、阀门、温度计、过滤器、仪表等安装数量、位置和方向、安装方式	核对图纸和技术文件，现场观察检查和统计

续表

序　号	平行检测内容	检 测 方 法
3	散热器外表面涂料	观察检查，核对出厂资料
4	保温层厚度	钢针刺入检查、尺量
5	系统运行后的房间温度	温度计测量

旁站监理项目　　**表 7-5**

序　号	旁站监理内容	旁 站 时 机
1	隐蔽工程	施工过程中
2	系统试压与冲洗	全过程
3	系统送暖调试	全过程

八、成品保护监理控制要点

(1) 安装好的管道不允许吊拉负荷，不准蹬、踩、爬或作脚手架的支撑。
(2) 管道装好后应把阀门、手轮、仪表卸下保护好，竣工时统一装好。
(3) 管道配件和设备应防止装修施工时污染毁坏。
(4) 散热器组对、试压后防止在搬运堆放中受损坏、生锈，未刷涂料前应防雨防锈。

第四节　采暖节能常见施工质量通病及预防措施

一、采暖节能系统安装质量通病和预防措施

采暖节能系统安装质量通病和预防措施如表 7-6 所示。

采暖节能系统安装质量通病和预防措施　　**表 7-6**

项目	质量通病	原 因 分 析	预 防 措 施
管道在施工中产生堵塞	管道产生堵塞是常见的质量问题，也是影响采暖系统正常运转的因素之一，特别在压力较高的管道中还有一定的危险	(1) 在进行管道安装时，由于管口封堵不及时或封堵不严，使杂物进入管道而堵塞； (2) 在进行管道安装时，由于采用气割方式割口，熔渣落入管内未及时取出而堵塞； (3) 在进行管道焊接时，由于对口间隙过大，焊渣流入管内，聚集在一起堵塞管道； (4) 在管道加热弯管时，残留在管内的砂子未清理干净，使砂子集在一起堵塞管道； (5) 铸铁炉片内的砂子未清理干净，通水后流入管道而产生堵塞； (6) 供热管道安装完毕后，系统没有按规定要求进行吹（洗），管内污物没有排出； (7) 由于安装不合格，阀门的阀芯自阀杆上脱落，使管道堵塞	(1) 在进行管道安装时，应随时将管口封堵，特别是立管更应及时堵严，以防止交叉施工时异物落入管内； (2) 管道安装尽量不采用气焊割口，如必须采用这种方法时，必须及时将割下的熔渣清出管道； (3) 管道的焊接无论采用电焊或气焊，均应保持合格的对口间隙； (4) 当管道采用灌砂方法加热弯管时，弯管后必须彻底清除管内的砂子； (5) 铸铁炉片在进行组对前，应经敲打清除炉片内翻砂时残留的砂子，并认真检查是否清除干净； (6) 采暖系统安装完毕后，应按要求对系统用压缩空气吹污，或打开泄水阀用水冲洗，以清除系统内的杂物； (7) 在开启管道系统内的阀门时，应当通过手感判断阀芯是否旋启，如果发现阀芯脱落，应拆下修理或更换

续表

项目	质量通病	原因分析	预防措施
采暖干管安装	(1) 干管坡度不均匀或倒坡，影响水、汽正常循环，致使管道局部不热； (2) 干管甩口位置不合理，造成干管与立管的连接不直； (3) 管道支、吊架位置不合理，造成管道局部塌腰，影响伸缩； (4) 异物或铁锈堵塞干管阀门、弯头等处； (5) 水平管变径不合理，焊接变径处，不符合偏心焊接要求，变径位置不对	(1) 管道安装前未调直，局部有折弯； (2) 干管安装后又开口，接口以后不调直，或吊卡松紧不一致； (3) 支、托、吊架间距过大； (4) 试压及调试时管道掉入异物而堵塞。管道除锈、防腐、清理灰浆不彻底，防腐、漆面的遍数不够，以及局部漏刷； (5) 水平管变径、偏心焊接不符合施工质量验收规范要求，变径位置不正确	(1) 干管安装严格控制坡度，管道穿过多道隔墙时其坡度、标高要准确； (2) 保证干管甩口位置准确，必须在现场实测，弹出墨线，按线安装； (3) 管子安装前应先调直，支、吊架间距要合理，固定支架位置要准确，安装要牢固； (4) 管道安装前要认真清洗内壁，甩口处随安装将甩口临时封堵； (5) 管道变径处的连接要合理；注意阀门安装方向正确
采暖立管安装	(1) 立管与干管接管方式不正确，影响立管自由伸缩，致使立管变形或热媒流量减少； (2) 由于立管甩口与暖气散热器连接接口位置不准确，支管坡度不准，甚至倒坡，影响供暖	(1) 螺纹连接时，管子丝扣旋入管件太多； (2) 干管与立管焊接连接时，干管开孔后没有制作“管颈”，直接将立管插入孔中； (3) 管道坡向不利于散热器排气和泄水	(1) 从干管往下连接立管时，应遵照规范的连接方式连接； (2) 立管的甩口开档尺寸要适合支管坡度要求； (3) 为了减少地面标高偏差的影响，散热器尽量挂装
散热器组对	(1) 片式散热器组对后漏水；散热器表面及内部清砂不净，影响使用； (2) 散热器组对时，对口不平，对丝、补心及丝堵的螺纹不规整； (3) 选用衬垫不符合介质要求	(1) 散热器组对完成后未进行水压严密性试验； (2) 未用钢刷除净对口及内丝等处的铁锈； (3) 组对时未两人操作或两人操作不符合组对工艺； (4) 垫片材质未采用石棉橡胶垫片或未用机油浸泡	(1) 散热器在组对前应进行外观检查，选用合格的进行组对； (2) 散热器组对后，应按规范要求进行单组水压试验，发现渗漏及时修理； (3) 使用的衬垫应符合介质要求，衬垫要放正； (4) 多片散热器搬运时宜立放，以免接口处受损，造成漏水
散热器安装	(1) 散热器安装不牢固，托钩的数量和位置不符合规定要求。托钩栽入墙内深度不够，填洞不严实； (2) 散热器安装距墙面间距不符合规定要求； (3) 落地安装带腿暖器片着地不实、不稳	(1) 散热器就位固定采用挂钩或专门支座，安装完毕未用水平尺检查水平度、垂直度、中心线和高度等； (2) 散热器背面与墙面距离，安装时未考虑装饰层的厚度； (3) 散热器片落地未采用固定措施	(1) 托钩的数量及位置应符合规定要求，托钩栽入深度和回填堵洞应密实； (2) 散热器安装要保障距墙间距，在栽埋托钩时计算好，装好散热器位置为准进行配管连接； (3) 带腿炉片均应着地，可用铅垫垫牢

二、采暖节能系统调试或运行管理质量通病和预防措施

采暖节能系统调试或运行管理质量通病和预防措施如表7-7所示。

采暖节能系统调试或运行管理质量通病和预防措施 表7-7

序号	质量通病	原因分析	预防措施
1	采暖系统渗漏或导致系统不利点不热	水压强度试验、严密性试验部位不全，有漏试区段或系统，运行后系统渗漏，导致不热	（1）对于高层建筑采暖系统，应分系统、分区域、分楼层进行；填写压力试验记录表； （2）水压升至试验压力，稳压10min后，压力降不大于0.02MPa，然后降至工作压力，进行全面巡视检查，对渗水、漏水和滴水处做上记号，进行整改
2	采暖系统操作维修不便或不当，系统不热	（1）采暖房间温控装置被遮挡； （2）水力平衡装置因安装空间狭小而无法调节； （3）热力入口装置安装空间狭窄，过滤器和阀门无法操作，热计量装置、温度计和压力表难以读取数据； （4）热力入口装置不起过滤、计量和水力平衡功能； （5）散热器安装在装修罩内，散热量大幅度减少，传热损失大大增加，且影响温控阀的正常工作和功能	（1）协调建筑与装修设计，保证采暖系统温控装置、水力平衡装置等设备有足够的安装空间； （2）合理安排热力入口装置的设备、管线综合布置，保证设备运行、维护空间； （3）采暖系统初调节与试运转时，做好调试过程和数据记录，出具调试报告，合格后方可交付使用，运行期间，熟练的专业工人和技术人员进行维护管理； （4）散热器移出装修罩；未经专业人员设计，不擅自装修遮盖散热器
3	热力入口以外的缺陷引起用户系统不热	（1）管道保温不好，保温材料和保温厚度不符合要求或遭水浸渍、遭破坏； （2）增加了新的用户，热负荷超过设计值，引起原用户供热量不足； （3）初调节受到人为破坏，热力入口处阀门开启度发生变化，破坏系统水力工况； （4）用户系统空气滞留引起。集气罐安装和操作不当；管道或散热器中有气囊；充水过快造成空气未完全排出	（1）保温材料选用湿阻因子指标合格的防水产品，或防止保温材料被水浸渍，定期巡检保温层； （2）增加新的用户时，根据实际热负荷计算须增加的供热量，并重新调试； （3）防止非专业人员调节热力入口装置，定期巡检； （4）集气罐对产生局部阻力的部位保持500~800mm的距离，当集气罐排气管较长时，排气管向外流水时不应立即关闭，集气罐顶部集有空气； （5）消除气囊产生条件

第五节　采暖节能施工质量监理验收

一、检验批划分规定

采暖系统节能工程的验收应根据工程的实际情况，结合本专业特点，可以按采暖系统节能分项工程进行验收。对于规模比较大的，也可分为若干个检验批进行验收，可分别按系统、楼层划分检验批进行验收：

（1）对于设有多个采暖系统热力入口的多层建筑工程，可以按每个热力入口作为一个

检验批进行验收。

（2）对于垂直方向分区供暖的高层建筑采暖系统，可按照采暖系统不同的设计分区分别进行验收。

（3）对于系统大且层数多的工程，可以按5~7层作为一个检验批进行验收。

二、隐蔽工程验收

采暖管道及配件等，被安装于封闭的部位或直接埋地时，均属于隐蔽工程。在结构进行封闭之前，必须对隐蔽工程的施工质量进行验收。对采暖管道应进行水压试验，如有防腐及保温施工的，则必须在水压试验合格且得到现场监理人员认可的合格签证后，方可进行。否则，不得进行保温、封闭作业和进入下道隐蔽工程的施工。必要时，应对隐蔽工程的施工情况进行拍照或录像并存档，以便于质量验收和追溯。

对隐蔽工程的验收，是由建设单位、监理及施工方共同参加的对于节能有关的施工工程隐蔽之前进行的检查，是在施工方自检的基础上，由施工方对自己所施工的隐蔽工程质量做出合格判断后所进行的工作。因此，对隐蔽工程的验收，不能在没有通过施工方自检达到合格之前，就邀请其他方进行验收检查。施工方应对隐蔽工程的自检情况做好记录，以备验收时核查。

隐蔽工程的检查验收，可分为以下几方面的内容：

（1）对暗埋或敷设于沟漕、管井、吊顶内及不进人的设备层内的采暖管道和相关设备，应检查管材、管件、阀门、设备的材质与型号、安装位置、标高、坡度；管道连接做法及质量；附件的使用，支架的固定，防腐处理，以及是否已按设计要求及规范验收规定完成强度、严密性、冲洗等试验。管道安装验收合格后，再对保温情况做隐蔽验收。

（2）对直埋于地下或垫层中的采暖管道，在保温层、保护层完成后，所在部位进行回填之前应进行隐检，检查管道的安装位置、标高、坡度，支架做法；保温层、防潮层及保护层设置，水压试验结果及冲洗情况。

（3）对于低温热水地面辐射供暖系统的地面防潮层和绝热层在铺设管道前，还要单独进行隐蔽检查验收。

三、采暖节能工程施工质量标准

（一）采暖节能分项工程质量的主控项目

（1）采暖系统节能工程采用的散热设备、阀门、仪表、管材、保温材料等产品进场时，应按设计要求对其类型、材质、规格及外观等进行验收，并经监理工程师（建设单位代表）检查认可，且形成相应的验收记录。各种产品和设备的质量证明文件和技术资料应齐全，并应符合国家现行有关标准和规定。

1）检验方法：观察检查；核查质量证明文件和相关技术资料。

2）检查数量：全数检查。

（2）采暖系统节能工程采用的散热器和保温材料等进场时，应对其下列技术性能参数进行复验，复验应为见证取样送检：

1）散热器的单位散热量、金属热强度；

2）保温材料的热导率、密度、吸水率。

①检验方法：现场随机抽样送检；核查复验报告。

②检查数量：同一厂家、同材质、同规格的散热器，按其数量500组及以下时，各抽检2组，500组以上时，各抽检3组；由同一施工单位施工的同一建设单位的多个单位工程（群体建筑），当使用同一生产厂家、同材质、同规格、同批次的散热器时，可合并计算按每10万m^2建筑各抽检3组。

同一厂家同材质的保温材料见证取样送检的次数不得少于2次。

（3）采暖系统的安装应符合下列规定：

1）采暖系统的制式，应符合设计要求；

2）散热设备、阀门、过滤器、温度计及仪表应按设计要求安装齐全，不得随意增减和更换；

3）室内温度调控装置、热计量装置、水力平衡装置以及热力入口装置的安装位置和方向应符合设计要求，并便于观察、操作和调试；

4）温度调控装置和热计量装置安装后，采暖系统应能实现设计要求的分室（区）温度调控、分栋热计量和分户或分室（区）热量费分摊的功能。

①检验方法：观察检查。

②检查数量：全数检查。

（4）散热器及其安装应符合下列规定：

1）每组散热器的规格、数量及安装方式应符合设计要求；

2）散热器外表面应刷非金属性涂料。

①检验方法：观察检查。

②检查数量：按散热器组数抽查5%，不得少于5组。

（5）散热器恒温阀及其安装应符合下列规定：

1）恒温阀的规格数量应符合设计要求；

2）明装散热器恒温阀不应安装在狭小和封闭空间，其恒温阀阀头应水平安装，且不应被散热器、窗帘或其他障碍物遮挡；

3）暗装散热器的恒温阀应采用外置式温度传感器，并应安装在空气流通且能正确反映房间温度的位置上。

①检验方法：观察检查。

②检查数量：按总数抽查5%，不得少于5个。

（6）低温热水地面辐射供暖系统的安装除了应符合《建筑给排水及采暖工程施工质量验收规范》GB 50242—2002中第9.2.3条的规定外，尚应符合下列规定：

1）防潮层和绝热层的做法及绝热层的厚度应符合设计要求；

2）室内温控装置的传感器应安装在避开阳光直射和有发热设备且距地1.4m处的内墙面上。

①检验方法：防潮层和绝热层隐蔽前观察检查；用钢针刺入绝热层、尺量；观察检查、尺量室内温控装置传感器的安装高度。

②检查数量：防潮层和绝热层按检验批抽查5处，每处检查不少于5点，温控装置按每个检验批抽查10个。

（7）采暖系统热力入口装置的安装应符合下列规定：

1）热力入口装置中各种部件的规格、数量应符合设计要求；

2）热计量装置、过滤器、压力表、温度计的安装位置、方向应正确，并便于观察、维护；

3）水力平衡装置及各类阀门的安装位置、方向应正确，并便于操作和调试。安装完毕后，应根据系统水力平衡要求进行调试并做出标志。

①检验方法：观察检查；核查进场验收记录和调试报告。

②检查数量：全数检查。

（8）采暖管道保温层和防潮层施工应符合下列规定：

1）保温材料的燃烧性能、材质、规格及厚度等应符合设计要求；

2）保温管壳的粘贴应牢固、铺设应平整；硬质或半硬质的保温管壳每节至少应用防腐金属丝、难腐织带或专用胶带进行捆扎或粘贴 2 道，其间距为 300～350mm，且捆扎、粘贴应紧密，无滑动、松弛及断裂现象；

3）硬质或半硬质保温管壳的拼接缝隙不应大于5mm，并用粘结材料勾缝填满；纵缝应错开，外层的水平接缝应设在侧下方；

4）松散或软质保温材料应按规定的密度压缩其体积，疏密应均匀；毡类材料在管道上包扎时，搭接处不应有空隙；

5）防潮层应紧密贴在保温层上，封闭良好，不得有虚粘、气泡、褶皱、裂缝等缺陷；

6）防潮层的立管应由管道的低端向高端敷设，环向搭接缝应朝向低端；纵向搭接缝应位于管道的侧面，并顺水；

7）卷材防潮层采用螺旋形缠绕的方式施工时，卷材的搭接宽度宜为30～50mm；

8）阀门及法兰部位的保温层结构应严密，且能单独拆卸并不得影响其操作功能。

①检验方法：观察检查；用钢针刺入保温层、尺量。

②检查数量：按数量抽查 10%，且保温层不得少于 10 段，防潮层不得少于 10m，阀门等配件不得少于 5 个。

（9）采暖系统应随施工进度对与节能有关的隐蔽部位或内容进行验收，并应有详细的文字记录和必要的图像资料。

1）检验方法：观察检查；核查隐蔽工程验收记录。

2）检查数量：全数检查。

（10）采暖系统安装完毕后，应在采暖期内与热源进行联合试运转和调试。联合试运转和调试结果应符合设计要求，采暖房间温度不得低于设计计算温度 2℃，且不应高于设计值 1℃。

1）检验方法：检查室内采暖系统试运转和调试记录。

2）检查数量：全数检查。

（二）采暖节能分项工程质量的一般项目

采暖系统过滤器等配件的保温层应密实、无空隙，且不得影响其操作功能。

（1）检验方法：观察检查。

（2）检查数量：按类别数量抽查 10%，且均不得少于 2 件。

四、采暖节能工程施工质量验收

1. 验收一般规定

采暖系统节能工程的验收可按系统、楼层等进行，并应符合《建筑节能工程施工质量验收规范》GB 50411 第 3. 4. 1 条的规定。

2. 隐蔽工程验收

采暖系统应随施工进度对与节能有关的隐蔽部位或内容进行验收，并应有详细的文字记录和必要的图像资料。

检验方法：观察检查；核查隐蔽工程验收记录。

3. 检查数量：全数检查。

第八章　通风与空调节能质量监理控制

第一节　通风与空调节能工程概述

一、通风与空调系统的作用与组成

“通风”是使工作人员具有良好的工作和劳动条件，使生产能正常运行和保证产品质量，延长机械设备和使用年限，提高劳动生产率，加速经济增长速度，这就是通风的意义及其重要性。通风主要是利用自然通风或机械通风的方法为某房间提供新鲜空气，满足室内人员稀释有害气体的浓度，并不断排出有害物质及气体的方式。

空气调节简称空调，主要通过空气处理，向房间送入净化的空气，并通过空气的过滤净化、加热、冷却、加湿、去湿等工艺过程满足人及生产的要求，对温度及湿度能实行控制，并提供足够的净化新鲜空气量。空气调节过程是在建筑物封闭状态下来完成的，采用人工的方法，创造和保持一定要求的空气环境。

通风和空调系统由通风系统和空调系统组成，通风与空调工程主要包括：送排风系统、防排烟系统、防尘系统、空调系统、净化空气系统、制冷设备系统、空调水系统七个子分部工程。通风系统由送排风机、风道、风道部件、消声器等组成。空调系统由空调冷热源、空气处理机、空气输送管道输送与分配，以及空调对室内温度、湿度、气流速度及清洁度的自动控制和调节等组成。

通风系统的主要功能是送排风，例如防排烟系统、正压送风系统、人防通风系统、厨房排油烟、卫生间排风等，通过风管和部件连接，采取防振消声等措施达到除尘、排毒、降温的目的。空调系统的主要功能是通过空气处理，实现送排风、制冷、加热、加湿、除湿、空气净化等项目，提高空气品质，满足室内对温度、湿度、气流速度及清洁度的要求。

二、通风与空调系统节能工程

通风与空调系统节能工程可以分为系统制式、通风与空调设备、阀门与仪表、绝热材料与系统调试等几个验收内容。其中通风系统是指包括风机、消声器、风口、风管、风阀等部件在内的整个送、排风系统；空调系统包括空调风系统和空调水系统，空调风系统是指包括空调末端设备、消声器、风管、风阀、风口等部件在内的整个空调送、回风系统，空调水系统是指除了空调冷热源和其他辅助设备与管道及室外管网以外的空调水系统。

为保证通风与空调节能工程中送、排风系统及空调风系统、空调水系统具有节能效果，首先要求工程设计人员将其设计成为具有节能功能的系统形式，并在各系统中要选用节能设备和设置一些必要的自控阀门与仪表；其次在设备、自控阀门与仪表进场时，对其热工等技术性能参数进行核查，许多事实表明，许多空调工程，由于所选用空调末端设备的冷量、热量、风量、风压及功率高于或低于设计要求，从而造成了空调系统能耗或空调效果差等不良后果；风机是空调与通风系统运行的动力，如果选择不当，就有可能加大其动力和单位风量的耗功量，造成能源浪费；另外，在空调系统中设置自控阀门与仪表，是实现系统节能运行的必要条件，工程实践表明，许多工程为了降低造价，不考虑日后的节能运行和减少运行费用等问题，未经设计人员同意，就擅自去掉一些自控阀门与仪表，或将自控阀门更换为不具备主动节能的手动阀门等，最终导致了空调系统无法进行节能运行，消耗及运行费用大大增加；还有，风管系统制作和安装的严密性，风管和管道、设备绝热保温措施，防冷（热）桥措施等措施的有效性等都会对空调风系统的节能造成明显的影响。最后，需要强调的是，通风与空调系统节能工程完成后，为了达到系统正常运行和节能的预期目标，规定必须进行通风空调设备的单机试运转调试和系统联动调试，其调试结果是否符合设计的预定参数要求直接关系到系统日后正常运行的节能效果。

因此，在通风与空调工程实施中，监理人员应紧紧围绕上述几个方面的特点，运用质保资料审查、材料见证取样复试、施工过程抽查实测、调试过程旁站监督、隐蔽工程验收签证等监理手段，对系统节能施工质量进行严格监督，以取得良好的节能控制效果。

第二节 通风与空调节能材料设备质量及验收

一、通风与空调节能设备技术性能参数核查与验收

通风与空调系统节能工程所使用的材料、设备、部件等产品，其类型、材质、规格、性能及外观质量等，必须符合设计要求。

按设计要求和现行国家产品标准规定，监理应认真核查下列产品的技术性能参数。

（1）组合式空调机组、柜式空调机组、新风机组、单元式空调机组等空调设备的冷量、热量、风量、风压及功率。

（2）热回收装置的额定热回收效率应符合设计要求。如果设计无特殊规定，应符合表8-1的规定。

热回收效率的规定 表8-1

类型	热交换效率（%）	
	制冷	制热
焓效率	50	55
温度效率	60	65

注 1. 效率计算条件：表8-2规定的工况，且新风与排风量相等；
2. 焓效率适用于全热交换装置，温度效率适用于显热交换装置。

（3）风机的风量、风压、功率及其单位风量耗功率见表8-2；其中，风机单位风量耗功率限值，如设计中无特殊规定应符合表8-3中的规定。

机组名义值测试工况　　表 8-2

序号	项　　目	排风进风		新风进风		风量	静压
		干球温度(℃)	湿球温度(℃)	干球温度(℃)	湿球温度(℃)		
1	风量、输入功率	14～27	★	14～27	★	*	*
2	静压损失、出口静压	14～27	★	14～27	★	*	*
3	热交换效率（制冷工况）	27	19.5	35	28	*	*
4	热交换效率（制热工况）	21	13.0	5	2	*	*

注：*表示名义值；★表示无规定值。

风机单位风量耗功率限值［W/（m^3/h）］　　表 8-3

系统形式	办公建筑		商业、旅馆建筑	
	粗效过滤	粗、中效过滤	粗效过滤	粗、中效过滤
两管制定风量系统	0.42	0.48	0.46	0.52
四管制定风量系统	0.47	0.53	0.51	0.58
两管制变风量系统	0.58	0.64	0.62	0.68
四管制变风量系统	0.63	0.69	0.67	0.74
普通机械通风系统	0.32			

注：1. 普通机械通风系统中不包括厨房等急需要特定过滤装置的房间的通风系统；
2. 严寒地区增设预热盘管时，单位风量耗功率可增加 0.035［W/（m^3/h）］；
3. 当空气调节机组内采用湿膜加湿方法时，单位风量耗功率可增加 0.053［W/（m^3/h）］。

（4）对成品风管的技术性能参数进行控制。

（5）对自控阀门与仪表的技术性能参数进行控制。

（6）对风机盘管机组的冷量、热量、风量、出口静压、噪声及功率等进行控制。

（7）对绝热材料的热导率、密度和吸水率等性能指标进行控制。

二、风机盘管机组与绝热材料复验

为了确保用于通风与空调节能工程材料及设备的质量，在材料及设备进场后要进行复验，复核是否符合设计要求和规范规定。复验应该见证取样，根据通风与空调节能工程的实际要求，进场材料进行复验的是保温材料，进场设备进行复验的是风机盘管机组、多联式空调（热泵）机组。进场应进行复验的材料及设备见表 8-4。

进场应进行复验的材料及设备　　表 8-4

序号	进场应进行复验的材料及设备名称	进行复验的指标与性能	应当抽检比例
1	保温材料	导热系数、材料表观密度、吸水率	同一厂家同材质不得少于 2 次
2	风机盘管机组	供冷量、供热量、风量、出口静压、噪声及功率	同一生产厂家的风机盘管机组，总台数在 500 台及以下时，抽检 2 台；500 台上时抽检 3 台。由同一施工单位施工的同一建设单位的多个单位工程（群体建筑），当使用同一生产厂家的风机盘组，可合并计算按每 10 万 m^2 抽检 3 组

续表

序号	进场应进行复验的材料及设备名称	进行复验的指标与性能	应当抽检比例
3	多联式空调（热泵）机组室内机和室外机	供冷量、供热量、风量、出口静压、噪声及功率	同一生产厂家的多联式空调（热泵）机组室内机，总台数在500台及以下时，抽检2台；500台以上时抽检3台。由同一施工单位施工的同一建设单位的多个单位工程（群体建筑），当使用同一生产厂家的多联式空调（热泵）机组室内机，可合并计算按每10万m^2抽检3组。多联式空调（热泵）机组室外机按室外机总台数复验5%，但不得少于1台

第三节　通风与空调节能工程施工质量监理控制要点

一、材料、设备、部件等产品质量监理控制要点

（一）通风与空调设备产品质量监理控制要点

1. 材料（设备）质量

（1）设备应有装箱清单、设备说明书、产品合格证书和产品性能检测报告等随机文件，进口设备还应具有商检部门检验合格的证明文件。

（2）安装过程中所使用的各类型材、垫料、五金用品应有出厂合格证或有关证明文件。外观检查无严重损伤及锈蚀等缺陷。法兰连接使用的垫料应按照设计要求选用，并满足防火、防潮、耐腐蚀性能的要求。

（3）设备地脚螺栓的规格、长度以及平、斜垫铁的厚度、材质和加工精度应满足设备安装要求。

（4）设备安装所采用的减震振器或减振震垫的规格、材质和单位面积的承载率应符合设计和设备安装要求。

（5）通风机的型号、规格应符合设计规定和要求，其出口方向应正确。

2. 进场验收

（1）应按装箱清单核对设备的型号、规格及附件数量。

（2）设备的外形应规则、平直、圆弧形表面应平整无明显偏差，结构应完整。焊缝应饱满，无缺损和孔洞。

（3）金属设备的构件表面应作除锈和防腐处理，外表面的色调应一致，且无明显的划伤、锈斑、伤痕、气泡和剥落现象。

（4）非金属设备的构件材质应符合使用场所的环境要求，表面保护涂层应完整。

（5）通风机运抵现场应进行开箱检查，必须有装箱清单、设备说明书、产品质量合格证书和产品性能检测报告等随机文件，进口设备还应具备商检合格的证明文件。

（6）设备的进出口应封闭良好，随机的零部件应齐全无缺损。

（二）空调制冷系统设备质量监理控制要点

1. 材料（设备）质量

（1）制冷设备、制冷附属设备的型号、规格和技术参数必须符合设计要求，并具有产品合格证书、产品性能检验报告。

（2）所采用的管道和焊接材料应符合设计规定，并具有出厂合格证明或质量鉴定文件。

（3）制冷系统的各类阀门必须采用专用产品，并有出厂合格证。

（4）铜管内外壁均应光洁，无疵孔、裂缝、结疤、层裂或气泡等缺陷。管材不应有分层，管子端部应平整无毛刺。铜管在加工、运输、储存过程中应无划伤、压入物、碰伤等缺陷。

（5）管道法兰密封面应光洁，不得有毛刺及径向沟槽，带有凹凸面的法兰应能自然嵌合，凸面的高度不得小于凹槽的深度。

（6）螺栓及螺母的螺纹应完整，无伤痕、毛刺、残断丝等缺陷。螺栓与螺母应配合良好，无松动或卡涩现象。

（7）非金属垫片，如石棉橡胶板、橡胶板等应质地柔韧，无老化变质或分层现象，表面不应有折损、皱纹等缺陷。

2. 进场验收

（1）根据设备装箱清单说明书、合格证、检验记录和必要的装配图及其他技术文件，监理应核对型号、规格以及全部零件、部件、附属材料和专用工具。

（2）检查主体和零、部件等表面有无缺损和锈蚀等情况。

（3）设备填充的保护气体应无泄漏，油封应完好。开箱检查后，设备应采取保护措施，不宜过早或任意拆除，以免设备受损。

（三）绝热材料质量监理控制要点

1. 绝热材料的选择

绝热材料的选择宜选用成型制品，其性能应具备导热系数小、吸水性小、密度小、强度高，允许使用温度高于设备或管道内热介质的最高运行温度，阻燃、无毒等性能。对于内绝热的材料除上述要求外，还应具有灭菌性能，并且价格合理、施工方便。对于需要经常维护、操作的设备和管道附件，应采用便于拆装的成型绝热结构。

（1）技术性能要求：绝热材料的选择要满足设计文件上的技术参数。

（2）消防规范防火性能的要求：根据工程类别选择不燃或难燃材料，当工程选用绝热材料为难燃材料时，必须对其难燃性能进行检验，合格后方可使用。

（3）为了防止电加热器可能引起保温材料的燃烧，电加热器前后 800mm 风管的绝热必须使用不燃材料。

（4）为了杜绝相邻区域发生火灾而通过风管或管道外的绝热材料成为传递的通道，凡穿越防火隔墙两侧 2m 范围内风管、水管的绝热必须使用不燃材料。

（5）绝热材料选择要符合上述设计参数和消防规范防火性能的要求外，还要注意影响绝热质量的因素。

（6）采用散材时监理要根据材料出场合格证书或实验报告核对以下内容：

1）颗粒的粒度（%）；

2）密度（kg/m^3）；

3）含水率（%）；

4）导热系数［W/（m·K）］。

（7）采用板、块材、卷材时监理要根据材料出厂合格证书或实验报告核对以下内容：

1）密度（kg/m^3）；

2）棉的纤维平均直径（um）；

3）棉的渣球含量（%）；

4）含水率（%）；

5）导热系数［W/（m·K）］；

6）强度；

7）几何尺寸（长、宽、厚度）及物理性能的极限偏差是否在规定的范围内。

2. 附属材料的选用

（1）玻璃丝布不要选择太稀松，经向和纬向密度（纱根数/cm）要满足设计要求。

（2）保温钉、胶粘剂等附属材料均应符合防火、环保要求，并要与绝热材料相匹配，不可产生溶蚀现象。

（3）胶粘剂、防火涂料必须是在保质期内的合格品。

3. 材料进场检验及保管

（1）材料进场时，监理要严格执行验收标准，检查材料出场合格证，消防检测报告等资料。

（2）现场可进行测量的项目，如规格、厚度按规定数量进行观察抽检，对可燃性进行点燃试验。

（3）绝热主材应放在干燥的场所妥善保管，材料堆放下面要垫高，码放要整齐，要有防水、防潮、防挤压变形（成型制品）措施。

二、通风与空调节能工程施工过程质量监理控制要点

（一）风管制作与安装质量监理控制要点

1. 风管制作质量监理控制要点

（1）风管材料、品种、规格、性能断面尺寸和厚度等应符合设计和现行国家产品标准的规定。当设计无规定时，应按《通风与空调工程施工质量验收规范》GB 50243—2002执行。

（2）风管连接的咬口形式应符合规范规定。

（3）防火风管的本体、框架与固定材料、密封垫料必须为不燃材料，其防火等级应符合设计的规定。

（4）复合材料风管的覆面材料必须为不燃材料，且内部的绝热材料应为不燃或难燃B1级，且对人体无害的材料。

（5）风管必须通过工艺性的检测或验证，其强度和严密性要求应符合设计或下列规定：

①风管的强度应能满足在1.5倍工作压力下接缝处无开裂。

②矩形风管的允许漏风量应符合以下规定：

低压系统风管 $Q_L \leqslant 0.1056P^{0.65}$

中压系统风管 $Q_M \leqslant 0.0352P^{0.65}$

高压系统风管　$Q_H \leqslant 0.0117P^{0.65}$

式中 Q_L、Q_M、Q_H——系统风管在相应工作压力下，单位面积风管单位时间内允许漏风量 $[m^3/(h \cdot m^2)]$；

P——指风管系统的工作压力（Pa）。

检验数量：按风管系统类别（高、中、低压）与材质分别抽查，不得少于3件或15m²。

检查方法：检查测试报告或按照《通风与空调工程施工质量验收规范》GB 50243—2002附录A规定的测试方法进行漏风量测试，应达到规定的标准。

2. 风管安装质量监理控制要点

（1）在风管安装的过程中，监理要按照有关规定检查风管与部件、风管与土建风道以及风管间的连接严密性和牢固性是否符合规范的要求。

（2）风管安装完毕后，监理应认真进行风管系统漏风量检验，并应符合以下规定：

1）低压系统风管的严密性检验采用抽检方式，抽检率为5%，且不得少于1个系统。在加工工艺得到保证的前提下，可采用漏光法检测。当检测不合格时，应按规定的抽检率做漏风量测试。

2）中压系统风管的严密性检验应在漏光法检测合格后，对系统漏风量进行抽检，抽检率为20%，且不得少于1个系统。

3）高压系统风管的严密性检验应为全数对系统漏风量进行测试。

4）系统风管严密性检验的被抽检系统如全数合格，则视为通过；如有不合格时，则应加倍进行抽检，直至全数合格。

5）净化空调系统风管的严密性检验，1~5级的系统均按高压系统风管的规定执行，6~9级按系统的实际压力等级情况执行。

（3）为确保节能效果符合设计要求，监理要认真检查绝热风管与金属支架间、复合风管及需要绝热的非金属风管的连接、内部支撑以及支撑加固等处的防热桥措施。

（4）风管与部件进行安装时，应采取减少阻力损失的控制措施。在风管中采取减少阻力损失的控制措施主要有以下几个方面：

1）当采用矩形风管时，其宽高比一般不宜大于4，在特殊情况下最大也不超过10。

2）风管弯头曲率半径过小或采用直角弯头时，管内应设置导流叶片，以防止形成不利的风势，造成对风管的损伤。

3）风管需要改变其直径时，应将变径处做成渐扩或渐缩形，其每边的扩大收缩角度不宜大于30°。

4）风管改变方向、变径及分路时，不应过多使用矩形箱式管件代替弯头、渐扩管、三通等管件；必须使用分配气流的静压箱时，其断面风速不宜大于1.5m/s。

5）弯头、三通、调节阀、变径管等管件之间的间距，一般应当保持5~10倍管径长的直管段。

6）风机入口与风管连接，应有大于风口直径的直管段，当弯头与风机入口距离过近时，应在弯头内加导流片。

7）风管与风机出口连接：在靠近风机出口处的转弯应和风机的旋转方向一致，风机出口到转弯处的距离宜有不小于3D（D为风机入口的直径）的直管段。

（二）风系统节能的质量监理控制要点

1. 监理应检查风系统制式的相符性

（1）空调送风系统一般宜采用单风道系统，以利于节能。

（2）风系统除了有严格的温度和湿度精度要求外，在同一空气处理系统中，不应当同时有加热和冷却的过程。

（3）在人员密度相对较大且变化较大的房间，宜采用新风需求制式控制。即在不能利用新风作为冷源的季节，根据室内二氧化碳（CO_2）浓度检测值增加或减少新风量，在二氧化碳（CO_2）浓度符合卫生标准的前提下，减少新风冷热负荷。

（4）建筑顶层或者吊顶上部存在较大发热量或者吊顶空间距离较大时，不宜直接从吊顶进行回风。

（5）空气调节风系统不应将土建风道作为空气调节系统的送风道，也不应作为经过冷、热处理后的新风的送风道。

2. 风系统自控阀门与仪表控制

（1）风系统的送风机与新风、回风电动阀能够连锁运行，并且运行正常。

（2）当风系统在进行停机时，回风阀全部开启，新风阀全部关闭。

（3）防火系统和风机能够连锁运行，当发生火警时，空调机能自动停机。

（4）风系统中的风机与冷冻水阀能够连锁运行，当风机停止时，冷冻水阀能自动关闭。

（5）应检查风系统中通过时间程序对空调机进行定时启动与停止的设定。

（6）用室内设定的温度能够控制回风和新风的混合风比例，使室内温度符合设计要求。

（7）DDC 直接数字控制器将检测的新风温度和室外温度设定经过比例计算逻辑判断后，调节合适的新风阀和回风阀开度，以保证在四季能提供足够的新风量，而在新风温度接近室内温度设定的，更能尽量引入新风，使其达到节能的功效。

（8）空调机组、新风机组送风总管上设置温度传感器，其所测风温与设定值比较后，输出电信号，调整回水管比例积分电动调节阀的开度，调节水的流量，保证回风温度在设定的波动范围内。

（三）水系统节能监理质量控制要点

1. 检查水系统制式的相符性

（1）建筑物所有区域同时在夏季供冷、冬季供热时，宜采用两管制的空调水系统。

（2）当建筑物内只有一些区域需全年供冷时，宜采用分区两管制的空调水系统。

（3）当供冷和供热工况交替频繁或同时使用时，宜采用四管制的空调水系统。

2. 自控阀门与仪表功能控制

水系统各分支管路水力平衡装置、自控装置与仪表的安装位置、方向应符合设计要求，并便于观察、操作和调试，具体控制措施如下：

（1）水力平衡装置的安装

1）一般安装在回水管路上

平衡阀可安装在回水管路上，也可安装在供水管路上（每个环路中只需安装一处）。对于一次环路来说，为方便平衡调试，宜将平衡阀安装在水温较低的回水管路上。总管上的平衡阀宜安装在供水总管水泵后。

2）尽可能安装在直管段上

由于平衡阀具有流量计量功能，为使流经阀口前后的水流稳定，保证测量精度，应尽可能将平衡阀安装在直管段处。

3）注意新系统与原有系统水流量的平衡

平衡阀具有良好的调节性能，其阻力系数高于一般截止阀。当应用有平衡阀的新系统连接于原有供热（冷）管网时，必须注意新系统与原有系统水量分配平衡问题，以免安装了平衡阀的新系统（或改造系统）的水阻力比原有系统高，而达不到应有的水流量。

4）不应随意变动平衡阀开度

管网系统安装完毕，并具备测试条件后，使用专用智能仪表对全部平衡阀进行调试整定，并将各阀门开度锁定，使管网实现水力工况平衡，达到节能效果及良好的供热（冷）品质。在管网系统正常运行过程中，不应随意变动平衡阀的开度，特别是不应变动开度锁定装置。

5）不必再安装截止阀

在检修某一环路时，可将该环路上的平衡阀关闭到“0”位，此时平衡阀起到截止阀截断水流的作用，检修完毕后再回复到原来锁定位置。因此安装了平衡阀，就不必再安装截止阀。

6）系统增设（或取消）环路时应重新调试整定

在管网系统中增设（或取消）环路时，除应增加（或关闭）相应的平衡阀之外，原则上所有新设户平衡阀及原有系统环路中的平衡阀均应重新调试整定（原环路中支管平衡阀不必重新调整），才能获得最佳供热（冷）效果和节能效果。

7）平衡阀的现场调试

在水力系统中、平衡阀、末端装置都是通过串联和并联方式连接为一个整体的，调节任何一点均会引起整个系统各个节点压力、流量的变化。调节某一个平衡阀时，可能会改变已经调整好的平衡处的流量，所以必须对每台平衡阀按照一定顺序进行反复的调整。监理应进行旁站检查监督和平行记录。

（2）自控装置与仪表控制

1）冷冻水系统自控

楼宇自动化系统通过DDC控制器来完成对各机组的启动/停止，冷水机组数量及各相关设备的连锁进行控制，其主要控制要点如下：

按顺序启动和停止冷冻系统，据实际冷热负荷控制冷水机组及水泵的运行台数以达到节能效果，以保证系统正常运转。制冷系统中，各台冷冻水泵互为备用，当任何一台冷冻水泵出现故障时，DDC控制器会根据有关水泵的运行时间累计，投入运行时间最短的水泵运行，补足需要的冷冻水量。

系统检测到任何一个冷冻水的水流开关报警后将停止有关机组的运行，并投入另一机组运行。

DDC控制控制器根据制冷机组的运行累积时间，每次启动累积时间最少的一台制冷机组，以达到机组运行时间的平衡。冷冻水系统中总供水，总回水之间的压差值（ΔP）与系统中的差压设定值进行比较后，控制旁通阀的开度，以维持冷冻水系统压力在合理的水平。

控制中心微机上检测并实时显示以下参数：机组启停时间，运行时间累计；冷冻水供回水压差、温度、流量、冷量；冷水机组运行状态、过载报警。

2）冷却水系统自控

为使机组在过度季节冷却水温低于18℃时仍能正常运行，在冷却水、供回水总管间设电动调节阀，当水温低于18℃时，电动阀按比例开启，一部分循环水由旁通管流回与低温水混合，提高冷却水温度，保证机组能够正常运行。

3）末端设备水系统自控

注意控制以下要点：

空调机组、新风机组送风总管上设温度传感器，其所测风温与设定值比较后，输出电信号，调整回水管比例积分电动调节阀的开度，调节水流量，保证回风温度在设定的波动范围内。

风机盘管采用温控开关控制回水管上的电动两通阀的开关状态，达到控制室内温度的目的。

（四）设备安装节能质量监理控制要点

1. 各种空调机组安装质量控制要点

（1）组合式空调机组、柜式空调机组、新风机组、单元式空调机组的规格、数量和技术性能应符合设计要求。

（2）各种空调机组的安装位置要正确，与风管、送风静压箱、回风箱间的连接应严密。

（3）现场组装的组合式空调机组的漏风率测试应符合国家标准《组合式空调机组》GB/T 14294-2008 的规定。

（4）机组内的空气热交换器翅片和空气过滤器应清洁、完好，且安装位置和方向正确；过滤器效率和初阻力应符合设计要求和产品标准规定。

2. 风机盘管机组安装质量控制要点

（1）风机盘管机组的规格、数量符合设计要求和产品规定的标准。

（2）风机盘管机组的安装位置、高度和方向应正确，同时应便于维护和保养。

（3）风机盘管机组与风管接口应连接严密、可靠。

（4）风机盘管机组的空气过滤器的安装应便于拆卸和清理。

3. 风机的安装质量控制要点

（1）风机的规格、数量应符合设计要求和产品规定的标准。

（2）风机的安装位置、高度和方向应正确，与风管的接口应连接严密、可靠。

4. 双向换气装置和排风热回收装置安装控制要点

（1）带热回收功能的双向换气装置和排风热回收装置的规格、数量及安装位置应符合设计要求。

（2）带热回收功能的双向换气装置和排风热回收装置的进风、排风管的连接应正确、严密、可靠。

（3）室外进、排风口的安装位置、高度、水平距离应符合设计要求。

（五）风系统绝热层与防潮层节能质量监理控制要点

（1）风系统绝热层应采用不燃或难燃材料，其材质、规格与厚度应符合设计要求。

（2）风系统绝热层与风管、部件及设备的连接应严密、牢固、无裂缝、空隙等缺陷，且纵横向的接缝应相互错开。

（3）绝热层表面应平整，当采用卷材或板材时，其厚度允许偏差为5mm，采用涂抹或其他方式时，其厚度允许偏差为10mm。

（4）风管法兰绝热层的厚度应符合设计要求，且不应低于风管绝热层厚度的80%。

（5）风管穿墙和穿楼板等处的绝热层应连续不间断。

（6）风管绝热层采用粘结方法固定时，施工中应符合下列规定：

1）所用胶粘剂的技术性能应符合使用温度的要求，也要符合《室内装饰装修材料胶粘剂中有害物质限量》GB 18583-2008 的规定，并且与绝热材料相匹配。

2）粘结材料宜均匀地涂在风管、部件或设备的外表面上，绝热材料与风管、部件及设备表面应紧密贴合，不得有裂缝和空隙。

3）绝热层纵向和横向的接缝应错开，搭接宽度应符合设计要求。

4）绝热层粘贴后，如果需要进行包扎或捆扎，包扎的搭接处应均匀、贴紧，捆扎应松紧适度，不得损坏绝热层。

（7）当风管绝缘层采用保温钉连接固定时，应符合下列规定：

1）保温钉具有抗老化、抗温度骤变，防腐，耐寒耐热，承载力高，高承压、抗拉性能好，加载后不容易变形、防潮、缓振、吸收噪声和良好的绝缘性等特点，矩形风管或设备应采用保温钉进行固定。

2）保温钉与风管、部件及设备表面的连接可采用粘接或焊接，结合应牢固可靠，不得出现脱落，焊接后应保持风管的平整，并且不影响镀锌钢板的防腐性能。

3）矩形风管设备保温钉的分布应均匀，其数量底面每平方米应不少于16个、侧面不应少于10个、顶面不应少于8个，首行保温钉至风管或保温材料边沿的距离应小于120mm。

4）风管法兰部位绝热层的厚度应符合设计要求，一般不应低于风管绝热层的0.8倍。

5）带有防潮隔汽层绝热材料的拼缝处应用粘胶带加以封严，粘胶带的宽度应不应小于50mm，粘胶带应牢固地粘贴在防潮面层上，不得有胀裂和脱落等质量缺陷。

（8）防潮层（包括绝热层的端部）应完整，且封闭完好，其搭接缝应顺水。

（9）风管系统部件的绝热，不得影响其操作功能。

（六）水系统绝热层与防潮层节能质量监理控制要点

（1）绝热层应采用不燃或难燃材料，其材质、规格与厚度应符合设计要求；监理应对绝热层厚度可采用钢针刺入或尺量检查的方式进行随机抽查。

（2）硬质或半硬质绝热管壳的粘贴应牢固、可靠，铺贴应平整，拼接应严密，具体应符合以下要求：

1）检查绝热管壳的粘贴是否牢固。每节管壳至少应采用防腐金属丝、防腐织带或专用胶带进行捆扎，一般不得少于2道，其间距控制在300~350mm，且捆扎、粘贴应紧密，无滑动、松弛与断裂现象。

2）检查绝热管壳的拼接质量。管壳的拼接缝隙要满足以下要求：有保温时不应大于5mm，保冷时不应大于2mm，并用粘结材料勾缝填满，纵缝应错开，外层的水平接缝应设在侧下方。

（3）对松散或松软保温材料疏密均匀性检查。在保温层施工中，松散或松软材料应按规定的密度压缩其体积，保证这种保温材料疏密均匀才能达到最佳效果。

（4）防潮层与绝热层的结合应紧密，封闭应严密。监理在进行质量检查时，应注意不得有虚粘、气泡、褶皱、裂缝等缺陷，以免影响防潮效果，造成绝热层绝热性能降低。

（5）对卷材防潮层的搭接宽度控制。水系统卷材防潮层采用螺旋形缠绕施工时，卷材的搭接宽度宜为30~50mm。

（6）防潮层的立管应由管道的低端向高端敷设，环向搭接缝应朝向低端，纵向搭接缝应位于管道侧面，并顺水。

（7）冷热水管穿楼板和墙体处的绝热层处理应当符合下列要求：

1）冷热水管穿楼板和墙体处的绝热层应保证其连续不间断，这样才能达到设计效果。

2）绝热层与套管之间应选用不燃材料进行填实，不得有空隙。

3）穿楼板和墙体处设置的套管两端应进行密封封堵，以防止外界腐蚀介质进入。

（8）对可拆卸部件绝热层的控制。对管道阀门、过滤器及法兰部位的绝热结构，应能单独拆卸，且不得影响其操作功能。

（9）空调水系统管道与支架间的绝热措施，即防止“冷桥”或“热桥”的措施一定要可靠。监理应检查绝热衬垫的设置宽度、厚度、表面平整度及绝热材料之间的空隙是否填实。

三、设备单机试运转节能监理控制要点

（1）单机试运转和调试结果应符合设计的节能要求。

（2）通风机、空调机组中的风机的叶轮旋转方向正确、运转平稳、无异常振动与声响，其电机运行功率应符合设备技术文件的规定。

（3）风机在额定转速下连续运转2h后，滑动轴承外壳最高温度不得超过70℃；滚动轴承最高温度不得超过80℃。

（4）风机、空调机组、风冷热泵等设备运行时，产生的噪声不宜超过产品性能说明书的规定值。风机盘管机组的三速、温控开关动作应正确，并与机组运行状态一一对应。

（5）通风机运转前必须加上适度的机械油，检查各项安全措施；盘动叶轮应无卡阻和碰壳，叶轮旋转方向应正确；在额定转速下试运转时间不得少于2h。

（6）试运转应无异常振动，滑动轴承最高温度不得超过70℃；滚动轴承最高温度不得超过80℃。

（7）制冷机组的试运转应符合设备技术文件和现行国家标准《制冷设备、空气分离设备安装工程施工及验收规范》GB 50274的有关规定，正常运转不应少于8h。

（8）水泵叶轮旋转方向正确，无异常震动和声响，紧固连接部位无松动，其电机运行功率值符合设备技术文件的规定。在设计负荷下连续运转2h后，滑动轴承外壳最高温度不得超过70℃；滚动轴承外壳最高温度不得超过75℃。轴封填料的温升应正常，在无特殊要求的情况下，普通填料泄露量不得大于60ML/h，机械密封的泄漏量不得大于5 ML/h。

（9）冷却塔本体应稳固、无异常振动，其噪声应符合设备技术文件的规定。

（10）冷却塔风机与冷却水系统循环试运行不少于2h，运行应无异常情况。

(11) 电控防火、防排烟风阀（口）的手动、电动操作应灵活、可靠、信号输出正确。

(12) 其他设备试运转可参照“水泵”和“通风机”的试运转规定。

四、系统无生产负荷联动试运转及调试

联动试运转应在设备单机试运转合格后进行。各专业及各工种必须密切合作，做到水通、电通、风通。设备主要部件的联动符合设计要求。

1. 通风工程系统无生产负荷联动试运转及调试

(1) 通风系统的连续试运转不应少于2h。系统联动试运转中，设备及主要部件的联动必须符合设计要求，动作协调、正确，无异常。

(2) 系统各风口的风量测定与调整，实测与设计风量的偏差不应大于15%。系统总风量调试结果与设计风量的偏差不应大于10%。

(3) 湿式除尘器的供水与排水系统运行应正确。

(4) 防排烟系统联合试运行与调试的结果（风量及正压），必须符合设计与消防的规定。

2. 空调工程系统无生产负荷联动试运转及调试

(1) 各种自动计量检测元件和执行机构的工作应正确，满足建筑设备自动化（BA、FA等）系统被测定参数进行检测和控制要求。

(2) 空调室内噪声应符合设计规定要求。

(3) 有压差要求的房间、厅堂与其他相邻房间之间的压差，舒适性空调正压为0～25Pa；工艺性的空调应符合设计的规定。

(4) 有环境噪声要求的场所，制冷、空调机组应按现行国家标准《采暖通风与空气调节设备噪声声功率级的测定——工程法》GB 9068的规定进行测定。洁净室内的噪声应符合设计的规定。

(5) 舒适空调的温度、相对湿度应符合设计要求。恒温、恒湿房间室内空气温度，相对湿度及波动范围应符合设计规定。

(6) 空调工程水系统应冲洗干净，不含杂物，并排除管道系统中的空气，系统连续运行应达到正常、平稳；水泵的压力和水泵电机的电流不应出现大幅波动。系统平衡调整后，各空调机组的水流量应符合设计要求，允许偏差为20%。

(7) 多台冷却塔并联运行时，各冷却塔的进、出水量应达到均匀一致。

(8) 空调冷热水、冷却水总流量测试结果与设计流量的偏差不应大于10%。

3. 通风与空调工程的控制和监测设备

应能与系统的检测元件和执行机构正常沟通，系统的状态参数应能正确显示，设备联动、自动调节、自动保护应能正确动作。

第四节 通风与空调节能常见施工质量通病及预防措施

通风与空调节能施工常见质量通病及预防措施见表8-5。

通风与空调节能施工常见质量通病及预防措施 **表8-5**

序号	常见质量通病与现象	形成原因	预防措施
1	空调水系统阻力增大，水泵能耗增大	（1）施工用的麻丝、铁屑粉末等杂物堵塞管道； （2）在设计中未充分考虑安装电子除垢装置，在管网最低处也未设置口径适宜的排污阀，在相应的位置也未安装过滤器	（1）首先在设计上，应考虑安装电子除垢装置，并在管网最低处设置大口径排污阀，便于清洗时排污； （2）在主要设备及末端装置进水管上设"Y"型过滤器，避免管网内杂物进入设备及末端装置，引起堵塞报废； （3）对主要设备的进、出水管间应安装短路阀，对冲洗时关闭进、出水阀，打开短路阀即可对整个管网进行系统冲洗； （4）在每层水平干管上设排空阀，便于分层冲洗放空及日常维护
2	风管不平、不直、不正、中心偏移，法兰连接不严密，风管系统供风量减小	（1）各风管支架、吊卡位置标高不一致，间距不相等，受力不均，风管因自重影响，安装后产生弯曲； （2）法兰与风管中心轴线不垂直； （3）法兰互换性差； （4）法兰平整度差，螺栓间距大，螺栓松紧度不一致； （5）法兰垫料薄，接口有缝隙； （6）法兰管口翻边宽度小，宽窄不均； （7）风管咬口开裂； （8）室外安装风管咬口缝渗水	（1）按质量标准调整风管支架和吊卡位置标高，加长吊杆丝扣长度，使托、吊卡受力均匀； （2）法兰与风管垂直度偏差小时，可加厚法兰垫控制法兰螺栓松紧度，偏差大时，则需对法兰重新找方铆接； （3）增加法兰螺栓孔数量，螺栓孔可扩孔1~2mm； （4）加厚法兰垫，以调整螺栓松紧度。弹性小的垫料可作整体垫或作成45°对接，并用密封垫胶粘接；弹性大的垫料可搭接； （5）风管与法兰周围缝隙用密封胶封闭； （6）咬口开裂处用铆钉铆接后，再用密封胶封闭或焊接； （7）室外风管安装，咬口缝在底部。圆形弯头为单立咬口时，应双口在上、单口在下，对漏雨处可用焊接或万能胶粘补
3	柜式空调机组调试冷量不足	（1）制冷机效率低； （2）制冷剂充灌量不足； （3）蒸发器表面全部结霜； （4）冷凝器中冷却水温度高； （5）膨胀阀开启过大或过小	（1）检修机组更换零件； （2）按设计要求加足制冷剂； （3）检验风机组叶轮旋转方向，调整三角带松紧度，清洗空气过滤器，调整新风、回风和送风阀门； （4）加大水量或调整冷却水温度； （5）按设计蒸发温度调节膨胀阀开启程度
4	风管法兰连接处漏风，风管系统的噪声增大，增加风管系统冷、热量的损耗	（1）通风、空调系统选用的法兰垫片材质不符合要求； （2）法兰垫片的厚度不够，因而影响弹性及紧固程度； （3）法兰垫片凸入风管内； （4）法兰的周边螺栓压紧程度不一致	（1）选用材质符合要求的垫片； （2）检查垫片厚度； （3）法兰垫片不应凸入风管内； （4）均匀压紧风管法兰周边螺栓，避免压紧程度不一致

续表

序号	常见质量通病与现象	形成原因	预防措施
5	无法兰风管连接不严密，风管与插条法兰的间隙过大，系统运转后有较大的漏风现象，使运行的能耗增加	（1）压制的插条法兰形状不规则； （2）插条法兰结构形式选用不当； （3）采用U型插条连接时，风管翻边的尺寸不准确； （4）未采用密封措施	（1）认真检查插条法兰制作质量； （2）按GB 50243-2002规定选用正确的结构形式； （3）检查风管翻边的尺寸； （4）正确采取密封措施
6	组合式空调安装质量差，表面凹凸不平整，各空气处理部件与壁板之间有明显缝隙，排水管漏风，影响空气处理的效果，增大冷热源的消耗，空调系统运行噪声增加	（1）空调坐标位置偏差过大； （2）空调器各空气处理段为散件现场组装，使得壁板表面不平整，几何尺寸偏差过大； （3）空调器各空气处理段之间连接的密封垫厚度不够； （4）空调器内空气过滤器、表面冷却器、加热器与空调箱体连接的缝隙无封闭； （5）挡水板的片距不等，折角与设计要求不符，安装颠倒； （6）空调器无减振措施； （7）排水管无水封装置	（1）控制空调器安装允许偏差为：平面位置±10mm；标高±（10~20）mm； （2）应采用6-8Hun，具有一定弹性的垫片； （3）应保证折角准确，挡水板的长度和宽度偏差不大于2mm，片与片的间距一般控制在25mm； （4）一般空调器与基础之间的垫厚度不小于5mm的橡胶板； （5）水封的高度应根据空调系统的风压来确定
7	风机的电机运转电流比额定电流相差较多，系统总风量过小，空调或洁净房间的温湿度或洁净度无法保证	（1）风机转数丢转过多； （2）风机的实际转数与设计要求的转数不符； （3）风机的叶轮反转； （4）系统的总、干、支管及风口风量调节阀没有全部开启	（1）确保风机转数满足设计要求； （2）检查叶轮是否反转； （3）检查所有风口/风量调节阀是否全部开启
8	正压送风达不到要求	（1）进行通风与空调节能工程设计时，设计人员未进行计算而根据以往经验选型，结果造成正压送风机选型过小，不能满足设计要求； （2）采用砖砌或混凝土风道，风道内表面未按要求进行抹灰，这样不仅使其表面比较粗糙，甚至从缝隙处产生漏风； （3）前室和楼梯间未安防火门或防火门的密闭性差，使其不能保持余压或余压值达不到要求	（1）在进行通风与空调节能工程设计时，设计人员应严格按照规范要求，经计算后选用适合的正压送风机； （2）如果砖或混凝土风道尺寸过小而使抹灰困难时，应采取边砌砖边抹灰的方法，不能以未抹灰的竖井作为风道； （3）作为消防通道的疏散通道的疏散楼梯和楼梯间前室，应安装密闭性较好的防火门，才能在其内保持应有的正压值

第五节　通风与空调节能施工质量监理验收

一、检验批划分规定

通风与空调系统节能工程的验收，可按系统、楼层等进行，并应符合《建筑节能工程施工质量验收规范》GB 50411—2013 第 3.4.1 条的规定。

通风与空调系统节能工程的验收，应根据工程的实际情况、结合本专业特点，分别按系统、楼层等进行。

空调冷（热）水系统验收，可与采暖系统验收相同，一般按系统分区进行，划分若干个检验批。对于系统大且层数多的空调冷（热）水系统工程，可分别按 6 ~ 9 个楼层作为一个验收批进行验收；通风与空调的风系统，可按风机或空调机组等各自负担的风系统分别进行验收。

二、隐蔽工程验收

通风与空调系统监理应随施工进度对与节能有关的隐蔽部位或内容进行验收，并应有详细的文字记录和必要的图像资料。

（1）在施工过程中，通风与空调系统中的风管或水管道等，被安装于封闭部位或埋设于结构内或直接埋地时，均属于隐蔽工程。在结构进行封闭之前，必须对该部分将被隐蔽的风管、水管道等管道设施的施工质量进行验收。风管应做严密性试验，水管必须进行水压试验，如有防腐及绝热施工的，则必须在严密性试验或水压试验合格后且得到现场监理人员认可的合格签证后，方可进行，否则，不得进行防腐、绝热、封闭作业和进行下道隐蔽工程的施工。必要时，应对隐蔽工程的施工情况进行拍照或录像并存档，以便于质量验收和追溯。

（2）对隐蔽工程的验收，是由建设单位、监理及施工方共同参加的对于与节能有关的施工工程隐蔽验收之前进行的检查，是在施工方自检的基础上，由施工方对自己所施工的隐蔽工程质量做出合格判断后所进行的工作。因此，对隐蔽工程的验收，不能在没有通过施工方自检达到合格之前，就邀请其他方进行验收检查。施工方应对隐蔽工程的自检情况做好记录，以备验收时核查。

（3）由于通风与空调系统中与节能有关的隐蔽部位或内容位置特殊，一旦出现质量问题后不易发现和修复，要求质量验收监理应随施工进度对其进行验收。通常主要的隐蔽部位或内容有：地沟和吊顶内部管道及配件的安装、绝热层附着的基层及其表面处理、绝热材料粘结或固定、绝热板材的板缝及构造节点、热桥部位的处理等。

三、通风与空调节能工程施工质量标准

1. 主控项目

（1）通风与空调系统节能工程所使用的设备、管道、阀门、仪表、绝热材料等产品进场时，应按设计要求对其类型、材质、规格及外观等进行验收，并应对下列产品的技术性能参数进行核查。验收与核查的结果应经监理工程师（建设单位代表）检查认可，并应形

成相应的验收、核查记录。各种产品和设备的质量证明文件和相关技术资料应齐全，并应符合有关国家现行标准和规定：

1）组合式空调机组、柜式空调机组、新风机组、单元式空调机组、热回收装置等设备的冷量、热量、风量、风压、功率及额定热回收效率；

2）风机的风量、风压、功率及其单位风量耗功率；

3）金属风管的材质和厚度，复合风管的材质、成品风管的技术性能参数；

4）自控阀门与仪表的技术性能参数。

检查方法：观察检查；技术资料和性能检测报告等质量证明文件与实物核对。

检查数量：全数检查。

（2）风机盘管机组、多联式空调（热泵）机组及绝热材料进场时，应对其下列技术性能参数进行复验，复验应为见证取样送检：

1）风机盘管机组的供冷量、供热量、风量、出口静压、噪声及功率；

2）多联式空调（热泵）机组室内机和室外机的制冷量、制热量、风量、功率、噪声；

3）绝热材料的导热系数、密度、吸水率。

检查方法：现场随机抽样送检；核查复验报告。

检查数量：同一厂家的风机盘管机组或多联式空调（热泵）机组室内机，总台数在500台及以下时，抽检2台；500台以上时抽检3台。由同一施工单位施工的同一建设单位的多个单位工程（群体建筑），当使用同一生产厂家的风机盘管机组或多联式空调（热泵）机组室内机时，可合并计算按每10万m^2抽检3组。

（3）组合式空调机组、柜式空调机组、新风机组、单元式空调机组、风机等设备进场时，应对其风量、出口静压及功率等技术参数进行现场检验。

检验方法：由建设单位委托有资质的检测机构进行现场检验，监理工程师旁站监理。

检查数量：同一厂家同类别的设备按数量检验2%，但不得少于2台。

（4）通风与空调节能工程中的送、排风系统及空调风系统、空调水系统的安装，应符合下列规定：

1）各系统的制式，应符合设计要求；

2）各种设备、自控阀门与仪表应按设计要求安装齐全，不得随意增减和更换；

3）水系统各分支管路水力平衡装置、温控装置与仪表的安装位置、方向应符合设计要求，并便于观察、操作和调试；

4）空调系统应能实现设计要求的分室（区）温度调控功能。对设计要求分栋、分区或分户（室）冷、热计量的建筑物，空调系统应能实现相应的计量功能。

检查方法：观察检查。

检查数量：全数检查。

（5）风管的制作与安装应符合下列规定：

1）风管的材质、断面尺寸及厚度应符合设计要求；

2）风管与部件、风管与土建风道及风管间的连接应严密、牢固；

3）风管的严密性及风管系统的严密性检验和漏风量，应符合设计要求或现行国家标准《通风与空调工程施工质量验收规范》GB 50243的有关规定；

4）需要绝热的风管与金属支架的接触处、复合风管及需要绝热的非金属风管的连接和内部支撑加固等处，应有防热桥的措施，并应符合设计要求。

检查方法：观察、尺量检查；核查风管及风管系统严密性检验记录。

检查数量：按数量抽查10%，且不得少于1个系统。

（6）组合式空调机组、柜式空调机组、新风机组、单元式空调机组的安装应符合下列规定：

1）各种空调机组的规格、数量应符合设计要求；

2）安装位置和方向应正确，且与风管、送风静压箱、回风箱的连接应严密可靠；

3）现场组装的组合式空调机组各功能段之间连接应严密，并应做漏风量的检测，其漏风量必须符合现行国家标准《组合式空调机组》GB/T 14294 的规定；

4）机组内的空气热交换器翅片和空气过滤器应清洁、完好，且安装位置和方向必须正确，并便于维护和清理。当设计未注明过滤器的阻力时，应满足粗效过滤器的初阻力≤50Pa（粒径≥5.0μm；效率：80% > E ≥20%）；中效过滤器的初阻力≤80Pa（粒径≥1.0μm；效率：70% > E ≥20%）的要求。

检查方法：观察检查；核查漏风量测试记录。

检查数量：按同类产品的数量抽查20%，且不得少于1台。

（7）风机盘管机组、多联式空调（热泵）机组的安装应符合下列规定：

1）规格、数量应符合设计要求；

2）位置、高度、方向应正确，并便于维护、保养；

3）机组与风管、回风箱及风口的连接应严密、可靠；

4）空气过滤器的安装应便于拆卸和清理。

检查方法：观察检查。

检查数量：按总数抽查10%，且不得少于5台。

（8）通风与空调系统中风机的安装应符合下列规定：

1）规格、数量应符合设计要求；

2）安装位置及进、出口方向应正确，与风管的连接应严密、可靠。

检查方法：观察检查。

检查数量：全数检查。

（9）带热回收功能的双向换气装置和集中排风系统中的排风热回收装置的安装应符合下列规定：

1）规格、数量及安装位置应符合设计要求；

2）进、排风管的连接应正确、严密、可靠；

3）室外进、排风口的安装位置、高度及水平距离应符合设计要求。

检查方法：观察检查。

检查数量：按总数抽检20%，且不得少于1台。

（10）空调机组回水管上的电动两通调节阀、风机盘管机组回水管上的电动两通（调节）阀、空调冷热水系统中的水力平衡阀、冷（热）量计量装置等自控阀门与仪表的安装应符合下列规定：

1）规格、数量应符合设计要求；

2）方向应正确，位置应便于操作和观察。

检查方法：观察检查。

检查数量：按类型数量抽查10%，且均不得少于1个。

（11）空调风管系统及部件绝热层和防潮层的施工应符合下列规定：

1）绝热材料的燃烧性能、材质、规格及厚度等应符合设计要求；

2）绝热层与风管、部件及设备应紧密贴合，无裂缝、空隙等缺陷，且纵、横向的接缝应错开；

3）绝热层表面应平整，当采用卷材或板材时，其厚度允许偏差为5mm；采用涂抹或其他方式时，其厚度允许偏差为10mm；

4）风管法兰部位绝热层的厚度，不应低于风管绝热层厚度的80%；

5）风管穿楼板和穿墙处的绝热层应连续不间断；

6）防潮层（包括绝热层的端部）应完整，且封闭良好，其搭接缝应顺水；

7）带有防潮层隔汽层绝热材料的拼缝处，应用胶带封严，粘胶带的宽度不应小于50mm；

8）风管系统部件的绝热，不得影响其操作功能。

检查方法：观察检查；用钢针刺入绝热层，尺量检查。

检查数量：道管按轴线长度抽查10%；风管穿楼板和穿墙处及阀门等配件抽查10%，且不得少于2个。

（12）空调水系统管道、冷媒管道及配件绝热层和防潮层的施工，应符合下列规定：

1）绝热材料的燃烧性能、材质、规格及厚度等应符合设计要求；

2）绝热管壳的粘贴应牢固、铺设应平整。硬质或半硬质的绝热管壳每节至少应用防腐金属丝或难腐织带或专用胶带进行捆扎或粘贴2道，其间距为300～350mm，且捆扎、粘贴应紧密，无滑动、松弛与断裂现象；

3）硬质或半硬质绝热管壳的拼接缝隙，保温时不应大于5mm、保冷时不应大于2mm，并用粘结材料勾缝填满；纵缝应错开，外层的水平接缝应设在侧下方；

4）松散或软质保温材料应按规定的密度压缩其体积，疏密应均匀；毡类材料在管道上包扎时，搭接处不应有空隙；

5）防潮层与绝热层应结合紧密，封闭良好，不得有虚粘、气泡、褶皱、裂缝等缺陷；

6）防潮层的立管应由管道的低端向高端敷设，环向搭接缝应朝向低端；纵向搭接缝应位于管道的侧面，并顺水；

7）卷材防潮层采用螺旋形缠绕的方式施工时，卷材的搭接宽度宜为30～50mm；

8）空调冷热水管穿楼板和穿墙处的绝热层应连续不间断，且绝热层与穿楼板和穿墙处的套管之间应用不燃材料填实，不得有空隙，套管两端应进行密封封堵；

9）管道阀门、过滤器及法兰部位的绝热结构应能单独拆卸，且不得影响其操作功能。

检查方法：观察检查；用钢针刺入绝热层，尺量检查。

检查数量：按数量抽查10%，且绝热层不少于10段、防潮层不得少于10m、阀门等配件不得少于5个。

（13）空调水系统的冷热水管道、冷媒管道与支、吊架之间应设置绝热衬垫，其厚度不应小于绝热层厚度，宽度应大于支、吊架支承面的宽度。衬垫的表面应平整，衬垫与绝热材料之间应填实，无空隙。

检查方法：观察、尺量检查。

检查数量：按数量抽检5%，且不得少于5处。

（14）通风与空调系统应随施工进度对与节能有关的隐蔽部位或内容进行验收，并应有详细的文字记录和必要的图像资料。

检查方法：观察检查；核查隐蔽工程验收记录。

检查数量：全数检查。

（15）通风与空调系统安装完毕，应进行通风机和空调机组等设备的单机试运转和调试，并应进行系统的风量平衡调试。单机试运转和调试结果应符合设计要求；系统的总风量与设计风量的允许偏差不应大于10%，风口的风量与设计风量的允许偏差不应大于15%。

检查方法：观察检查；核查试运转和调试记录。

检查数量：全数检查。

（16）多联机空调系统安装完毕，应对系统进行气密性试验和抽真空干燥试验，以及制冷剂充注；在系统工程验收前，尚应进行系统带负荷运行的综合效果检验，检验效果应符合设计要求。

检验方法：核查系统清洗、气密性、真空干燥的试验记录及运行效果检验记录。

检查数量：全数检查。

2. 一般项目

（1）空气风幕机的规格、数量、安装位置和方向应正确，纵向垂直度和横向水平度的偏差均不应大于2/1000。

检查方法：观察检查。

检查数量：按总数量抽查10%，且不得少于1台。

（2）变风量末端装置与风管连接前宜做动作试验，确认运行正常后再封口。

检查方法：观察检查。

检查数量：按总数量抽查10%，且不得少于2台。

四、通风与空调节能工程施工质量验收

1. 通风与空调节能工程验收基本规定

（1）系统节能工程验收，应根据工程实际情况、结合本专业特点，分别按系统、楼层等进行。

（2）空调冷（热）水系统，一般按系统分区进行验收；通风与空调的风系统，可按风机或空调机组等各自负担的风系统，分别进行验收。

（3）对于系统大且层数多的空调冷（热）水系统及通风与空调的风系统工程，可分别按几个楼层作为一个检验批进行验收。

2. 隐蔽工程验收

通风与空调系统中与节能有关的隐蔽部位位置特殊，一旦出现质量问题后不易发现和修复。因此，应随施工进度对其及时进行验收。通常主要隐蔽部位检查内容有：地沟和吊顶内部的管道、配件安装及绝热层附着的基层及其表面处理、绝热材料粘结或固定、绝热板材的板缝及构造节点、热桥部位处理等。

第九章　空调与采暖系统冷热源及管网节能质量监理控制

第一节　常用冷热源设备及冷热源组合形式

一、常用冷源设备

常用的冷源设备有电动压缩式冷水机组、电动热泵机组、溴化锂吸收式冷水机组。

（一）电动压缩冷水机组

冷水机组就是把实现制冷循环所需的一台或多台制冷压缩机、电动机、蒸发器、冷凝器、热力膨胀阀、干燥过滤器、电控柜、油分离器等部件紧凑地共用底座组装在一起的专供空调用冷目的整体式制冷装置。压缩机的台数可以是单台、两台或两台以上。两台以上的冷水机组称为多机头机组。活塞式多机头冷水机组的台数最多为8台。水冷式冷水机组一般多为卧式框架结构，压缩机可置于框架的上方或下方，冷凝器和蒸发器放在下方或上方，电控柜安装在框架上。

电动冷水机组主要有活塞式、涡旋式、螺杆式、离心式等，它们的单机制冷量范围如表9-1所示。

电动冷水机组的单机制冷量范围　　**表9-1**

冷水机组机型	涡旋式活塞式	螺杆式活塞式	螺杆式	离心式螺杆式	离心式
单机名义工况制冷量 kW	≤116	116～700	700～1054	1054～1758	≥1758

（二）热泵机组

目前广泛使用的风冷冷水/冷热水（热泵）机组，又称为空气—水机组，大多为多台半封闭活塞式压缩机组合（或双螺杆压缩机）的机型。这种机组的单冷型与活塞式水冷机组相比只是冷凝器的冷却介质和所用冷却装置不同；而热泵型的则还多了在冬季可改供热水的功能。

（三）吸收式冷水机组

直燃吸收式溴化锂冷热水机，我们称之为“直燃机”，是直接燃烧天然气、煤气、柴油等各种燃料，以水/溴化锂作介质的冷热源设备。

由于直燃机不以电为能源（只需极少的电作辅助循环动力），可以大幅度削减电力投资。在电空调广泛采用的国家和地区，直燃机更具有削减夏季峰值电力、填补夏季燃气低谷的综合经济效益，对于电力行业及燃气行业的健康发展都具有举足轻重的影响。

二、常用热源设备

(一) 锅炉

将其他热能转变成其他工质热能，生产规定参数和品质的工质的设备称为锅炉。燃烧设备以提供良好的燃烧条件，以求能把燃料的化学能最大限度地释放出来并其转化为热能，把水加热成为热水或蒸汽的机械设备。锅炉包括锅和炉两大部分，锅的原义是指在火上加热的盛水容器，炉是指燃烧燃料的场所。锅炉中产生的热水或蒸汽可直接为生产和生活提供所需要的热能，也可通过蒸汽动力装置转换为机械能，或再通过发电机将机械能转换为电能。提供热水的锅炉称为热水锅炉，主要用于生活，工业生产中也有少量应用。产生蒸汽的锅炉称为蒸汽锅炉，又叫蒸汽发生器，常简称为锅炉，是蒸汽动力装置的重要组成部分，多用于火电站、船舶、机车和工矿企业。

(二) 锅炉的分类

可以从不同角度出发对锅炉进行分类：

(1) 按烟气在锅炉流动的状况分：水管锅炉、锅壳锅炉（火管锅炉）、水火管组合式锅炉；

(2) 按锅筒放置的方式分：立式锅炉、卧式锅炉；

(3) 按用途分：生活锅炉、工业锅炉、电站锅炉；

(4) 按介质分：蒸汽锅炉、热水锅炉、汽水两用锅炉、有机热载体锅炉；

(5) 按安装方式分：快装锅炉、组装锅炉、散装锅炉；

(6) 按燃料分：燃煤锅炉、燃油锅炉、燃气锅炉、余热锅炉、电加热锅炉、生物质锅炉；

(7) 按水循环分：自然循环、强制循环、混合循环；

(8) 按压力分：常压锅炉、低压锅炉、中压锅炉、高压锅炉、超高压锅炉；

(9) 按锅炉数量分：单锅筒锅炉、双锅筒锅炉；

(10) 按燃烧定在锅炉内部或外部分：内燃式锅炉、外燃式锅炉；

(11) 按工质在蒸发系统的流动方式可分为自然循环锅炉、强制循环锅炉、直流锅炉等；

(12) 按制造级别分类：A 级、B 级、C 级、D 级、E 级（按制造锅炉的压力分）。

三、冷热源的组合形式

(一) 电动冷水机组供冷、锅炉供热

目前应用最广的空调冷热源组合方式，也是传统的冷热源组合方式。

夏季用电动冷水机组供冷，冬季用锅炉供暖。这种组合方式的特点：

(1) 电动冷水机组能效比高。水冷往复式冷水机组的性能系数为 3.2 ~ 4.3；水冷螺杆式冷水机组为 4.5 ~ 5.7；水冷离心式冷水机组为 4.4 ~ 5.86；风冷往复式冷水机组为 2.7 ~ 2.9。

(2) 冷源、热源集中设置，运行、维修管理方便，但占据一定有效建筑面积。

(3) 对环境有一定影响。

(二) 溴化锂吸收式冷水机组供冷、锅炉供热溴化锂吸收式冷水机组按工作原理可分为单效型和双效型。这种组合方式的特点：

（1）冬季锅炉供暖，夏季锅炉供蒸汽或热水作为溴化锂吸收式冷水机组的动力。

与电动制冷相比，提高了锅炉设备利用率，但一次能源的消耗高。双效型机组比电动压缩式冷水机组多消耗约40%～70%的煤，单效型机组比电动压缩机冷水机组约多消耗180%～210%的煤。

（2）以溴化锂水溶液为工质，无味、无毒，有利于保护臭氧层，但对温室效应影响较大。

（三）电动冷水机组供冷、热电厂供热

这种组合方式除了具有电动冷水机组供冷的特点外，还具有：

（1）热电联产供暖与分散锅炉房供暖相比能耗低。

（2）热媒参数稳定，供热质量高。

（四）溴化锂冷水机组供冷、热电厂供热

该组合方式称为热、电、冷三联供系统。

（1）就溴化锂吸收式制冷本身与压缩机制冷相比是不节能的；

（2）溴化锂吸收式制冷的热经济性主要表现在发电发电功率不变的情况下，由于吸收式制冷利用了汽轮机的低压抽汽，减少了冷源损失，使制冷供热功率增加，凝汽发电功率减少，发电煤耗降低；

（3）压缩机制冷用高品位的电能，溴化锂吸收式制冷用的是低品位的热能。

热、电、冷三联供系统是否节能，这要看制冷供热使发电节约的标准煤量是否大于吸收式制冷多好的标准煤量。

（五）直燃溴化锂吸收式冷热水机组

夏季供冷冻水，冬季供热水。一机两用，甚至一机三用（供冷、供暖和供生活热水）。特点是：

（1）与独立燃煤锅炉房相比，直燃机燃烧效率高，对大气环境污染小；

（2）设备体积小，机房用地省，同时可省去热源机房（锅炉房）；

（3）可缓解城市燃气的季节性峰谷差问题。

（4）直燃机的供热量约为制冷量的84%左右，机组选型时应注意冷热负荷的合理匹配。

（六）空气源热泵冷热水机组作中央空调的冷热源

（1）具有节能效益和地球环保效益。

（2）空气是一庞大的低位热源，取之不尽，用之不竭。随时随地可以利用，是热泵的低位热源之一。

（3）一机冬、夏两用，设备利用率高。

（4）省去水冷冷水机组的冷却水系统，不用建供热锅炉房。

（5）可置于屋顶，不占建筑有效面积。

但是，应注意：

（1）当室外空气相对湿度大于70%，温度在3～5℃范围时，设备结霜最严重。选择设备时，一定要注意设备应有良好的除霜措施。

（2）使用空气源热泵冷热水机组时，应设置适当容量的辅助热源。

第二节　冷热源设备与构件验收

一、冷热源设备质量控制

监理人员应重点核查下列冷热源设备的技术性能参数：

（1）锅炉的单台容量及其额定热效率，锅炉的最低设计效率应符合表9-2规定。

锅炉的最低设计效率表　　　　**表9-2**

锅炉类型、燃料种类及发热值		在下列锅炉容量（MW）下的设计效率（%）						
		0.7	1.4	2.8	4.2	7.0	14.0	28.0
燃煤	Ⅱ类烟煤	—	—	73	74	78	79	80
	Ⅲ类烟煤	—	—	74	76	78	80	82
燃煤、燃气		86	87	87	88	89	90	90

（2）热交换器的单台换热量。

（3）电机驱动压缩机的蒸汽压缩循环冷水（热泵）机组的客定制冷量（制热量）、输入功率、性能系数（COP）及综合部分负荷性能系数（IPLV）；其中制冷、制热性能系数如设计无规定时应符合表9-3和表9-4的要求。

冷水（热泵）机组制冷性能系数（COP）　　　　**表9-3**

类　　型		额定制冷量（kW）	性能系数（W/W）
水　冷	活塞式/涡旋式	<528 528～1163 >1163	≥3.8 ≥4.0 ≥4.2
	螺杆式	<528 528～1163 >1163	≥4.10 ≥4.30 ≥4.60
	离心式	<528 528～1163 >1163	≥4.40 ≥4.70 ≥5.10
风冷或蒸发冷却	活塞式/涡旋式	≤50 >50	≥2.40 ≥2.60
	螺杆式	≤50 >50	≥2.60 ≥2.80

（4）电机驱动压缩机的单元式空气调节机、风管送风式和屋顶式空气调节机组的名义制冷量、输入功率及能效比（EER）；其中机组能效比（EER）如设计无规定时应符合表9-5的要求。

冷水（热泵）机组综合部分负荷性能系数（IPLV） **表9-4**

类型		额定制冷量（kW）	综合部分负荷性能系数（W/W）
水冷	螺杆式	<528	≥4.17
		528~1163	≥4.81
		>1163	≥5.13
	离心式	<528	≥4.49
		528~1163	≥4.88
		>1163	≥5.42

注：IPLV值是基于单台主机运行工况。

单元式机组能效比（EER） **表9-5**

类型		能效比（W/W）
风冷式	不接风管	≥2.60
	接风管	≥2.30
水冷式	不接风管	≥3.00
	接风管	≥2.70

（5）蒸汽和热水型溴化锂吸收式机组及直燃型溴化锂吸收式冷（温）水机组的名义制冷量、供热量、输入功率及性能系数，如设计无规定时应符合表9-6的要求。

溴化锂吸收式机组性能参数 **表9-6**

机型	名义工况			性能参数		
	冷(温)水进/出口温度(℃)	冷却水进/出口温度(℃)	蒸气压力（MPa）	单位制冷量蒸汽耗量[kg/(kW·h)]	性能系数(W/W)	
					制冷	供热
蒸汽双效	18/13	30/35	0.25	≤1.40		
	12/7		0.4			
			0.6	≤1.31		
			0.8	≤1.28		
直燃	供冷12/7	30/35			≥1.10	
	供热出口60					≥0.90

注：直燃机的性能系数为：制冷量（供热量）/[加热源消耗量（以低位热值计）+电力消耗量（折算成一次能）]。

（6）集中采暖系统热水循环泵的流量、扬程、电机功率及电输热比（HER）。其中最大耗电输热比（HER）如设计无规定时应符合表9-7的要求。

（7）空调冷热水系统循环水泵的流量、扬程、电机功率及输送能效比（ER）；其中输送能效比（ER）如设计无规定时应符合表9-8的要求。

集中采暖系统热水循环泵的最大耗电输热比（HER） **表9-7**

管道材质	室外主干线总长度		
	$\Sigma L \leqslant 500$	$500 < \Sigma L < 1000$	$\Sigma L \geqslant 1000$
全部采用钢管	$0.00314 + 2.58 \times 10^{-6} \Sigma L$	$0.00314 + 2.06 \times 10^{-6} \Sigma L$	$0.00314 + 1.55 \times 10^{-6} \Sigma L$
部分为塑料管	$0.00392 + 3.22 \times 10^{-6} \Sigma L$	$0.00392 + 2.58 \times 10^{-6} \Sigma L$	$0.00392 + 1.94 \times 10^{-6} \Sigma L$

注：$HER = N/Q_\eta$。$HER \leqslant 0.0056\ (14 + a\Sigma L)\ /\Delta t$。式中：$N$ 为水泵在设计工况的轴功率（kW）；Q 为建筑供热负荷（kW）；η 为考虑电机和传动部分的效率（%），采用直联方式时 $\eta = 0.85$；采用联轴器连接方式时 $\eta = 0.83$；Δt 为设计供回水温度差（℃），系统中管道全部采用钢管时取 $\Delta t = 25$℃，系统中管道部分采用塑料管材时取 $\Delta t = 20$℃；ΣL 为室外主管线总长度（包括供回水管）（m），当 $\Sigma L \leqslant 500$ 时 $a = 0.0115$，当 $500 < \Sigma L < 1000$ 时 $a = 0.0092$，当 $\Sigma L \geqslant 1000$ 时 $a = 0.0069$。

输送能效比 **表9-8**

管道类型	两管制热水管道			四管制热水管道	空气调节冷水管道
	严寒地区	寒冷地区/夏热冬冷地区	夏热冬暖地区		
ER	0.00577	0.00618	0.00865	0.00673	0.0241

注：1. 表中的数据适用于独立建筑物内的空气调节冷热水系统，最远环路总长度一度在200～500m范围，区域供冷（热）管道或总长过长的水系统可参照执行。

2. 本表不适用于采用直燃式冷（温）水机组、空气源热泵、地源热泵等作为热源，供回水温差小于10℃的系统。

（8）冷却塔的冷却水流量及电机功率。

二、绝热管道及材料进场复验

（一）常用绝热材料及性能

常用绝热材料及性能，见表9-9。

常用绝热材料及性能 **表9-9**

名称			密度（kg/m^3）	导热系数［W/（m·K）］	可燃性	使用温度（℃）	备注
玻璃棉制品	短棉	沥青玻璃棉毡	≤80	0.041～0.047	不燃	≤250	
		醇醛玻璃棉毡	120～150	0.041～0.047		≤300	
	超细棉	醇醛超细玻璃棉毡	<20	0.035～0.042		400	
		醇醛超细玻璃棉管壳	≤60	0.035～0.042		300	
		醇醛超细玻璃棉板	≤60	0.035～0.042		300	
		无碱超细玻璃棉板	≤60	0.033～0.040		600	
	中级纤维	中级玻璃纤维板	80	0.041～0.047		-25～300	
		中级玻璃纤维管壳	80	0.041～0.047		-25～300	

续表

名　　称		密度（kg/m^3）	导热系数［W/（m·K）］	可燃性	使用温度（℃）	备注
泡沫塑料制品	聚苯乙烯泡沫塑料板	30~50	≤0.035	自熄或普通	-80~75	
	硬质聚氯乙烯泡沫塑料板	40~50	0.043	自熄	35~80	
	软质聚氯乙烯泡沫塑料板	27	0.052	自熄	-60~60	
	聚乙烯泡沫塑料板	12~14	0.044	难燃	70~80	
	聚乙烯泡沫塑料管壳	29~31	0.047	难燃	80	
	橡塑海绵保温管	80~120	0.039	难燃		

（二）绝热材料进场复验要求

（1）监理人员应对绝热材料的性能进行见证抽样复验，并核查其复验报告。

（2）对绝热材料的导热系数、密度和吸水率等技术性能参数进行见证取样送检。要求同一厂家同材质的绝热材料复验次数不得少于2次。

第三节　冷热源设备及管网安装施工质量监理控制要点

一、监理控制流程

冷热源设备及管网安装施工监理控制流程，如图9-1所示。

二、冷热源设备及其辅助设备质量监理控制要点

（一）冷源设备安装质量监理控制要点

冷源设备主要指各类制冷机组，有活塞式、螺杆式、离心式压缩机为主机的压缩式制冷设备及溴化锂吸收式制冷机组。制冷机组一般包括压缩机、电动机及其成套附属设备在内的整体式或组装式制冷装置。其监理控制要点如下：

（1）制冷机组安装前监理人员应复核设备基础的尺寸、平整度，制冷机组的安装应在底座的基准面上找正、调平 。机组安装的纵向和横向水平偏差均不应大于1/1000；

（2）多台模块式制冷机组并联组合时，应在基础上增加型钢底座，并检查机组与底座固定的牢固性；

（3）检查制冷机组的自控元件、安全保护继电器、电器仪表的接线：

1）所有测量仪表按产品设计要求均采用专用产品，查验产品的合格证书和检测报告；

2）应检查仪表的安装位置，所有仪表应安装在光线良好、便于观察、不妨碍操作和检修的地方；

3）压力继电器和温度继电器应装在不受振动的地方。

（4）检查设备的定位位置，大、中型热泵机组周围应按设备不同留有足够的通风空间。机组供、回水管侧应留有1~1.5m的检修距离；

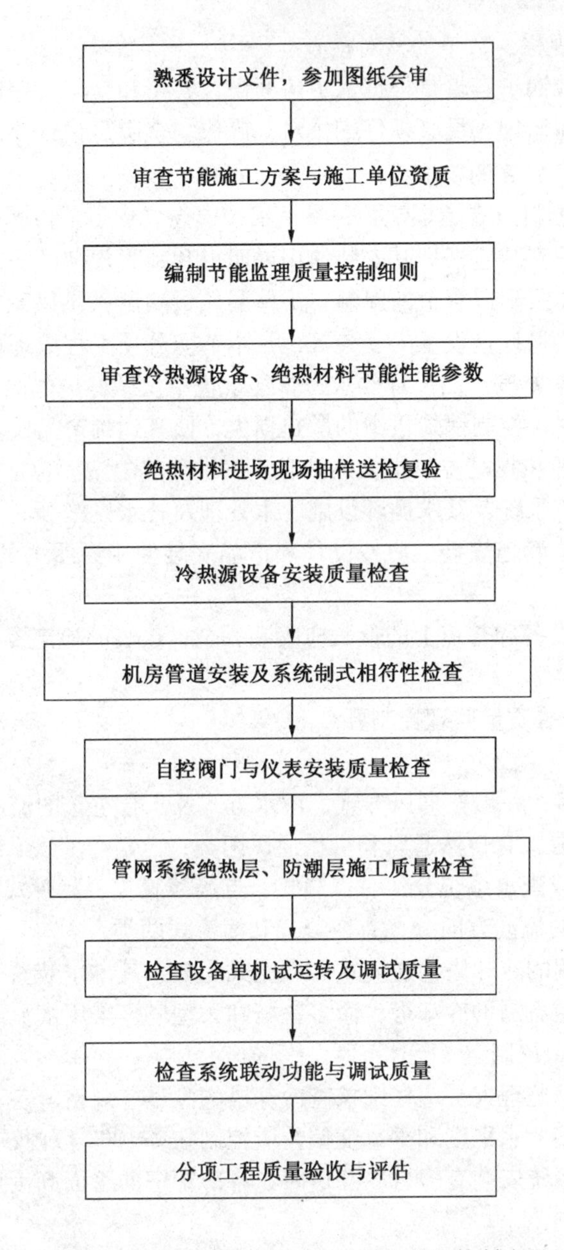

图9-1 冷热源设备及管网安装施工监理控制流程

（5）冷源系统的辅助设备，如冷凝器、贮液器、油分离器、中间冷却器、集油器、空气分离器、蒸发器和制冷剂泵等就位前，监理人员应复核管口的方向、位置与设备连接的管道，其进出口方向及位置应符合工艺流程和设计要求；附属设施在安装前应进行气密性试验及单体吹扫，并形成有效记录，气密性试验压力应符合设计和规范规定；

（6）对组装式的制冷机组和现场充注制冷剂的机组，应督促承包单位进行吹污、气密性试验、真空试验和充注制冷剂检漏试验，其相应的技术数据必须符合产品技术文件和有关现行国家标准规范的规定。

（二）热源设备安装质量监理控制要点

（1）锅炉型号、规格、数量的核对检查

锅炉的台数和单台锅炉容量是根据锅炉房的设计容量和全年（采暖季）负荷低峰期工况合理确定的，安装前监理人员必须仔细核对，确保完全满足设计要求，锅炉最低设计效率应达到产品标准和表9-2的要求。

（2）整装锅炉按燃料分有燃煤锅炉、燃油锅炉、燃气锅炉，以燃煤散装锅炉的安装工艺最为复杂。各型锅炉安装应根据其安装使用说明书和验收规范的要求进行施工。涉及节能的施工工序，如炉体及附属管道的保温、炉体漏风量测试，供风系统漏风量的测试、自控仪表设备的安装、热量计量设备的安装等，是本节能分项工程监理控制的重点。

（3）在安装过程中要按产品设计要求，督促承包单位做好炉体的保温结构、锅炉本体与辅助设备连接的密封，控制锅炉机组的散热损失，使其达到产品设计技术文件的规定；

（4）热交换站一般包括高温热水换热站和蒸汽供热热力站。包括热源管道系统、热交换设施、低温热水管道系统及其水循环设施、水处理及补水设施等。

（5）换热站设备、管道安装，应按设计和产品安装使用说明书的要求进行安装调试，并做好记录。

（6）热交换站内设备和管道上的仪表应安装齐全，仪表的检定资料已通过检查，仪表的初始值已校对正确。

（三）辅助设备安装质量监理控制要点

1. 冷却塔的分类

冷却塔的形式很多，一般按通风方式、淋水方式及水合空气的流动方向等进行分类。

（1）按通风方式分，有自然通风和机械通风两类；

（2）按淋水装置或配水系统分，有点滴式、点滴薄膜式、薄膜式和喷水式四类；

（3）按水和空气的流动方向分，有逆流式和横流式两类。

空调制冷系统所用的冷却塔为逆流式和横流式为多，其淋水装置采用薄膜式。一般单座塔和小型塔多采用逆流圆形冷却塔，而多座塔和大型塔多采用横流式冷却塔。

2. 冷却塔安装质量控制

（1）冷却塔到货后监理人员应仔细核查冷却塔的型号、规格等各项参数是否符合设计要求。单台冷却塔安装，水平度和垂直度偏差应控制在2/1000以内；

（2）同一冷却水系统安装有多台冷却塔时，各冷却塔的水面高度应一致，高度差应控制在30mm以内；

（3）冷却塔的安装现场的定位应符合设计要求，同时注意冷却塔不应安装在四面有外墙或密不通风的地方，并应注意塔身与外墙间距；应避免安装在有煤烟及灰尘较多的地方，防止灰尘堵塞胶片；应远离厨房及锅炉排烟等高温气体；

（4）监理人员应坚持管道连接的正确性。

3. 水泵的分类

水泵的分类按工作原理大致分为：

（1）叶片式泵

叶片式泵可分为：离心泵、混流泵、轴流泵、旋涡泵。离心泵又可分单级泵、多级泵。

单级泵可分为：单吸泵、双吸泵、自吸泵、非自吸泵等。

多级泵可分为：节段式、涡壳式。

混流泵可分涡壳式和导叶式。

轴流泵可分为固定叶片和可调叶片。

旋涡泵也可分为单吸泵、双吸泵、自吸泵、非自吸泵等。

（2）容积式泵

容积泵可分为往复泵、转子泵。

（3）喷射式泵

4. 循环水泵、冷却水泵的安装

（1）监理人员应对水泵的型号、规格等参数进行核查，应符合设计要求；

（2）检查水泵安装的水平度、垂直度、联轴器的同心度应符合规范规定和设备技术文件的规定；

（3）与水泵进出口连接的管道应在不影响水泵运行和维修的位置并设置独立、牢固的支、吊架；

（4）有隔振要求的水泵安装时，水泵进出口管上应有橡胶挠性接头和采用弹性支吊架。

三、阀门、仪表、管道安装质量监理控制要点

1. 制冷管道安装

（1）制冷系统管道安装的坡度及坡向，监理人员应按设计规范要求进行检查，当设计无明确要求时应满足表 9-10 的要求。

制冷系统管道的坡度、坡向　　表 9-10

管道名称	坡度方向	坡度
分油器至冷凝器相连接的排气管水平管段	坡向冷凝器	3‰~5‰
冷凝器至贮液器的出液管水平管段	坡向贮液器	3‰~5‰
液体分配站至蒸发器（排管）的供液管水平管段	坡向蒸发器	1‰~3‰
蒸发器（排管）至气体分配站的回气管水平管段	坡向蒸发器	1‰~3‰
氟利昂压缩机吸气水平管排气管	坡向压缩机 坡向油分离器	4‰~5‰ 1‰~2‰
氨压缩机吸气水平管排气管	坡向低压桶 坡向氨油分离器	≥3‰
凝结水管的水平管	坡向排水器	≥8‰

（2）制冷系统的液体管安装不应有局部向上凸起的弯曲现象，以免形成气囊。气体管不应有局部向下凹的弯曲现象。以免形成液囊。

（3）从液体干管引出支管，应从干管底部或侧面接出；从气体干管引出支管，应从干管上部或侧面接出。

管道成三通连接时，应将支管按制冷剂流向弯成弧形再行焊接，当支管与干管直径相

同且管道内径小于50mm时，则需在干管的连接部位换上大一号管径的管段，再按以上规定进行焊接。

（4）不同管径的管子直线焊接时，应采用同心异径管。

（5）紫铜管连接宜采用承插口焊接，或套管式焊接，承口的扩口深度不应小于管径，扩口方向应迎介质流向；紫铜管切口表面应平齐，不得有毛刺、凹凸等缺陷。切口平面允许倾斜偏差为管子直径的1%。

（6）系统吹扫、气密性试验及抽真空试验：

承包单位在现场进行吹扫、气密性试验和抽真空试验之前，应编制有针对性的施工方案，监理人员审查承包单位的方案，经监理批准后，承包单位方可进行相关试验。在试验过程中，监理人员应对整个过程做好监督控制。

1）系统吹扫

整个制冷系统是一个密封而又清洁的系统，不得有任何杂物存在，监理人员必须读出承包单位进行有效的吹扫，制冷系统的吹扫应使用干燥的空气进行，在系统的最低点设排风口，将残存在系统内部的铁屑、焊渣、泥沙等杂物吹净，用白布检查吹出的气体无污垢时为合格。

2）系统气密性试验

系统内部污物吹净后，整个系统应进行气密性试验。

制冷剂为氨的系统，采用压缩空气进行试验；制冷剂为氟利昂的系统，采用瓶装压缩氨气进行试验。对于较大的制冷系统也可采用压缩空气，但须干燥处理后再充入系统。

检漏方法：用肥皂水对系统所有焊口、阀门、法兰等连接部位进行仔细涂抹检漏。

系统保压时，在试验压力下保压6h后开始记录压力表读数，经稳压24h后观察压力值，其试验压力降不应大于试验压力的1%，当压力降超过规定时，应查明原因消除泄漏，并重新试验直至合格。

试验过程中如发现泄漏要做好标记，必须在泄压后进行检修，不得带压修补。

系统气密性试验压力，应符合表9-11的规定。

系统气密性试验压力（MPa） **表9-11**

系统压力	活塞式制冷机			离心式制冷机
	R717 R502	R22	R12 134a	R11 R1232
低压系统	1.8	1.8	1.2	0.3
高压系统	2.0	2.5	1.6	0.3

3）系统抽真空试验

在气密性试验后，用真空泵将系统抽至剩余压力小于5.3kPa（40mm汞柱），保持24h，氨系统压力以不发生变化为合格。氟利昂系统压力回升不应大于0.53kPa（4mm汞柱）。

（7）系统充制冷剂

1）充灌制冷剂前，应先将系统抽真空，其真空度应符合设备技术文件的规定；

2）制冷系统充灌制冷剂时，应将装有质量合格的制冷剂的钢瓶放在磅秤上计量并做好记录，用连接管与机组注液阀接通，利用系统内真空度将制冷剂注入系统，在充灌过程中按规定向冷凝器供冷却水或蒸发器供载冷剂；

3）当系统内的压力升至0.1～0.2MPa时，应对系统再次进行全面检验。查明泄露后应予以修复，无异常情况后再充灌制冷剂，R11制冷剂除外；

4）当系统压力与钢瓶压力相同时，即可启动压缩机，加快制冷剂充入速度，直至符合有关设备技术文件规定的制冷剂重量。

2. 阀门

（1）阀门的检验规定为阀门安装前必须进行外观检查，其外表应无损伤、阀体无锈蚀，阀体的铭牌应符合《通用阀门标志》GB 12220的规定。阀门在安装前应按规范要求做好强度和严密性试验并形成有效记录，经监理人员审查通过后方可用于施工现场。管道阀门的强度试验应符合下列规定：

1）对于工作压力高于1.0MPa的阀门规定抽查20%，这个要求比原抽查10%严格了。

2）对于安装在主干管上起切断作用的阀门，条文规定按全数检查。

3）其他阀门的强度检验工作可结合管道的强度试验工作一起进行。条文规定的阀门强度试验压力（1.5倍的工作压力）和压力持续时间（5min）均符合国家行业标准《阀门检验与管理规程》SH 3518-2000的规定。

（2）阀门安装位置、方向、高度应符合设计要求，不得反装。

（3）安装带手柄的手动截止阀，手柄不得向下。电磁阀、调节阀、热力膨胀阀、升降式止回阀等，阀头均应向上竖直安装。

（4）热力膨胀阀的感温包赢装于蒸发器末端的回气管上，应接触良好，绑扎紧密，并用隔热材料密封包扎，其厚度与保温层相同。

（5）制冷系统的阀门，安装前应按设计要求对型号、规格进行核对检查，并按规范要求做好清洗和强度、严密性试验；润滑系统和制冷剂管道上的每个阀门均应进行单体气密性试验，其试验压力应符合《制冷设备、空气分离设备安装工程施工及验收规范》GB 50274—2010中相关要求。

3. 仪表

（1）所有测量仪表按设计要求均采用专用产品，压力测量仪表须用标准压力表进行校正，温度测量仪表须用标准温度计校正并做好记录。

（2）所有仪表应安装在光线良好，便于观察，不妨碍操作检修的地方。

（3）压力继电器和温度继电器安装在不受震动的地方。

4. 室外管网系统安装

（1）管道系统的制式应符合设计要求；

室外冷热管网系统的管网布置形式、管道敷设方式、用户连接方式、调节控制方式等应符合设计要求。

（2）室外管网的平衡阀、调节阀的型号、规格及公称压力应符合设计要求，安装后应根据系统要求进行调试，并作出标志；

（3）直埋无补偿供热管道预热伸长及三通加固应符合设计要求，回填土前应检查预制保温外壳及接口的完好性；

（4）补偿器的位置必须符合设计要求，并应按设计要求或产品说明书进行预拉伸；

（5）管道固定支架的位置和构造必须符合设计要求；

（6）检查蒸汽喷射嘴与混合室、扩压管的中心必须一致。试运行时，应调整喷嘴与混合室的距离。蒸汽喷射器的出口应有2～3m的直管段；

（7）检查管网系统调压板是否按设计要求安装到位。

四、设备及管网绝热、防潮层质量监理控制要点

（一）绝热层控制要点

（1）绝热层应采用不燃或难燃材料，绝热材料进场前监理人员应对材质、规格及厚度等进行检查，确保符合设计要求；

（2）绝热管壳的粘贴应牢固、铺设应平整；硬质或半硬质的绝热管壳每节应进行至少两道的有效捆绑，间距为300～350mm，且捆绑、粘贴应紧密，无滑动、松弛与断裂现象；

（3）硬质或半硬质绝热管壳的拼接缝隙，保温时不应大于5mm、保冷时不应大于2mm，并用粘接材料勾缝填满；纵缝应错开，外层的水平接缝应设在侧下方；

（4）松散或软质保温材料应按规定的密度压缩其体积，疏密应均匀；毡类材料在管道上包扎时，搭接处不应有空隙；

（5）穿楼板和穿墙处的绝热层应连续不间断且绝热层与穿楼板和穿墙处的套管之间应用不燃材料填实，不得有空隙，套管两端应进行密封封堵；

（6）管道阀门、过滤器及法兰部位的绝热结构应能单独拆卸，且不得影响其操作功能；

（7）管道与支、吊架之间应设置绝热衬垫，其厚度不应小于绝热层厚度，宽度应大于支、吊架支承面的宽度。衬垫的表面应平整，衬垫与绝热材料之间应填实，无空隙。

（8）管道垂直穿过楼板固定支座时，上下层楼板间的绝热管壳不连续断开。固定支座部分采用可拆卸式绝热结构，绝热材料与支座、管道和钢套管的间隙要用碎绝热材料塞严；接缝要用胶带密封；

（9）垂直管道绝热时，应隔一定间距设保温支撑环，用来支撑绝热材料，以防止材料下坠。支撑环一般间距为3m，环下要留25mm左右间隙，填充导热系数相近的软质绝热材料；

（10）直埋管道的保温应符合设计要求，接口在现场发泡时，接头处厚度应与管道保温厚度一致，接头处保护层必须与管道保护层成一体，符合防潮防水要求。

（二）防潮层控制要点

（1）垂直管应自下面上，水平管应从低点向高点进行，环向搭缝口应朝向低端。

（2）防潮层应紧紧粘贴在隔热层上，封闭良好，厚度均匀松紧适度，无气泡、拆皱、裂缝等缺陷。

（3）用卷材做防潮层，可用螺旋形缠绕的方式牢固粘贴在隔热层上，开头处应缠两圈后再呈形缠绕，搭接宽度为30～50mm。

（4）用油毡纸做防潮层，可用包卷的方式包扎，搭接宽度为50～60mm。油毡接口朝下，并用沥青玛瑺脂密封，每300mm扎镀锌钢丝或铁箍一道。

五、系统试运转及调试质量监理控制要点

系统试运转及调试之前，承包单位应编制专项方案，报经监理单位认可后方可进行系

统的调试，在调试过程中承包单位应做好相应的记录。

（一）系统冷热源和辅助设备及其管道和管网系统试运转及调试规定

（1）冷热源和辅助设备必须进行单机试运转及调试；

（2）冷热源和辅助设备必须同建筑物室内空调或采暖系统进行联合试运转及调试。

（二）制冷机组单机试运转调试

（1）制冷机组单机试运转前，应按规定程序进行吹扫、气密性试验、抽真空试验、检漏、充灌制冷剂；

（2）制冷系统负荷试运转前的准备工作应符合下列要求：

1）系统中各安全保护继电器、安全装置应经整定，其整定值应符合设备技术文件的规定，其动作应灵敏、可靠；

2）油箱的油面高度应符合规定；

3）按设备技术文件的规定，开启或关闭系统中相应的阀门；

4）冷却水供给应正常；

5）蒸发器中载冷剂液体的供给应正常；

6）压缩机能量调节装置应调到最小负荷位置或打开旁通阀。

（3）活塞式制冷压缩机负荷试运转应符合下列要求：

1）活塞式制冷压缩机各连接部位、轴封、填料、气缸盖和阀件应无漏气、漏油、漏水现象；

2）对使用氟利昂制冷剂的压缩机，启动前应按设备技术文件的要求将热曲轴箱中的润滑油加热；

3）运转中润滑油的油温，开启式机组不大于70℃，半封闭机组不大于80℃；

4）压缩机的最高排气温度符合表9-12的规定；

5）开启式压缩机轴封处的渗油量不应大于0.5ml/h。

（4）螺杆式制冷压缩机负荷试运转应符合下列要求：

1）制冷机为R12、R22的机组，启动前应接通电加热，其油温不应低于25℃；

2）启动运转的程序应符合设备技术文件的规定；

3）调节油压宜大于排气压力0.15～0.3MPa；精滤油器前后压差不高于0.1MPa；

4）冷却水温度不应大于32℃，压缩机的排气温度和冷却后的油温应符合表9-13的要求。

压缩机的最高排气温度　表9-12

制冷剂	最高排气温度℃
R717	150
R12	125
R22	145
R502	145

压缩机的排气温度和冷却后的油温要求

表9-13

制冷剂	排气温度（℃）	油温（℃）
R12	≤90	30～55
R22、R717	≤105	30～65

5）吸气压力不宜低于0.05MPa（表压），排气压力不宜高于1.6MPa（表压）；

6）运转中应无异常声响和振动，并检查压缩机轴承体处的温升，应正常；

7）轴封处的渗油量不应大于3ml/h。

（5）离心制冷机组负荷试运转应符合下列要求：

1）接通油箱电加热器，将油加热至50～55℃；

2）按要求供给冷却水和载冷剂；

3）启动油泵、调节润滑系统，使供油系统正常工作；

4）按设备技术文件的规定启动抽气回收装置，排除系统中的空气；

5）启动压缩机逐步开启导向叶片，并应快速通过喘振区，使压缩机正常工作；

6）油箱油温宜为50～65℃，油冷却器出口的油温宜为35～55℃。滤油器和油箱内的油压差，制冷剂为R11的机组应大于0.1MPa，R12的机组应大于0.2MPa；

7）能量调节机构的工作应正常；

8）机组载冷剂出口的温度及流量应符合设备技术文件的规定；

9）检查机组的声响、振动，轴承部位的温升应正常；当机器发生喘振时，应立即采取措施予以消除或停机；

10）系统经过试运转，系统温度应能够在最小的外加热负荷下，降低至设计或设备技术文件规定的温度。

（6）制冷机组试运转中应按要求检查下列项目，并做好记录：

1）油箱的油面高度和各部位供油情况；

2）润滑油的压力和温度；

3）吸、排气压力和温度；

4）进、排水温度和冷却水供给情况；

5）载冷剂的温度；

6）贮液器、中间冷却器等附属设备的液位；

7）各运动部件有无异常声响，各连接和密封部位有无松动、漏气、漏油、漏水现象；

8）电动机的电流、电压和温升；

9）能量调节装置的动作应灵敏，浮球阀及其液位计的工作应稳定；

10）各安全保护继电器的动作应灵敏、准确；

11）机器的噪声和振动。

（7）停止运转应符合下列要求：

1）应按设备技术文件规定的顺序停止压缩机的运转；

2）压缩机停机后，应关闭水泵或风机以及系统中相应的阀门，并应放空积水。

（8）试运转结束后，应拆洗系统中的过滤器并应更换或再生干燥过滤器的干燥剂。

（三）锅炉机组单机试运行调试

锅炉机组在安装完毕并完成烘炉、煮炉合格后正式运行之前应进行48h带负荷连续试运行，同时进行安全附件热态下的检验和调整，锅炉及全部辅助设备运行应正常。

（1）在额定负荷下连续运行，核查锅炉的产热量和供热参数是否符合产品技术标准和设计要求；

（2）锅炉在带负荷试运行中，应进行锅炉运行参数的调整和试验，使锅炉在不同负荷状态下经济运行：

1）调整锅炉的燃烧工况，找出合理的燃料配风比，使锅炉在产品技术条件规定的过量空气系数下运行；

2）获取锅炉在不同负荷下最佳运行的技术经济参数；

3）对炉膛及烟、风道漏风进行巡检和测试；

4）对锅炉额定负荷下的热效率进行测试；

5）燃煤锅炉控制炉渣含碳量。在运行中对炉排速度，煤层厚度、燃烧层各段的送风量进行合理调配。

（3）热水锅炉热网循环水系统运行控制

1）热网循环水泵的台数，应根据供热系统规模，结合管网设计和运行调节方式确定，循环水泵同时运行台数不宜超过3台，应设1台备用；

2）对系统调节方式进行检查：热网系统宜采用设计制式进行系统调节，应避免采用“大流量，小温差”的单纯质调方式及断续供热方式；

3）当热网系统包括有生产和生活热负荷时，宜增设非采暖期管线，并另设相适应的循环水泵；

4）系统补水量应控制在设计要求范围内。一次热网系统补水量不应大于系统循环水量的1%；

5）补给水泵台数不宜超过3台，应设1台备用；

6）热水采暖供热系统的一、二次水的动力消耗应予以控制，其耗电输热比HER值应符合设计和规范要求。

（四）冷却塔单机试运转调试

（1）冷却塔试运转前准备工作

1）清扫冷却塔内的杂物和尘垢，防止冷水水管或冷凝器等堵塞；

2）冷却塔和冷却水管路系统用水冲洗干净，管路系统应无漏水现象；

3）检查自动补水阀或自动补水泵的动作状态是否灵活、准确。

（2）冷却塔试运转

1）冷却塔风机与冷却水系统循环试运行不少于2h，运行时冷却塔本体应稳固、无异常振动，用声级计测量其噪声应符合设备技术文件的规定；

2）冷却塔风机的试运行可按通风机的单机试运转操作；测定风机电机的启动电流和运转电流，控制运转电流在额定电流范围内；

3）检查布水器的旋转速度和布水器的喷水量是否均匀；

4）检查喷水有无偏流状态；

5）检查喷水量和出水量是否平衡；

6）测定冷却塔出入口冷却水的温度；

7）冷却塔试运转工作结束后，应清洗集水池；

8）冷却塔试运转后，如长期不使用，应将循环管路及集水池中的水全部放出，防止设备冻坏。

（五）循环水泵单机试运转与调试

（1）单机试车前应根据验收规范，在安装施工完成后经施工单位自检合格，并经监理工程师对单机设备进行安装质量复验，符合规范要求的才可进行试车；

（2）水泵的启动和运转，应符合以下要求：

1）水泵与附属管路上的阀门启闭状态要符合调试要求。水泵运转前，应将入口阀全开，出口阀全闭，待水泵启动后再将出口阀打开；

2）点动水泵，检查水泵的叶轮旋转方向是否正确；

3）启动水泵，用钳形电流表测量电动机的启动电流，待水泵正常运转后，再测量电动机的运转电流，检查其电动机运行功率值，应符合设备技术文件的规定；

4）水泵在连续运行2h后，用数字温度计测量其轴承的温度。滑动轴承外壳最高温度不得超过70℃，滚动轴承不得超过75℃。

（六）室外供热管网供暖介质的引入和系统调试（一次管网直接供热）

（1）若为机械热水供暖系统，首先使水泵运转并达到设计压力；

（2）然后开启建筑物引入管的供水（汽）阀门和回水管阀门。通过压力表监视建筑物引入管上的总压力；

（3）热力管网运行中，应注意排尽管网内空气后方可进行系调工作；

（4）在室内进行初调后，可对室外各用户进行系统调节；

（5）系统调节从最远的用户即最不利供热点开始，利用建筑物进户处引入管的供回水温度计（如有流量计更好），观察其温度差的变化，调节进户流量，采用等比失调的原理及方法进行调节；

（6）当系统中有减压阀时，应根据使用压力进行调试，并作出调试后的标志：

1）调压时，先开启减压阀后的阀门，关闭旁通阀，慢慢打开减压阀前的阀门；

2）注意观察减压后的压力数值。当室内管道及设备都充满热媒介质后，继续开大减压阀前阀门，及时调整减压阀的调节装置，使低压端的压力逐步达到设计要求时为止；

3）带有均压管的减压阀，均压管在压力波动时自动调节减压阀的启闭大小，只能对小范围的波动起作用，不能仅靠它来代替调压工序；

4）旁通管在维修减压阀时起临时减压作用，开启阀门时的动作应缓慢，注意观察减压的数值，勿使其超过规定值。

（7）室外供热管网系统调试的步骤

1）首先将最远用户的阀门开到最大流量，观察其温度差。若温差小于设计温差则说明该用户进口流量大，若温差大于设计温差则说明该用户进口流量小，可用阀门进行调节。回水温度偏差在±2℃以内，可认为达到热力平衡；

2）按上述方法再调节倒数第二户，将这两户入口的温度和回水温度调至基本相同为止，这说明最后两户的流量达到设计平衡；

3）再调整倒数第三户，使其入户流量与设计流量平衡。在平衡倒数第三、二户过程中，允许再适当稍拧动这两户的进口调节阀，此时倒数第一户已定位，该进户调节阀不准拧动；并作上定位标记；

4）依次类推。调整倒数第四户使其入户流量与设计流量平衡。允许再稍拧动倒数第三户阀门，但这时倒数第二户阀门应作上定位标记，不准拧动。直到将全部用户引入管的进户调节阀，都作上定位记号为止；

5）全部进户阀调整完毕后，若流量还有剩余，最后可调节循环水泵的阀门。

（七）热交换站的试运转

（1）软化水系统的调试：检查软化罐内树脂量，用自来水进行反洗、再生、正洗，测试水质。当水质符合标准后将水放入软化水箱，记录下软化水水表的读数；

（2）启动补水泵，将软化水箱的软化水注入二次热水管道，注水范围包括热交换站内的二次热水管道和二次管网中准备供热的系统。注水时注意排气，当室内外均充满水后，关闭所有放气阀，开启外网系统末端的循环管阀门；

（3）当二次热水系统有高位膨胀水箱时，进行水位自动控制装置的调试，最后将膨胀水箱的水位调整到停泵的位置；当二次热水系统设置低位膨胀水罐时，调整水罐压力、安全阀、电磁阀等，最后将膨胀水罐的压力调整到初始压力；

（4）关闭二次热水循环泵的出口阀门，开启泵，运转正常后逐渐开大循环泵的出口阀，使二次热水管路系统的水路运转起来。检查水泵出入口阀门、仪表工作情况；

（5）取得供热单位同意后，开启一次热网的入站总阀，使一次热供入热交换站。开启热交换器一次供水阀，同时打开热交换站内一次水系统设备和管道的放气阀，直至见水。再逐渐开启回水阀，使一次水系统的热水开始循环，二次水的温度将开始上升。手动调节二次网分水缸出水阀，以调节二次水系统温升的速度，再调整一次网电磁阀的温度控制设定值，使电磁阀投运，自动调节阀门的开启程度。检查一次热网的压力和流量及仪表工作情况。

（6）热交换站试运转的要求：

1）在二次热网有用热的条件时，进行连续24h运转，作出全部运行记录，包括热交换站内所有测点的温度、压力、流量、水泵运转及相关的电压、电流情况记录；

2）为减小热交换器的水循环阻力热交换器中二次水的流速宜控制在0.2～0.5m/s；

3）由建设、监理、安装单位共同对试运转的情况和各项记录进行分析，得出试运转合格的结论，以证明热交换站建设合格，可以投入使用。

（八）室内采暖管道通热调试

（1）系统冲洗完毕应充水、加热，进行试运行和调试；

（2）先确定热源，制定出通暖调试方案、人员分工和处理紧急情况的各项措施。备好修理、泄水等器具；

（3）维修人员按分工各就各位，分别检查采暖系统中的泄水阀门是否关闭，干、立、支管上的阀门是否打开；

（4）向系统内充水（以软化水为宜）：开始先打开系统最高点的排气阀，指定专人看管。慢慢打开系统供水干管的阀门，待最高点的排气阀见水后立即关闭。然后开启回水管的阀门，最高点的排气阀须反复开闭数次，直至将系统中冷空气排净；

（5）在巡视检查中如发现隐患，应尽量关闭小范围内的供、回水阀门，及时处理和抢修。修好后随即开启阀门；

（6）全系统运行时，遇有不热处要查明原因。如需冲洗检修，先关闭供、回水阀，泄水后再先后打开供、回水阀门，反复放水冲洗。冲洗完后再按上述程序通暖运行，直到运行正常为止；

（7）若发现热度不均，应调整各个分路、立管、支管上的阀门，使其基本达到平衡；

（8）高层建筑的采暖管道冲洗与通热，可按设计系统的特点进行划分，按区域、独立系统、分若干层等逐段进行；

（9）冬期通暖时，必须采取临时预热措施。室温应连续24h保持在5℃以上，方可进行正常送暖：

1）室内管网供热前，先开启外网循环管的阀门，使热力外网管道先行预热循环；

2）分路或分立管通暖时，先从向阳面的末端立管开始，打开系统进口阀门和回水阀门，通水循环送暖；

3）待已供热立管上的散热器全部热后，再依次逐根、逐个分环路通热，直到全系统正常运行为止。

（九）室内采暖管道的水力平衡

(1) 集中采暖系统供水或回水管的分支管路上，应根据水力平衡要求设置水力平衡装置。

(2) 管道系统的水力平衡，是管网设计的一个重要环节。水力平衡不好，就会造成水力失调，其结果如系统中上边过热，下边欠热或不热；或离热源近的过热，离热源远的欠热甚至不热。这不仅影响使用，而且还会浪费能量，因此，运行调试时应进行水力平衡调整。

（十）系统联动试运转调试

冷热源和辅助设备必须同建筑物内空调或采暖系统进行联合试运转和调试。系统联动调试运转中，设备及主要部件的联动动作应协调、正确，无异常现象。

1. 空调房间室内参数的测定和调整

(1) 室内温度和相对湿度的测定

1）室内温度、相对湿度波动范围应符合设计和规范要求；

2）室内温度、相对湿度的测定，应根据设计要求来确定工作区，并在工作区内布置测点：

① 一般舒适性空调房间应选择人经常活动的范围或工作面为工作区；

② 恒温恒湿房间离围护结构 0.5m，离地高度 0.5～1.5m 处为工作区。

3）测点的布置：

① 送、回风口处；

② 恒温工作区内的具有代表性的地点（如沿着工艺设备周围布置或等距布置）；

③ 室中心（没有恒温要求的系统，温、湿度只测此一点）；

④ 敏感元件处。

测点数按表 9-14 确定。

温、湿度测点数 **表 9-14**

波动范围	室面积≤$50m^2$	每增加 $20 \sim 50m^2$
$\Delta t = \pm 0.5 \sim \pm 2℃$ $\Delta RH = \pm 5 \sim \pm 10\%$	5	增加 3～5
$\Delta t \leq \pm 0.5℃$ $\Delta RH \leq \pm 5\%$	点间距不应大于 2m，点数不应少于 5 个	

4）有恒温恒湿要求的房间，室温波动范围按各测点的各次温度中的偏离控制点温度的最大值，占测点总数的百分比整理成累积统计曲线，90% 以上测点达到的偏差值为室温

波动范围，应符合设计要求。区域温差以各测点中最低的一次温度为基准，各测点平均温度与其偏差的点数，占测点总数百分比整理成累积统计曲线，如90%以上测点的偏差值在室温波动范围内为符合设计要求。

相对湿度波动范围可按室温波动范围的原则确定。

（2）室内静压差的测定

静压差的测定应在所有门窗关闭的条件下，由高压向低压、由里向外进行，检测时所使用的微压计，其灵敏度不应低于2.0Pa。

为了保持房间的正压，通常靠调节房间回风量和排风量的大小来实现。

（3）空调室内噪声的测定

空调房间噪声测定，一般以房间中心离地面1.2m高度处为测点，噪声测定时要排除环境噪声的影响。

2. 联合试运转及调试结果要求

联合试运转及调试结果应符合设计要求，且允许偏差或规定值应符合表9-15的有关规定。当联合试运转及调试不在制冷期或采暖期时，应先对表9-15中序号2、3、5、6四个项目进行检测，并在第一个制冷期或采暖期内，带冷（热）源补做序号1、4两个项目的检测。

联合试运转及调试检测项目与允许偏差或规定值　　表9-15

序号	检测项目	允许偏差或规定值
1	室内温度	冬季不得低于设计计算温度2℃，且不应高于1℃ 夏季不得高于设计计算温度2℃，且不得低于1℃
2	供热系统室外管网的水力平衡度	0.9~1.2
3	供热系统的补水率	≤0.5%
4	室外管网的热输送效率	≥0.92
5	空调机组的水流量	≤20%
6	空调系统冷热水、冷却水总流量	≤10%

第四节　冷热源及管网节能常见施工质量通病及预防措施

冷热源及管网节能工程常见质量通病及预防措施

冷热源及管网节能工程常见质量通病及预防措施，见表9-16。

冷热源及管网节能工程常见质量通病及预防措施　表9-16

序号	常见质量通病与现象	预防措施
1	制冷压缩机本体运转无明显异常现象，但空调房间温度降不下来，满足不了生产工艺或工作人员舒适性要求	（1）在制冷系统运行前，确保充灌充足的制冷剂 （2）制冷系统施工时，严格进行严密性测试，确保无泄漏 （3）检查冷却水量，使之保持在正常的范围内；检查室外冷却塔的风机运转情况及周边通风环境，使冷却水温度保持正常 （4）调整热力膨胀阀开度 （5）一般应要求膨胀阀垂直安装，感温包安装在回气管道的水平部位；在有集油弯头的情况下，感温包应安装在集油弯头之前；当蒸发器出口处设有气液交换器时，感温包应安装在气液交换器之前
2	压缩机的排气压力过高或过低，吸气压力过高或过低，高、低压继电器经常动作，压缩机启动后90s内突然停车及油压过低，空调制冷压缩机不能正常运转，空调系统所需要的冷量无法保证	（1）严格进行制冷系统严密性测试 （2）合理确定排气阀开度，严格控制冷却水流量及排气阀片的严密性 （3）适当调整高、低压继电器的压力值 （4）调节油压在合理的范围内，及时清理油过滤器，严防堵塞
3	冷却水温度偏高，空调制冷系统的冷凝温度和冷凝压力上升，降低制冷系统的制冷量，增加耗能并影响系统的正常运转	（1）冷却塔运行前，必须对电机的单体进行试验，确认电机正确的旋转方向 （2）应检查和处理使布水器畅通 （3）在试运转中调整进水压力和布水管孔眼安装角度来改变布水器旋转速度，提高冷却塔的冷却能力 （4）冷却塔在安装时应避免将杂物带入，并在试车前进行清洗，将填料上附有的泥垢等杂物清除掉 （5）不允许在冷却塔排风孔上安装短管或其他部件，否则会增加系统阻力
4	管网系统循环水泵输送效率低，耗能大	（1）选用合适扬程的循环水泵 （2）水泵进场时，应仔细核对其耗电输热比和输送能效比，应符合设计要求，并满足国家现行的有关标准的规定

续表

序号	常见质量通病与现象	预防措施
5	空调或采暖系统无法进行节能运行和水力平衡调节，耗能增大	(1) 检查自控阀门与仪表的安装，应按设计要求安装齐全，不得随意增减和更换 (2) 仔细检查冷热源侧的电动两通调节阀、水力平衡阀及热量计量装置等的规格、数量是否满足设计要求 (3) 自控阀门与仪表的安装方向及位置应满足设计和使用要求，并便于操作和观察
6	阀门不严密	阀门安装前应按设计规定及相应规范要求做好检查、清洗、试压工作，并形成相应的记录
7	随意用气焊切割型钢、螺栓孔及管子等	(1) 直径 ϕ50 以下的管子切割和 ϕ40 以下的管子同径三通开口，均不得用气焊割口，可用砂轮锯或手锯割口 (2) 支、吊架钢结构上的螺栓孔 $\phi \leqslant$13mm 的不允许用气焊割孔。可用电钻打孔 (3) 支、吊架金属材料均用砂轮锯或手锯断口
8	法兰接口渗漏	(1) 安装时应注意平眼（如水平管的上最上面两眼须是水平状，垂直管道靠近墙两眼须与墙平行） (2) 螺栓均匀用力拧紧
9	法兰焊口渗漏	焊缝外形尺寸符合要求，对口选择适中，正确选择电流及焊条，严格焊接工艺

第五节　冷热源设备及管网安装节能施工质量监理验收

一、　检验批划分规定

检验批划分结合《建筑节能工程施工质量验收规范》GB 50411—2013 规定，一般按冷源系统、热源系统、室外冷热管网系统三个检验批进行划分。

二、隐蔽工程验收

空调与采暖系统冷热源和辅助设备及其管道和室外管网系统，应随施工进度对与节能有关的隐蔽部位或内容进行验收，并应有详细的文字记录和必要的图像资料。

(1) 安装于地沟、管井、吊顶内的冷热水和蒸汽管道，检查其管道、设备、阀门部件等的安装应符合设计和规范要求。管道应水压试验合格后，方可进行防腐绝热施工；

(2) 管道在防腐绝热施工时应检查其材质、规格、厚度、粘贴、铺设、捆扎及支吊架的防冷（热）桥措施，符合设计和规范要求后，进行隐蔽工程验收，并作文字记录和图像资料。隐蔽验收合格后，方可进行封闭，进行下道工序施工。

三、冷热源及管网节能工程施工质量标准

(1) 空调与采暖系统冷热源设备及其辅助设备、阀门、仪表、绝热材料等产品进场

时，应按设计要求对其类型、规格和外观等进行检查验收，并应对下列产品的技术性能参数进行核查。验收与核查的结果应经监理工程师（建设单位代表）检查认可，并形成相应的验收、核查记录。各种产品和设备的质量证明文件和相关技术资料应齐全，并应符合国家现行标准和规定。

1）锅炉的单台容量及其额定热效率；

2）热交换器的单台换热量；

3）电机驱动压缩机的蒸汽压缩循环冷水（热泵）机组的额定制冷量（制热量）、输入功率、性能系数（COP）及综合部分负荷性能系数（IPLV）；

4）电机驱动压缩机的单元式空气调节机、风管送风式和屋顶式空气调节机组的名义制冷量、输入功率及能效比（EER）；

5）蒸汽和热水型溴化锂吸收式机组及直燃型溴化锂吸收式冷（温）水机组的名义制冷量、供热量、输入功率及性能系数；

6）集中采暖系统热水循环水泵的流量、扬程、电机功率及耗电输热比（HER）；

7）空调冷热水系统循环水泵的流量、扬程、电机功率及输送能效比（ER）；

8）冷却塔的流量及电机功率；

9）自控阀门与仪表的技术性能参数。

检验方法：观察检查；技术资料和性能检测报告等质量证明文件与实物核对。

检查数量：全数检查。

（2）空调与采暖系统冷热源及管网节能工程的绝热管道、绝热材料进场时，应对绝热材料的导热系数、密度、吸水率等技术性能参数进行复验，复验应为见证取样送检。

检验方法：现场随机抽样送检；核查复验报告。

检查数量：同一厂家同材质的绝热材料复验次数不得少于2次。

（3）空调与采暖系统冷热源设备和辅助设备及其管网系统的安装，应符合下列规定：

1）管道系统的制式，应符合设计要求；

2）各种设备、自控阀门与仪表应按设计要求安装齐全，不得随意增减和更换；

3）空调冷（热）水系统，应能实现设计要求的变流量或定流量运行；

4）供热系统应能根据热负荷及室外温度变化实现设计要求的集中质调节、量调节或质-量调节相结合的运行。

检验方法：观察检查。

检查数量：全数检查。

（4）空调与采暖系统冷热源和辅助设备及其管道和室外管网系统，应随施工进度对与节能有关的隐蔽部位或内容进行验收，并有详细的文字记录和必要的图像资料。

检验方法：观察检查；核查隐蔽工程验收记录。

检查数量：全数检查。

（5）冷热源侧的电动两通调节阀、水力平衡阀及冷（热）量计量装置等自控阀门与仪标的安装，应符合下列规定：

1）规格、数量应符合设计要求；

2）方向应正确，位置应便于操作和观察。

检验方法：观察检查。

检查数量：全数检查。

（6）锅炉、热交换器、电机驱动压缩机的蒸汽压缩循环冷水（热泵）机组、蒸汽或热水型溴化锂吸收式冷水机组及直燃型溴化锂吸收式冷（温）水机组等设备的安装，应符合下列要求：

1）规格、数量应符合设计要求；

2）安装位置及管道连接应正确。

检验方法：观察检查。

检查数量：全数检查。

（7）冷却塔、水泵等辅助设备的安装应符合下列要求：

1）规格、数量应符合设计要求；

2）冷却塔设置位置应通风良好，并应远离厨房排风等高温气体；

3）管道连接应正确。

检验方法：观察检查。

检查数量：全数检查。

（8）空调冷热源水系统管道及配件绝热层和防潮层的施工要求，可按照《通风与空调工程施工质量验收规范》GB 50243 相关规定执行。

（9）当输送介质温度低于周围空气露点温度的管道，采用封闭孔绝热材料作绝热层时，其防潮层和保护层应完整，且封闭良好。

检验方法：观察检查。

检查数量：全数检查。

（10）冷热源机房、换热站内部空调冷热水管道与支、吊架之间绝热衬垫的施工可按照《通风与空调工程施工质量验收规范》GB 50243 相关规定执行。

（11）空调与采暖系统冷热源和辅助设备及其管道和管网系统安装完毕后，系统试运转及调试必须符合下列规定：

1）冷热源和辅助设备必须进行单机试运转及调试；

2）冷热源和辅助设备必须同建筑物内空调或采暖系统进行联合试运转及调试；

3）联合试运转及调试结果应符合设计要求，且允许偏差或规定值应符合表 9-15 的有关规定。当联合试运转及调试不在制冷期或采暖期时，应先对表 9-15 中序号 2、3、5、6 四个项目进行检测，并在第一个制冷期或采暖期内，带冷（热）源补做序号 1、4 两个项目的检测。

检验方法：观察检查；核查试运转和调试记录。

检查数量：全数检查。

四、冷热源及管网节能工程施工质量验收

空调与采暖系统冷热源及管网节能工程验收，应在材料/设备进场验收、建筑物室内空调或采暖系统进行联合试运转及调试合格后进行。

（1）检验批验收应符合下列规定：

1）检验批应按主控项目和一般项目验收；

2）主控项目应全部合格；

3）一般项目合格；当采用计数检验时，至少应有90%以上的检查点合格，且其余检查点不得有严重缺陷；

4）应具有完整的质量验收记录。

（2）分项工程验收应检查下列资料，并纳入竣工技术档案：

1）设计文件、图纸会审记录、设计并更和洽商记录；

2）主要材料、设备的质量证明文件、进场检验记录、进场核查记录、进场复试报告、见证送样报告；

3）隐蔽工程验收记录和相关图像资料；

4）系统和检验批验收记录；

5）设备单机试运转调试记录；

6）室外供热管网调试记录。

7）换热站系统试运转与调试记录；

8）室内管网调试记录；

9）联合试运转调试记录。

第十章　配电与照明节能质量监理控制

第一节　配电与照明节能材料质量及验收

工程施工中所用材料、构配件及设备的质量好坏是工程质量能否达到设计要求的基础，也是能否实现配电与照明工程节能效果的关键。配电与照明节能工程采用的电线电缆、动力设备、照明光源、灯具及附属装置、电线和电缆等产品进场时，应按设计要求对其材质、规格及外观等进行验收，并应经监理工程师、建设单位代表检查认可，且应形成相应的验收记录。各种产品和设备的质量证明文件和相关技术资料应齐全，并应符合国家现行有关标准和规定。主要包括产品质量合格证、中文说明书、产品标识及相关性能检测报告等。进口材料和设备还应提供商检合格报告。

一、照明光源、灯具及附属装置进场复检

（1）照明光源、灯具及其附属装置的选择必须符合设计要求，进场验收时应对下列技术性能进行复检，复检应为见证取样送检：

1）荧光灯灯具、高强度气体放电灯灯具和LED灯具的效率不应低于表10-1的规定。

荧光灯灯具和高强度气体放电灯灯具的效率允许值　　**表10-1**

灯具出光口形式	开敞式	保护罩（玻璃或塑料）		格　栅	格栅或透光罩
		透　明	磨砂、棱镜		
荧光灯灯具	75%	65%	55%	60%	—
高强度气体放电灯灯具	75%	—	—	60%	60%

2）荧光灯、金属卤化物灯、高压钠灯初始光效。

3）管型荧光灯镇流器能效值应不小于表10-2的规定。

镇流器能效　　**表10-2**

标称功率（W）		18	20	22	30	32	36	40
镇流器能效因数（BEF）	电感型	3.154	2.952	2.770	2.232	2.146	2.030	1.992
	电子型	4.778	4.370	3.998	2.870	2.678	2.402	2.27

4）照明设备谐波含量限值应符合表10-3的规定。

照明设备谐波含量限值 表10-3

谐波次数 n	基波频率下输入电流百分比数表示的最大允许谐波电流（%）
2	2
3	$30\times\lambda$[①]
5	10
7	7
9	5
$11\leqslant n\leqslant 39$（仅有奇数谐波）	3

①：λ是电路功率因数。

（2）照明光源、灯具及附件应符合下列规定：

1）外观检查：灯具涂层完整、无损伤，附件齐全。防爆灯具铭牌上有防爆标志和防爆合格证号，普通灯具有安全认证标志。

2）对成套灯具的绝缘电阻、内部接线等性能进行现场抽样检测。灯具的绝缘电阻值不小于2MΩ，内部接线为铜芯绝缘电线，芯线截面积不小于0.5mm²，橡胶或聚氯乙烯（PVC）绝缘电线的绝缘层厚度0.6 mm。对游泳池和类似场所灯具（水下灯及防水灯具）密闭和绝缘性能有异议时，按批抽样送有资质的实验室检测。

（3）开关、插座、接线盒及其附件应符合下列规定：

1）查验合格证，防爆产品有防爆标志和防爆合格证书，实行安全认证制度的产品有安全认证标志；

2）外观检查：开关、插座的面板及接线盒盒体完整、无碎裂、零件齐全，风扇无损坏，涂层完整，调速器灯附件适配；

3）对开关、插座的电气和机械性能进行现场抽样检测。检测规定如下：

①不同极性带电部件间的电气间隙和爬电距离比小于3mm；

②绝缘电阻值不小于5MΩ；

③用自攻锁紧螺钉或自切螺钉安装的，螺钉与软塑固定件旋合长度不小于8mm软塑固定件在承受10次拧紧退出试验后，无松动或掉渣，螺钉及螺纹无损坏现象；

④金属间相旋合的螺钉螺母，拧紧后完全退出，反复5次仍能正常使用。

4）对开关、插座、接线盒及其面板等塑料绝缘材料阻燃性能有异议时，按批抽样送有资质的试验室检测。

二、低压配电系统电缆与电线截面复验

（1）低压配电系统选择的电缆、电线截面不得低于设计值，进场时应对其每芯导体电阻值进行见证取样送检。每芯导体电阻值应符合表10-4的规定。

1）检验方法：进场时抽样送检，验收时核查检验报告。

施工单位应按照有关材料设备进场的规定提交监理或甲方相关资料，得到认可后购进电线电缆，并在监理工程师的监督下进行见证取样，送到具有国家认可检验资质的检验机构进行检验，并出具检验报告。

2）检查数量：同厂家各种规格总数的10%，且不少于2个规格。

规格的分类依据电线电缆内导体的材料类型，相同截面、相同材料（如不镀金属、镀

金属、圆或成型铝导体）导体和相同芯数为同规格，如 VV3 ×185 与 YJV3 ×185 为同规格，BV6.0 与 BVV6.0 为同规格。

不同标称截面的电缆、电线每芯导体最大电阻值　　表 10-4

标称截面（mm^2）	20℃时导体最大电阻（Ω/km）圆铜导体（不镀金属）	标称截面（mm^2）	20℃时导体最大电阻（Ω/km）圆铜导体（不镀金属）
0.5	36.0	35	0.524
0.75	24.5	50	0.387
1.0	18.1	70	0.268
1.5	12.1	95	0.193
2.5	7.41	120	0.153
4	4.61	150	0.124
6	3.08	185	0.0991
10	1.83	240	0.0754
16	1.15	300	0.0601
25	0.727		

（2）电线、电缆应符合下列规定：

1）按批查验合格证，合格证有生产许可证编号，按《额定电压 450/750V 及以下聚氯乙烯绝缘电缆》GB 5023.1～5023.7 标准生产的产品有安全认证标志；

2）外观检查：包装完好，抽检的电线绝缘层完好无损，厚度均匀。电缆无压扁、扭曲，铠装不松卷。耐热、阻燃的电线、电缆外护层有明显厂家、规格、型号、耐压等级标识；

3）按制造标准，现场抽样检测绝缘层厚度和圆形线芯的直径，线芯直径误差不大于标称直径的 1%；

4）对电线、电缆绝缘性能、导电性能和阻燃性能按批抽样送有资质的试验室检测。

（3）封闭母线、插接母线应符合下列规定：

1）查验合格证和随带安装技术文件；

2）外观检查：防潮密闭良好，各段编号标志清晰，附件齐全，外壳不变形，母线螺栓搭接面平整、镀层覆盖完整、无起皮和麻面，插接母线上的静触头无缺损、表面光滑、镀层完整。

（4）裸母线、裸导线应符合下列规定：

1）查验合格证；

2）外观检查：包装完好，裸母线平直，表面无明显划痕，测量厚度和宽度符合制造标准，裸导线表面无明显损伤，不松股、扭折和断股（线），测量线径符合制造标准。

（5）电缆头部件及接线端子应符合下列规定：

1）查验合格证。

2）外观检查：部件齐全；表面无裂纹和气孔，随带的袋装涂料或填料不泄漏。

第二节　配电与照明节能施工质量监理控制要点

一、配电与照明节能施工监理工程范围

配电与照明节能工程质量控制监理工作的范围，为建筑物内的低压配电（380/220V）和照明系统，以及与建筑物配套的道路照明、小区照明、泛光照明等。

二、配电与照明节能监理工作程序

配电与照明节能监理工作程序如图 10-1 所示。

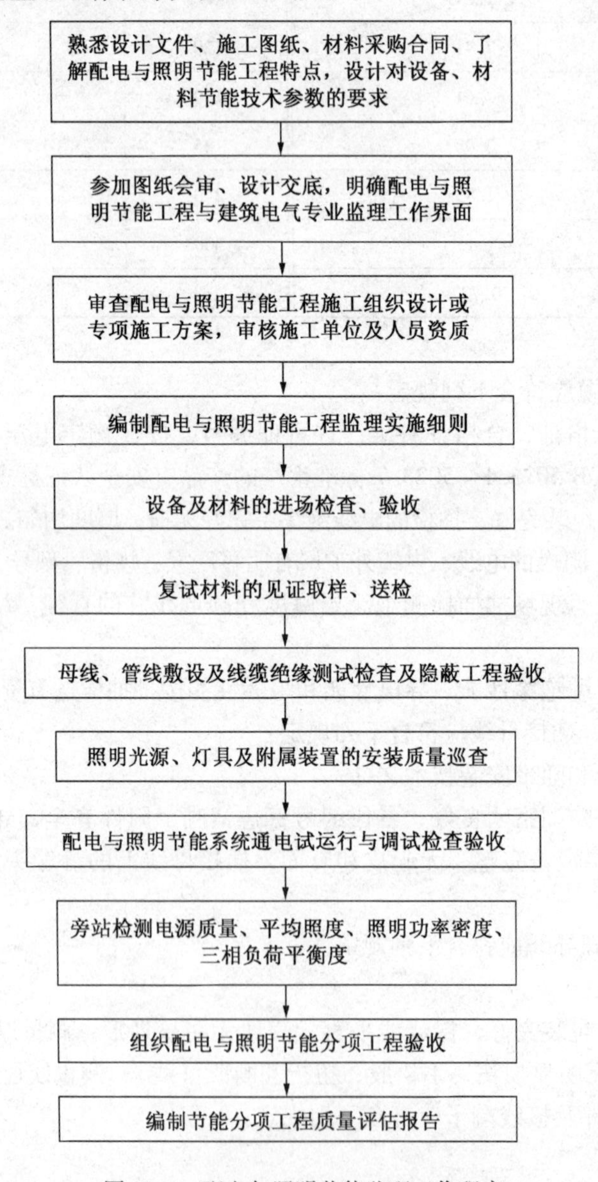

图 10-1　配电与照明节能监理工作程序

三、配电与照明节能工程施工准备阶段的监理工作

（1）组织监理人员认真审阅设计文件，熟悉施工图纸，全面理解设计人员的意图；了解设备、材料的订购合同；熟悉工程特点、材料和设备的功能要求、技术参数；关键部位的施工方法、质量控制，具体主要应做好如下工作：

1）明确配电与照明节能工程项目设计的设计思想、使用功能要求、采用的设计规范、设备技术参数确定的质量等级、设计的界面等；

2）了解对配电与照明节能工程主要设备和材料的技术要求、所采用的新技术、新工艺、新设备的要求以及施工中须特别注意的事项等；

3）核对全套图纸及说明是否齐全、清楚，图中尺寸、坐标、标高及管线是否精确，与其他机电设备管线是否打架等；

4）核对各类预埋件、预留孔洞、预埋管线是否正确，对部分设备基础与安装有关的土建尺寸进行复核，并与有关专业监理密切配合，统一协调处理施工中出现的各类技术问题。

（2）参加图纸会审，明确各专业间的施工界面及作业范围、交接点；列出图纸会审发现的问题，参加设计交底；

（3）审查电气节能施工组织设计：

1）审查承包单位及人员资质与条件是否符合要求；

2）审查施工组织设计和施工技术方案。

对承包单位在开工前报送的施工组织设计（方案）着重审查：是否符合设计、规范和施工合同要求；质保体系是否健全；主要技术措施是否有针对性并能达到预期的效果；施工程序和施工进度是否合理。

（4）对主要原材料、设备与配件的供货厂商资质、生产条件等进行审核，必须符合要求；

对承包单位在采购主要原材料、构配件前提供的样品和有关订货厂家资质、生产条件、环境等资料进行审核，在确认符合质量控制要求后同意采购。设备、材料到货后，应及时复核产品的出厂合格证等相关质量证明文件。进口产品应按合同要示提供相应的质量证明文件。对到场的设备在安装单位自查的基础上进行现场查验，对进口设备组织工程有关各方在合同规定的期限内进行开箱查验；主要对外观、品种、型号、规格、数量、随机资料等进行查验；对查验过程进行书面记录，并提供开箱验收报告，经有关各方签认。

四、配电与照明节能监理特点及难点

（1）配电与照明系统节能效果的实现，设计将起到关键作用。因此，监理人员协调施工人员根据节能要求，对设计图纸进行复核与会审是非常重要。

（2）电气节能效果与选用的产品性能是密不可分的，所以监理人员应督促承包单位选好设备、材料合格供应商；以及把好进场设备、材料的审核、验收关的工作要认真落实到位。对进场的灯具及其附属装置线缆的技术性能，严格按照设计要求及相关节能标准的要求进行认真检查。

（3）在配电与照明系统的施工过程中，母线压接头及电缆头制作、线缆与接线端子连

接质量是减少无用的能源消耗、严重时避免安全事故发生的重要工序。监理人员对这项工作要加强巡视和旁站力度，保证制作质量达到标准要求，达到节能和安全要求。

（4）配电与照明系统调试及电源质量、负荷平衡分配检测，是保证节能措施落实到位实现节能目的的重要一环。监理人员督促调试人员按照设计要求编制调试方案，落实调试工作措施，同时认真进行巡视、旁站及平行检测是保证设计功能要求、达到节能目的的关键。

五、配电与照明节能监理质量控制

根据国家标准《建筑电气工程施工质量验收规范》GB 50303—2002 和《建筑节能工程施工质量验收规范》GB 50411—2013 中的要求，配电与照明节能工程施工质量控制要点包括以下几方面：

1. 配电母线安装及电缆敷设施工质量控制

（1）裸母线、封闭母线、插接式母线安装应按以下程序进行：

1）变压器、高低压盛大成套配电柜、穿墙套管及绝缘子等的安装就位必须经检查合格后才能安装变压器、高低压成套配电柜的母线。

2）封闭、插接式母线的安装，在结构封顶、室内底层地面施工完成或已确定地面标高、场地清理、层间距离复核后才能确定支架设置的位置。

3）与封闭、插接式母线安装位置有关的管道、空调及建筑装修工程施工基本结束，确认扫尾施工不会影响已安装的母线才能安装母线。

4）封闭、插接式母线每段母线组对接续前，绝缘电阻应测试合格，绝缘电阻值大于 20MΩ 才能进行安装组对。

（2）母线与母线或母线与电器接线端子，当采用螺栓搭接连接时，应符合下列规定：

1）母线的各类搭接连接的钻孔直径和搭接长度，符合《建筑电气工程施工质量验收规范》GB 50303—2002 附录 C 的规定，用力矩扳手拧紧钢制连接螺栓的力矩值符合《建筑电气工程施工质量验收规范》GB 50303—2002 附录 D 的规定；

2）母线接触面保持清洁，涂电力复合酯，螺栓孔周边无毛刺；

3）连接螺栓两侧有平垫圈，相邻垫圈间有大于 3mm 的间隙，螺母侧装有弹簧垫圈或锁紧螺母；

4）螺栓受力均匀，不使电器的接线端子受额外应力。

（3）封闭、插接式母线安装应符合下列规定：

1）母线与外壳同心，允许偏差为 ±5mm；

2）当段与段连接时，两相邻段母线及外壳对准，连接后不使母线及外壳受额外应力；

3）母线的连接方法符合产品技术文件要求。

（4）母线的支架与预埋铁件采用焊接固定时，焊封应饱满；采用膨胀螺栓固定时，选用的螺栓应适配，连接应牢固。

（5）母线与母线、母线与电器接线端子搭接，搭接面的处理应符合下列规定：

1）铜与铜：室外、高温且潮湿的室内，搭接面搪锡；干燥的室内，不搪锡；

2）铝与铝：搭接面不做涂层处理；

3）钢与钢：搭接面搪锡或镀锌；

4）铜与铝：在干燥的室内，铜导体搭接面搪锡；在潮湿场所，铜导体搭接面搪锡，且采用铜铝过渡板与铝导体连接；

5）钢与铜或铝：钢搭接面搪锡。

（6）母线在绝缘子上安装应符合下列规定：

1）金具与绝缘子间的固定平整牢固，不使母线受额外应力；

2）交流母线的固定金具或其他支持金具不形成闭合铁磁回路；

3）除固定点外，当母线平置时，母线支持夹板的上部压板与母线间有1～1.5mm毫米的间隙；当母线立置时，上部压板与母线间有1.5～2mm的间隙；

4）母线的固定点，每段设置1个，设置于全长或两母线伸缩节的中点；

5）母线采用螺栓搭接时，连接处距绝缘子的支持夹板边缘不小于50mm。

（7）封闭、插接式母线组装和固定位置应正确，外壳与底座间、外壳各连接部位和母线的连接螺栓应按产品技术文件要求选择正确，连接紧固。

（8）桥架、线槽、导管内电线、电缆敷设应按以下程序进行：

1）桥架、线槽、导管经检查合格后才能敷设电线。

2）电线、线缆在敷设前，绝缘经测试合格后才能进行敷设。

3）电线、线缆电气交接试验合格且对接线去向、相位和防火隔堵措施等经检查确认后才能正式通电。

（9）电缆敷设严禁有绞拧、铠装压扁、护层断裂和表面严重划伤等缺陷。

（10）桥架内电缆敷设应符合下列规定：

1）大于45°倾斜敷设的电缆每隔2m处设固定点；

2）电缆出入电缆沟、竖井、建筑物、柜（盘）、台处以及管子管口处等做密封处理；

3）电缆敷设排列整齐，水平敷设的电缆，首尾两端、转弯两侧及每隔5～10m处设固定点；敷设于垂直桥架内的电缆固定点间距，不大于《建筑电气工程施工质量验收规范》GB 50303表12.2.2的规定。

（11）三相或单相的交流单芯电缆，不得单独穿于钢导管内。

（12）不同回路、不同电压等级和交流与直流的电线，不应穿于同一导管内；同一交流回路电线应穿于同一金属导管内，且管内电线不得有接头。

（13）爆炸危险环境照明线路的电线和电缆额定电压不得低于750V，且电线必须穿于钢导管内。

（14）电线、电缆穿管前，应清除管内杂物和积水。管口应有保护措施，不进入接线盒（箱）的垂直管口穿入电线、电缆后，管口应密封。

（15）当采用多相供电时，同一建筑物、构筑物的电线绝缘层颜色选择应一致，即保护地线（PE线）应是黄绿相间色，零线用淡蓝色；相线用A相——黄色、B相——绿色、C相——红色。

（16）线槽敷线应符合下列规定：

1）电线在线槽内有一定余量，不得有接头。电线按回路编号分段绑扎，绑扎点间距不应大于2m；

2）同一回路的相线和零线，敷设于同一金属线槽内；

3）同一电源的不同回路无抗干扰要求的线路可敷设同一线槽内；敷设于同一线槽内

有抗干扰要求的线路用隔板隔离，或采用屏蔽电线且屏蔽护套一端接地。

（17）电缆沟内和电缆竖井内电缆敷设固定应符合下列规定：

1）垂直敷设或大于45°倾斜敷设的电缆在每个支架上固定；

2）交流单芯电缆或分相后的每相电缆固定用的夹具和支架，不形成闭合铁磁回路；

3）电缆排列整齐，少交叉；当设计无要求时，电缆支持点间距，不大于《建筑电气工程施工质量验收规范》GB 50303—2002 表 12.2.3 的规定；

4）当设计无要求时，电缆与管道的最小净距，符合《建筑电气工程施工质量验收规范》GB 50303—2002 表 12.2.2 的规定，且敷设在易燃易爆气体管道和热力管道的下方；

5）敷设电缆的电缆沟和竖井，按设计要求位置，有防火隔堵措施。

（18）电缆头制作和接线应按以下程序进行：

1）电缆连接位置、连接长度和绝缘测试经检查确认后才能制作电缆头。

2）控制电缆绝缘电阻测试和校验合格后才能正式接线。

3）电线、电缆交接试验和相位核对合格后才能正式接线。

（19）高压电力电缆直流耐压试验必须按《电气装置安装工程电气设备交接试验标准》GB 50150 第 3.1.8 条的规定交接试验合格。

（20）低压电线和电缆，线间和线对地间的绝缘电阻必须大于 0.5MΩ。

（21）铠装电力电缆头的接地线应采用铜绞线或镀锡铜编织线，截面积不应小于《建筑电气工程施工质量验收规范》GB 50303—2002 表 18.1.3 的规定。

（22）电线、电缆接线必须准确，并联运行电线或电缆的型号、规格、长度、相位应一致。

（23）芯线与电器设备的连接应符合下列规定要求：

1）截面积在 $10mm^2$ 及以下的单股铜芯线和单股铝芯线直接与设备、器具的端子连接；

2）截面积在 $2.5mm^2$ 及以下的多股铜芯线拧紧搪锡或连接端子后与设备、器具的端子连接；

3）截面积大于 $2.5mm^2$ 的多股铜芯线，除设备自带插接式端子外，接续端子后与设备或器具的端子连接；多股铜芯线与插接式端子连接前，端部拧紧搪锡；

4）多股铝芯线接续端子后与设备、器具的端子连接；

5）每个设备和器具的端子接线不多于 2 根电线。

（24）交流单芯电缆或分相后的每相电缆宜品字形（三叶形）敷设，且不得形成闭合铁磁回路。

交流单相或三相单芯电缆如果并排敷设或用铁制卡箍固定会形成铁磁回路，造成电缆发热，增加损耗并形成安全隐患。尤其是采用预制电缆头做分支连接时，要防止分支处电缆芯线作单相固定时，采用的夹具和支架形成闭合铁磁回路。

2. 照明光源、灯具及其附属装置安装质量监理控制要点

（1）普通灯具安装固定及附件安装应符合下列规定：

1）灯具重量不大于 3kg 时，固定在螺栓或预埋吊钩上；

2）软线吊灯，灯具重量在 0.5kg 以下时，采用软电线自身吊装，大于 0.5kg 的灯具采用吊链，将软电线编叉在吊链内使电线不受力；

3）灯具固定牢固可靠，不使用木楔，每个灯具固定螺栓或螺钉不少于2个，当绝缘台直径在75mm以下时，采用1个螺钉或螺栓固定；

4）花灯吊钩圆钢直径不应小于灯具挂销直径，且不应小于6mm。大型花灯的固定及悬吊装置，应按灯具重量的2倍做过载试验；

5）当钢管做灯杆时，钢管内径不应小于10mm，钢管厚度不应小于1.5mm；

6）固定灯具带电部件的绝缘材料以及提供防触电保护的绝缘材料，应耐燃烧和防明火。

（2）应急照明灯安装应符合下列规定：

1）应急照明灯的电源除正常电源外，另有一路电源供电；或者是独立于正常电源的柴油发电机组供电；或由蓄电池柜供电或选用自带电源型应急灯具；

2）应急照明在正常电源断电后，电源转换时间为：疏散照明≤15s；备用照明≤15s（金融商店交易所≤1.5s）；安全照明≤0.5s；

3）疏散照明由安全出口标志灯和疏散标志灯组成，安全出口标志灯距地高度不低于2m，且安装在疏散出日和楼梯口里侧的上方；

4）疏散标志灯安装在安全日的顶部、楼梯间、疏散走道及其转角处应安装在1m以下的墙面上。不易安装的部位可安装在上部。疏散通道上的标志灯间距不大于20m（人防工程不大于10m）；

5）疏散标志灯的设置，不影响正常通行，且不在其周围设置容易混同疏散标志灯的其他标志牌等；

6）应急照明灯具、运行中温度大于60℃的灯具，当靠近可燃物时，采取隔热、散热等防火措施。当采用白炽灯，卤钨灯等光源时，不直接安装在可燃装修材料或可燃物件上；

7）应急照明线路在每个防火分区有独立的应急照明回路，穿越不同防火分区的线路有防火隔堵措施；

8）疏散照明线路采用耐火电线、电缆，穿管明敷或在非燃烧体内穿刚性导管暗敷，暗敷保护层厚度不小于30mm，电线采用额定电压不低于750V的铜芯绝缘电线。

（3）建筑物彩灯安装应符合下列规定：

1）建筑物顶部彩灯采用有防雨性能的专用灯具，灯罩要拧紧；

2）彩灯配线管路按明配管敷设，且有防雨功能。管路间、管路与灯头盒间螺纹连接，金属导管及彩灯的构架、钢索等可接近裸露导体接地（PE）或接零（PEN）可靠；

3）垂直彩灯悬挂挑臂采用不小于10号的槽钢。端部吊挂钢索用的吊钩螺栓直径不小于10mm，螺栓在槽钢上固定，两侧有螺帽，且加平垫及弹簧垫圈紧固；

4）悬挂钢丝绳直径不小于4.5mm，底把圆钢直径不小于16mm，地锚采用架空外线用拉线盘，埋设深度大于1.5m；

5）垂直彩灯采用防水吊线灯头，下端灯头距离地面高于3m。

（4）霓虹灯安装应符合下列规定：

1）霓虹灯管完好，无破裂；

2）灯管采用专用的绝缘支架固定，且牢固可靠。灯管固定后，与建筑物、构筑物表面的距离不小于20mm；

3）霓虹灯专用变压器采用双圈式，所供灯管长度不大于允许负载长度，露天安装的有防雨措施；

4）霓虹灯专用变压器的二次电线和灯管间的连接线采用额定电压大于15kV的高压绝缘电线。二次电线与建筑物、构筑物表面的距离不小于20mm。

（5）建筑物景观照明灯具安装应符合下列规定：

1）每套灯具的导电部分对地绝缘电阻值大于2MΩ；

2）在人行道等人员来往密集场所安装的落地式灯具，无围栏防护，安装高度距地面2.5m以上；

3）金属构架和灯具的可接近裸露导体及金属软管的接地（PE）或接零（PEN）可靠，且有标识。

（6）庭院灯安装应符合下列规定：

1）每套灯具的导电部分对地绝缘电阻值大于2MΩ；

2）立柱式路灯、落地式路灯、特种园艺灯等灯具与基础固定可靠，地脚螺栓备帽齐全。灯具的接线盒或熔断器盒，盒盖的防水密封垫完整；

3）金属立柱及灯具可接近裸露导体接地（PE）或接零（PEN）可靠。接地线单设干线，干线沿庭院灯布置位置形成环网状，且不少于2处与接地装置引出线连接。由干线引出支线与金属灯柱及灯具的接地端子连接，且有标识。

（7）照明开关安装应符合下列规定：

1）同一建筑物、构筑物的开关采用同一系列产品，开关的通断位置一致，操作灵活、接触可靠；

2）相线经开关控制；民用住宅用软线引致床边的床头开关。

（8）插座安装应符合下列规定：

1）当交流、直流或不同电压等级的插座安装在同一场所时，应有明显的区别，且必须选择不同结构、不同规格和不能互换的插座；配套的插头应按交流、直流或不同电压等级区别使用。

2）插座接线应符合下列规定：

①单相两孔插座，面对插座的右孔或上孔与相线连接，左孔或下孔与零线连接；单相三孔插座，面对插座的右孔与相线连接，左孔与零线连接；

②单相三孔、三相四孔及三相五孔插座的接地（PE）或接零（PEN）线接在上孔。插座的接地端子不与零线端子连接。同一场所的三相插座，接线相序一致；

③接地（PE）或接零（PEN）线在插座间不串联。

六、低压配电系统调试和检测质量监理控制要点

1. 配电及照明节能工程系统调试和功能检测

安装有变频器的设备、铁磁设备、电弧设备、电力电子设备等，应进行单机试运转合格；照明回路及控制系统已带负荷试运行合格，并进行三相负荷调整；

低压配电电源质量检测：

工程安装完成后应对配电系统进行调试，调试合格后应对配电系统电压偏差和功率因素进行检测。其中：

（1）用电单位受电端电压允许偏差：三相供电电压允许偏差为标称系统电压的 ±7%；单相 220V 为 +7%、−10%。

（2）正常运行情况下用电设备端子处电压允许偏差：对于室内照明 ±5%，一般用途电动机 ±5%、电梯电动机 ±7%，其他无特殊规定设备 ±5%。

（3）10KV 以下配电变压器低压侧，功率因数不低于 0．9；高压侧的功率指标，应符合当地供电部门的规定。

（4）谐波电流不应超过表 10-5 中规定的允许值。

谐波电流允许值 **表 10-5**

标准电压（kV）	基准短路容量（MVA）	谐波次数及谐波电流允许值（A）											
0.38	10	2	3	4	5	6	7	8	9	10	11	12	13
		78	62	39	62	26	44	19	21	16	28	13	24
		谐波次数及谐波电流允许值（A）											
		14	15	16	17	18	19	20	21	22	23	24	25
		11	12	9.7	18	8.6	16	7.8	8.9	7.1	14	6.5	12

（5）三相电压不平衡度允许值为 2%，短时不得超过 4%。

2. 照明系统节能性能检测

在通电试运行中，应测试并记录照明系统的照度和功率密度值。

（1）照度值不得小于设计值的 90%；

（2）功率密度值应符合《建筑照明设计标准》GB 50034 或设计的规定。

应重点对公共建筑和建筑公共部位的照明进行检查。照度值检验应与功率密度检验同时进行。

3. 三相照明配电干线负荷平衡检测

三相照明配电干线的各相负荷宜分配平衡，其最大相负荷不宜超过三相负荷平均值的 115%，最小相负荷不宜超过三相负荷平均值的 85%。

4. 检测工作质量控制要点

（1）配电与照明节能工程必须按设计要求完成，并经承包单位自检合格。

（2）系统功能检验工作须有经过审批的方案，方案主要包括检验组织机构、人员配备情况、检验仪器配备、检验内容及方案操作规程、检验计划安排等。

（3）各项功能检验技术指标合格标准必须符合设计及现行规范要求。

（4）用于节能电气工程的检验仪器、仪表规格和量程应符合要求且在有效期内。

（5）各项的检测必须符合现行标准的要求，其检测的方法必须符合规范要求。

（6）各项的检测必须符合现行标准的要求，其检验数量不得少于规范要求。

（7）检验结果必须真实记录且汇总，并对不符要求之处落实整改。

第三节 配电与照明节能常见施工质量通病及预防措施

配电与照明节能施工常见质量通病及预防措施见表10-6。

配电与照明节能施工常见质量通病及预防措施 表10-6

序号	常见质量通病	原因分析	预防措施
1	进场线缆铜芯截面比国家标准偏小，每芯电阻值偏大，出厂检验报告不真实	施工单位未选有生产能力的供应商，产品可能是假冒伪劣产品	订货前对施工单位提供的供货商资质、生产能力严格审查，材料进场前对材料进行抽查，必要时抽样送检，对不合格材料不准进场使用
2	进场照明光源及灯具附件技术指标不符合节能设计要求，质保资料不全	施工单位没有按设计要求的技术指标采购节能光源及灯具附件，未选有生产能力的生产厂家的产品，产品技术指标较差	订货前对产品供应商资质、生产能力严格审查，产品进场开箱时加强检查验收，发现不符合要求的不准进场使用
3	母线连接处松动	施工人员使用的扳手拧紧力矩值太小，母线接头螺栓没有拧紧，施工人员没有对压接螺栓进行力矩检测	使用力矩扳手对母线接头连接螺栓拧紧力矩值进行全部检查，对不合格的要施工单位整改，并督促施工单位对类似问题举一反三进行检查
4	三相照明配电干线各相负荷分配不平衡	设计图纸出错或施工人员在接线时随意所为	施工前根据照明配电箱配电系统图对各相负荷进行计算，如出现负荷不平衡超标，提请设计修改。如图纸正确，则督促施工人员按正确的设计图纸连接各相负荷线路，避免各相负荷不平衡

第四节 配电与照明节能施工质量监理验收

一、检验批划分规定

（1）按设计系统、分楼层或建筑分区；

（2）当建筑节能工程验收无法按照上述要求划分检验批时，可由建设、监理、施工等各方协商进行划分。

二、隐蔽工程验收

配电与照明节能工程中暗敷线路及装饰吊顶内线路安装和线盒及灯具内的导线连接，均属于隐蔽工程。对隐蔽工程的验收，是由建设单位、监理及施工方共同参加的对于节能有关的施工工程隐蔽之前进行的检查，是在施工方自检的基础上，由施工方对自己所施工的隐蔽工程质量做出合格判断后所进行的工作。因此，对隐蔽工程的验收，必须在施工方自检达到合格之后，方进行验收检查。施工方应对隐蔽工程的自检情况做好记录，以备验收时核查。

隐蔽工程的检查验收，可分为以下几方面的内容：

线缆敷设（弯曲半径、截面利用率、固定、敷设间距、接头、与设备连接），导线连接（导线连接必须严格按规定进行，对于采用套管（或接线端子）压接的或采用涮锡焊接的，都要达到规范要求。导线连接后的包扎，先用粘塑料绝缘带包扎后，再用黑胶布包扎）。

三、配电与照明节能工程施工质量标准

1. 主控项目

（1）配电与照明节能工程采用的照明光源、灯具及其附属装置进场时，应对下列技术性能参数进行复验，复验应为见证取样送检：

1）荧光灯灯具和高强度气体放电灯灯具和LED灯具效率；

2）荧光灯、金属卤化物灯、高压钠灯初始光效；

3）管型荧光灯镇流器能效值；

4）照明设备谐波含量值。

检验方法：现场随机抽样送检验；核查复验报告。

检查数量：同一厂家、同材质、同类型的，按其数量500个（套）及以下时各抽检2个（套），500个（套）以上时各抽检3个（套）；当使用同一生产厂家、同材质、同类型、同批次的，可合并计算按每10万平方米建筑各抽检3个（套）。

（2）低压配电系统选择的电缆、电线截面不得低于设计值，进场时应对每芯导体电阻值进行见证取样送检。每芯导体电阻值应符合表10-4的规定。

检验方法：进场时抽样送检，验收时核查检验报告。

检查数量：同厂家各种规格总数的10%，且不少于2个规格。

（3）工程安装完成后应对配电系统进行调试，调试合格后应对配电系统电压偏差和功率因数进行检测。其中：

1）用电单位受电端电压允许偏差：三相供电电压允许偏差为标称系统电压的±7%；单相220V为+7%、-10%。

2）正常运行情况下用电设备端子处电压允许偏差：对于室内照明±5%，一般用途电动机±5%、电梯电动机±7%，其他无特殊规定设备±5%。

3）10KV以下配电变压器低压侧，功率因数不低于0.9；高压侧的功率指标，应符合当地供电部门的规定。

4）谐波电流不应超过表10-5中规定的允许值。

检验方法：大型用电设备均可投入的情况下，使用标准仪器仪表进行现场测试；对于室内插座等装置使用带负荷模拟的仪表进行测试。

检查数量：受电端全部检查，末端处抽测5%。

（4）在通电试运行中，应测试并记录照明系统的照度和功率密度值。

1）照度值不得小于设计值的90%；

2）功率密度值应符合《建筑照明设计标准》GB 50034或设计的规定。

检验方法：检测被检区域内平均照度和功率密度。

检验数量：每种功能区检查不少于2处。

2. 一般项目

（1）母线与母线或母线与电器接线端子，当采用螺栓搭接连接时，应采用力矩扳手拧紧，制作应符合《建筑电气工程施工质量验收规范》GB 50303 标准中有关规定。

检验方法：使用力矩扳手对压接螺栓进行力矩检测。

检验数量：母线按检验批抽查10%。

（2）交流单芯电缆或分相后每相电缆宜品字形（三叶形）敷设，且不得形成闭合铁磁回路。

检验方法：观察检查。

检验数量：全数检查。

（3）三相照明配电干线的各相负荷宜分配平衡，其最大相负荷不宜超过三相负荷平均值的115%，最小相负荷不宜小于三相负荷平均值的85%。

检验方法：在建筑物照明通电试运行时开启全部照明负荷，使用三相功率计检测各相负载电流、电压和功率。

检验数量：全部检查。

四、配电与照明节能工程施工质量验收

（1）建筑配电与照明节能工程线缆敷设、箱柜及控制设备、照明灯具安装等工程实施，执行《建筑电气工程施工质量验收规范》GB 50303 的有关规定并满足设计和合同约定的要求。灯具的效率、镇流器的能效因素、照明设备的谐波含量应满足《建筑节能工程施工验收规范》GB 50411—2013 第12.2.1条的要求。

（2）配电与照明节能工程验收，应在材料、设备进场验收、隐蔽工程验收、检验批验收及电源质量检测和照明系统调试、检测合格后进行。

（3）建筑节能分项工程质量验收合格符合下列规定：

1）分项工程所含的检验批均应合格；

2）分项工程所含检验批的质量验收记录应完整。

（4）验收程序：

1）节能工程的检验批验收和隐蔽工程验收由监理工程师主持，施工单位相关专业的质检员与施工员参加；

2）节能分项工程验收由监理工程师主持，施工单位项目技术负责人和相关专业的质检员、施工员参加、必要时可邀请设计单位相关专业人员参加；

3）节能分部工程验收应由总监理工程师主持，施工单位项目经理、项目技术负责人和相关专业的质检员、施工员参加；施工单位的质量或技术负责人应参加；设计单位节能设计人员应参加。

（5）分项工程验收应检查下列资料，并纳入竣工技术档案：

1）设计文件、图纸会审记录，设计变更和洽商记录；

2）材料、设备的质量证明文件、进场验收记录、进场见证取样记录、材料复试报告；

3）隐蔽工程验收记录和相关图像资料；

4）系统和检验批验收记录；

5）电源质量测试记录；

6）照明节能系统调试和检测记录。

第十一章　监测与控制节能质量监理控制

第一节　系统验收规定

一、系统验收对象

建筑节能工程涉及很多内容，因建筑类别、自然条件不同，节能重点也有所差别。在各类建筑能耗中，采暖、通风与空气调节，供配电及照明系统是主要的建筑耗能大户。

监测与控制系统验收的主要对象为采暖、通风与空气调节、给排水、电梯及自动扶梯和配电与照明所采用的监测与控制系统，能耗计量系统以及建筑能源管理系统。

建筑节能工程应按不同设备、不同耗能用户设置检测计量系统，便于实施对建筑能耗的计量管理，同时也是检测验收的重点内容。

BEMS（building energy management system）建筑能源管理系统，是指用于建筑能源管理的管理 策略和软件系统。

BCHP（building cooling heating power）建筑冷热电联供系统，是为建筑物提供电、冷、热的现场能源系统。

二、系统验收依据

监测与控制系统施工质量的验收应执行《智能建筑工程质量验收规范》GB 50339 相关章节的规定和《建筑节能工程施工质量验收规范》GB 50411 的规定。

建筑节能工程所涉及的可再生能源利用、建筑冷热电联供系统、能源回收利用以及其他与节能有关的建筑设备监控部分的验收参照《建筑节能工程施工质量验收规范》GB 50411监测与控制节能章节相关规定执行。

三、系统验收阶段

监测与控制系统的验收分为工程实施和系统检测两个阶段。

工程实施由施工单位和监理单位随工程实施过程进行，分别对施工质量管理文件、设计符合性、产品质量、安装质量进行检查，及时对隐蔽工程和相关接口进行检查，同时，应有详细的文字和图像资料，并对监测与控制系统进行不少于168h 的不间断试运行。

系统检测阶段在系统安装完成之后进行。

四、系统检测要求

系统检测内容应包括对工程实施文件和系统自检文件的复核，对监测与控制系统的安装质量、系统节能监控功能、能源计量及建筑能源管理等进行检查和检测。

系统检测内容分为主控项目和一般项目，系统检测结果是监测与控制系统的验收依据。

对不具备试运行条件的项目，应在审核调试记录的基础上进行模拟检测，以检测监测与控制系统的节能监控功能。

第二节 监测与控制节能监理控制要点

一、施工准备阶段的监理工作

施工准备阶段监理工作主要包括以下方面：

（1）组织监理人员与施工单位根据《建筑节能工程施工质量验收规范》GB 50411 及《智能建筑工程质量验收规范》GB 50339 和现行国家标准的相关规定，对原设计中监测与控制功能的符合性进行复核，如果复核结果不能满足节能规范的要求，则向建设单位提出要求原设计单位修改，由设计单位进行设计变更，并经原节能设计审查机构批准。对建筑节能监测与控制系统施工图进行复核时，常见具体项目及要求见表 11-1。

监测与控制节能系统功能综合表 表 11-1

类型	序号	系统名称	检测与控制功能	备注
通风与空气调节控制系统	1	空气处理系统控制	空调箱启停控制状态显示 送回风温度检测 焓值控制 过渡季节新风温度控制 最小新风量控制 过滤器报警 送风压力检测 风机故障报警 冷（热）水流量调节 加湿器控制 风门控制 风机变频调整 二氧化碳浓度、室内温湿度检测 与消防自动报警系统联动	
	2	变风量空调系统控制	总风量调节 变静压控制 定静压控制 加热系统控制 智能化变风量末端装置控制 送风温湿度控制 新风量控制	
	3	通风系统控制	风机启停控制状态显示 风机故障报警 通风设备温度控制 风机排风排烟联动 地下车库二氧化碳浓度控制 根据室内外温差中空玻璃幕墙通风控制	

续表

类型	序号	系统名称	检测与控制功能	备注
通风与空气调节控制系统	4	风机盘管系统控制	室内温度控制 冷热水量开关控制 风机启停和状态显示 风机变频调整控制	
冷热源、空调水的监测控制	1	压缩式制冷机组控制	运行状态监视 启停程序控制与连锁	能耗计量
	2	变制冷剂流量空调系统控制		能耗计量
	3	吸收式制冷系统/冰蓄冷系统控制	运行状态监视 启停控制 制冰/融冰控制	冰库蓄冰量检测、能耗累计
照明系统控制	1	照明系统控制	磁卡、变送器、照明的开关控制 根据亮度的照明控制 办公区照度控制 时间表控制 自然光控制 公共照明区开关控制 局部照明控制 照明的全系统优化控制 室内场景设定控制 室外景观照明场景设定控制 路灯时间表及亮度开关控制	照明系统用电量计量
综合控制系统	1	综合控制系统	建筑能源系统的协调控制 采暖、空调与通风系统的优化监控	
建筑能源管理系统的能耗数据采集与分析	1	建筑能源管理系统的能耗数据采集与分析	管理软件功能检测	
可再生能源监测控制	1	地源热泵系统	系统热源侧与用户侧进出水温度与流量 机组热源侧与用户侧进出水温度与流量	
	2	太阳能热水、太阳能供热采暖系统	集热系统进出口水温 集热系统循环水流量	
	3	太阳能供热制冷系统	集热系统进出口水温 集热系统循环流量 机组用户侧循环水流量	
	4	太阳能光伏系统	光伏组件背板表面温度	
电梯及自动扶梯监测控制	1	自动扶梯	无人时运行状态	

（2）熟悉建筑节能设计施工图和监测与控制深化设计图纸以及承包施工合同，掌握和了解主要设备及材料的品种、规格、技术参数与产地、价位等信息。复核管线、桥架走向和布设是否合理，现场控制器、监控点、系统配线规格是否满足要求。系统设计在通信接口上、安装界面上是否与其他专业设计有冲突或不匹配。

（3）参加设计交底、图纸会审。审查节能设计图纸是否经过图纸审查机构审查合格。参加由建设单位组织的建筑节能设计技术交底，了解设计意图、对图纸中存在的问题通过建设单位向设计单位提出意见或建议。

（4）建筑节能工程开工前，总监理工程师组织专业监理工程师审查承包单位报送建筑节能专项施工方案和技术措施，提出审查意见。

1）施工单位应根据设计文件制定系统质量控制和调试流程图及节能工程施工验收大纲；

2）监测与控制系统的验收分为工程实施和系统检测两个阶段，在施工组织设计中应有两个阶段的工作内容。

二、监测与控制节能工程进场设备及材料质量控制要点

监测与控制系统采用的设备、材料及附属产品进场时，应按照合同技术文件和设计要求对其品种、规格、型号、外观和性能及软件等进行检查验收，并应经监理工程师（建设单位代表）检查认可，且应形成相应的质量记录。各种设备、材料和产品附带的质量证明文件和相关技术资料应齐全，并应符合国家现行有关标准和规定。未经进场验收合格的设备、材料和软件不得在工程上使用和安装。经进场验收的设备和材料应按产品的技术要求妥善保管。

设备及材料的进场验收具体要求如下：

（1）产品质量检查应包括列入《中华人民共和国实施强制性产品认证的产品目录》或实施生许可证和上网许可证管理的产品，未列入强制性认证产品目录或未实施生产许可证和上网许可证管理的产品应按规定程序通过产品检测后方可使用。

（2）产品功能、性能等项目的检测应按相应的国家现行产品标准进行，供需双方有特殊要求的产品应按合同规定或设计要求进行。

（3）对于不具备现场检测条件的产品，可要求进行出厂检测并出具检测报告。

（4）硬件设备及材料的质量检查重点应包括：安全性、可靠性及电磁兼容性等项目，可靠性检测可参考生产厂家出具的可靠性检测报告。

（5）设备及材料应保证外观完好，产品无损伤、无瑕疵，品种、数量、产地符合要求。

（6）软件产品质量应按下列内容检查：

1）商业化的软件，如操作系统、数据库管理系统、应用系统软件、信息安全软件和网管软件等应做好使用许可证及使用范围的检查。

2）由系统承包商编制的用户应用软件、用户组态软件及接口软件等应用软件，除进行功能测试和系统测试之外，还应根据需要进行容量、可靠性、安全性、可恢复性、兼容性、自诊断等多项功能测试，并保证软件的可维护性。

3）所有自编软件均应提供完整的文档（包括软件资料、程序结构说明、安装调试说明、使用和维护说明书等）。

（7）系统接口的质量应按下列要求检查：

1）系统承包商应提交接口规范，接口规范应在合同签订时在合同中约定。

2）系统承包商应根据接口规范制定接口测试方案，接口测试方案经检测机构批准后实施。系统接口测试应保证性能符合设计要求，实现接口规范中规定的各项功能，不发生

兼容性及通信瓶颈问题，并保证系统接口的制造和安装质量。

3）依规定程序获得批准使用的新材料和新产品除符合本条规定外，尚应提供主管部门规定的相关证明文件。

4）进口产品除应符合《智能建筑工程质量验收规范》GB 50339 的规定外，尚应提供原产地证明和商检证明，配套提供的质量合格证明、检测报告及安装、使用、维护说明等文件资料应为中文文本（或中文译文）。

设备及材料的进场验收除按上述规定执行外，还应符合下列要求：

（1）电气设备、材料、成品和半成品的进场验收应按《建筑电气工程施工质量验收规范》GB 50303 中有关规定执行。

（2）各类变送器、电动阀门及执行器、现场控制器等的进场验收要求：

1）查验合格证和随带的技术文件，实行产品许可证和强制性产品认证标志的产品应有产品许可证和强制性产品认证标志。

2）外观检查：铭牌、附件齐全，电气接线端子完好，设备表面无缺损，涂层完整。

三、现场检测元器件安装监理控制要点

1. 温、湿度变送器的安装

（1）温、湿度变送器的安装位置

1）不应安装在阳光直射的位置，远离有较强振动、较强电磁干扰的区域，其位置不能破坏建筑物的外观与完整性，室外型温、湿度变送器应有防风雨的防护罩。

2）应尽可能远离门、窗和出风口的位置，若无法避开，则与之距离不应小于 2m。

3）并列安装的变送器，距地高度应一致，同一区域内安装高度应基本一致。

（2）风管式温、湿度变送器的安装

1）变送器应安装在风速平稳且能反映风温的位置。

2）变送器的安装应在风管保温层完成后进行。

3）变送器安装在风管直管段，应避开风管死角的位置和冷热管的位置。

4）变送器应安装在便于调试、维修的地方。

（3）水管温度变送器的安装

1）水管温度变送器应在工艺管道预制与安装时同时进行。

2）水管温度变送器的开孔和焊接，必须在工艺管道的防腐、管内清扫和压力试验前进行。

3）水管温度变送器的安装位置应在介质温度变化灵敏和具有代表性的地方。

4）水管温度变送器不宜选择在阀门、流量计等阻力件附近，应避开水流流速死角和震动较大的位置。

5）水管温度变送器的感温段大于管道口径的 1/2 时，可安装在管道的顶部。若感温段小于管道口径的 1/2，应安装在管道的侧面或底部。

6）水管温度变送器不宜安装在焊缝及其边缘上，也不宜在变送器边缘开孔和焊接。

7）接线盒进线处应密封，避免进水或潮气侵入，以免损坏变送器电路。

8）在水系统需注水，而变送器安装滞后时，应将变送器套管先安装于水管上。变送器安装时，将变送器插入充满导温介质的套管中。

2. 压力、压差变送器和压差开关的安装

压力、压差变送器和压差开关的安装正确与否，将直接影响到测量精度的准确性和变送器的使用寿命。安装要点如下：

（1）压力、压差变送器应安装在温、湿度变送器的上游侧。

（2）变送器应安装在便于调试、维修的位置。

（3）风道压力、压差变送器的安装应在风道保温层完成之后。

（4）风道压力、压差变送器应安装在风道的直管段，若不能安装在直管段，应避开风道内通风死角位置。

（5）水管压力与压差变送器的安装应在工艺管道预制和安装的同时进行，其开孔与焊接工作必须在工艺管道的防腐、清扫和压力试验前进行。

（6）水管压力、压差变送器不宜安装在管道焊缝及其边缘上，水管压力、压差变送器安装后，不应在其边缘开孔及焊接。

（7）水管压力与压差变送器的直压段大于管道直径的2/3时，可安装在管道的顶部；小于管道直径的2/3时，可安装在管道的侧面或底部和水流流速稳定的位置，不宜选择在阀门等阻力部件附近，以及流水死角和振动较大的位置。

（8）安装压力差开关时，应注意以下问题：

1）风压压差开关安装距地面高度不应小于0.5m。

2）风压压差开关的安装应在风道保温层完成之后安装。

3）风压压差开关应安装在便于调试、维修的地方。

4）风压压差开关不应影响空调机本体的密封性。

5）风压压差开关的连接线应通过软管保护。

（9）水流开关的安装应注意以下问题：

1）水流开关的安装应在工艺管道预制、安装的同时进行。

2）水流开关的开孔与焊接工作必须在工艺管道的防腐、清扫和压力试验之前进行。

3）水流开关不宜安装在焊缝及其边缘处，应避免安装在侧流孔、直角弯头或阀门附近。

4）水流开关应安装在水平管段上，不应安装在垂直管段上。

5）水流开关应安装在便于调试、维修的地方。

6）水流开关叶片长度应与水管管径相匹配。

3. 流量变送器的安装

（1）电磁流量计的安装

1）电磁流量计应安装在避免有较强的交直流磁场或有剧烈振动的场所。

2）电磁流量计、被测介质及工艺管道三者之间应连接成等电位，并应良好接地。

3）电磁流量计应安设在流量调节阀的上游。

4）在垂直管道上安装时，流体流向应自下而上，以保证管道内充满被测流体，不至于产生气泡；水平安装时必须使电极处在水平方向，以保证测量精度。

（2）涡轮式流量计的安装

1）涡轮式流量计应安装在便于维修和调试的地方。

2）涡轮式流量计的安装应避开管道振动、强磁场及热辐射的地方。

3）涡轮式流量计安装时应水平，流体的流动方向必须与流量计壳体上所示的流向标志一致。

4）当可能产生逆流时，流量计后面应装设逆止阀。

5）涡轮式流量计应装在压力变送器测压点上游，距测压点（3.5～5.5）*DN* 的位置，温度变送器应设置在其下游，距涡轮式流量计（6～8）*DN* 的位置。

6）涡轮式流量计应安装在有一定长度的直管段上，以确保管道内流速平稳。涡轮式流量计上游应留有10倍管径的直管，下游留有5倍管径长度的直管。若流量计前后的管道中安装有阀门、管道缩径、弯管等影响流量平稳的设备，则直管段长度还需相应地增加。

7）涡轮式流量计信号的传输线宜采用屏蔽和绝缘保护层的电缆，并宜在控制器一侧接地。

8）为避免流体中脏物堵塞涡轮叶片和减少轴承磨损，安装时应在流量计前的直管段（20*DN*）前部安装20～60目的过滤器，要求通径小的目数密，通径大的目数稀。过滤器在使用一段时间后，应根据现场具体情况，定期清洗过滤器。

9）对于新安装的流体管路系统，管道中不可避免地会有杂质或铁锈，为防止杂质或铁锈进入流量计（或堵塞过滤器），在安装管道时，先将一节管道代替涡轮流量计，等运行一段时间确认管道中无杂质或铁锈的情况下，再装上涡轮流量计。

10）由于涡轮流量计上部是磁电感应线圈和前置放大器，它不能承受过高温度。因此涡轮流量计在使用时，被测介质温度不应超过120℃，周围环境空气相对湿度不得大于80%。

4. 电量变送器的安装

电量变送器通常安装在检测设备（高低压开关柜）内，或者在变配电设备附近装设单独的电量变送柜，将全部的变送器安装在该柜内。然后将相应的检测设备的CT、PT输出端通过电缆接入电量变送器柜，并按设计和产品说明书提供的接线图接线，再将其对应的输出端接入DDC控制柜。

（1）变送器接线时，严防其电压输入端短路和电流输入端开路。

（2）必须注意变送器的输入、输出端的范围与设计和DDC控制柜所要求的信号相符。

5. 空气质量变送器的安装

（1）空气质量变送器应安装在便于调试、维修的地方，在风道保温层完成之后进行。

（2）空气质量变送器应安装在风道的直管段，若不能安装在直管段，应避开风道内通风死角的位置。

（3）探测气体比重轻的空气质量变送器应安装在风道或房间的上部，探测气体比重大的空气质量变送器应安装在风道或房间的下部。

6. 风机盘管温控器、电动阀的安装

（1）温控开关与其他开关并列安装时，距地面高度应一致，高度差不应大于1mm，与其他开关安装于同一室内时，高度差不应大于5mm，温控开关外形尺寸与其他开关不一样时，以底边高度为准。

（2）电动阀阀体上箭头的指向应与水流方向一致。

（3）风机盘管电动阀应安装在风机盘管的回水管上。

（4）四管制风机盘管的冷热水管电动阀公用线应为零线。

（5）客房节能系统中风机盘管温控系统应与节能系统连接。

7. 电磁阀的安装

（1）电磁阀阀体上箭头的指向应与水流和气流的方向一致。空调机的电磁阀一般应装有旁通管路。

（2）电磁阀的口径与管道通径不一致时，应采用渐缩管件，同时电磁阀口径一般不应低于管道口径两个等级。

（3）有阀位指示装置的电动阀，阀位指示装置应面向便于观察的位置。

（4）电磁阀安装前应按使用说明书的规定检查线圈与阀体间的电阻。

（5）若条件许可，电磁阀在安装前宜进行模拟动作或试压试验。

（6）执行机构应固定牢靠，操作手轮应处于便于操作的位置。执行机构的机械传动应灵活，无松动或卡涩现象。

（7）电磁阀一般安装在回水管路上。

8. 电动调节阀的安装

（1）电动阀阀体上箭头的指向应与水流和气流方向一致。

（2）空调器的电动阀旁一般应装有旁通管路。

（3）电动阀的口径与管道通径不一致时，应采用渐缩管件；同时电动阀口径一般不应小于管道口径两个等级并满足设计要求。

（4）电动阀执行机构应固定牢靠，手动操作机构应处于便于操作的位置。

（5）电动阀应垂直安装在水平管道上，尤其是大口径电动阀不能有倾斜。

（6）有阀位指示装置的电动阀，阀位指示装置应面向便于观察的位置。

（7）安装在室外的电动阀应加适当防晒、防雨措施。

（8）电动阀在安装前宜进行模拟动作和试压试验。

（9）电动阀一般安装在回水管道上。

（10）电动阀在管道冲洗前，应完全打开，以便于清除污物。

（11）检查电动阀门的驱动器，其行程、压力和最大关紧力（关阀的压力）必须满足设计和产品说明书的要求。

（12）检查电动阀的型号、材质必须符合设计要求，其阀体强度、阀芯泄漏试验必须满足设计文件和产品说明书的有关规定。

（13）电动调节阀安装时，应避免给调节阀带来附加压力，当调节阀安装在管道较长的地方，应安装支架和采取避震措施。

（14）检查电动调节阀的输入电压、输出信号和接线方式，应符合产品说明书的要求。

（15）将电动执行器和调节阀进行组装时，应保证执行器的行程和阀的行程大小一致。

9. 电动风阀执行器的安装

（1）风阀执行器与风阀门轴的连接应牢固可靠。

（2）风阀的机械机构开闭应灵活，无松动或卡涩现象。

（3）风阀执行器安装后，风阀执行器的开闭指示位应与风阀实际状况一致，风阀执行器的开闭指示位宜面向便于观察的位置。

（4）风阀执行器应与风阀门轴垂直安装，其垂直度不小于85°。

（5）风阀执行器安装前应按安装使用说明书的规定检查线圈、阀体间的电阻、供电电压应符合设计和产品说明书的要求。

（6）风阀执行器在安装前宜进行模拟动作试验。

（7）风阀执行器的输出力矩必须与风阀所需的力矩相配，且符合设计要求。

（8）风阀执行器不能直接与风阀门挡板轴相连接时，可通过附件与挡板轴相连，但其附件装置必须保证风阀执行器旋转角度的调整范围。

10. 监测设备的安装

相应监测设备的 CT、PT 输出端通过电缆介入电量变送器柜，必须按设计和产品说明书提供的接线图接线，并检查其量程是否匹配（包括输入阻抗、电压、电流的量程范围），再将其对应的输出端接入 DDC 相应的监测端并检查量程是否匹配。

四、主要单体设备（通风与空调系统）调试监理控制要点

在调试前，要对系统的全部设备包括各种变送器、执行器、接入引出的各类信号的线路敷设和接线进行认真检查，依据设计图纸和产品技术文件的要求进行核对，没有经过检查，严禁擅自通电，以免造成设备的损坏。

各类输入信号的检查应按产品说明书和设计要求确认有源或无源的模拟量、数字量信号输入的类型、量程范围、供电电源是否符合要求；按产品说明书和设计图纸要求确认各类变送器、输入信号的接线是否正确，包括与控制机和与外部设备的连接线；进行变送器的单独调试和满足产品的特殊要求的检查。

各类输出信号的测试应按设备使用说明书和设计要求确定各类模拟量输出、ON/OFF 开关量程输出的类型、量程范围、供电电源是否符合要求；按产品说明书和设计图纸要求确认各类执行器、变频器及其他输出信号的接线是否正确，包括与控制机和与外部设备的连接线；进行手动检查和从现场控制机模拟输出信号检查输出装置的动作是否正常，行程是否在要求的范围。

1. 新风机机组系统检测与调试

新风机组检测调试项目包括送风温度控制、送风相对湿度控制、电气联锁以及防冻连锁控制等。

（1）检查新风机控制柜的全部电气元器件有无损坏，内部与外部接线是否正确无误。

（2）检查安装在新风机组上的温、湿度传感器，电动阀、风阀、压差开关等现场设备的位置，接线是否正确和输入/输出信号类型、量程是否和设置相一致。

（3）在手动位置，确认风机在手动状态下应运行正常。

（4）确认 DDC 控制器和 I/O 模块的地址码设置是否正确。

（5）编程器检查所有模拟量输入点（送风温度、湿度和风压）的量值，并核对其数值是否正确。检查所有开关量输入点（压差开关和防冻开关等）工作状态是否正常。强置所有开关量输出点，检查相关的风机、风门、阀门等工作是否正常，强置所有模拟量输出点、输出信号，检查相关的电动阀（冷热水调节阀）、电动风阀变频器工作是否正常。

（6）确认 DDC 控制器送电并接通主电源开关，观察 DDC 控制器和各元件状态是否正常。

（7）启动新风机，新风机应连锁打开，送风温度调节控制应投入运行。

（8）模拟送风温度大于送风温度设定值（一般为3℃左右），热水调节阀应逐渐减小开度直至全部关闭（冬天工况），或者冷水阀逐渐加大开度直至全部打开（夏天工况）。模拟送风温度小于送风温度设定值（一般为3℃左右），确认其冷热水阀运行工况与上述完全相反。

（9）需进行湿度调节，则模拟送风湿度小于送风湿度设定值，加湿器应按预定要求投入工作，直到送风湿度趋于设定值。

（10）当新风机采用变频调试或高、中、低三速控制器时，应模拟变化风压测量值或其他工艺要求，确认风机转速能相应改变或切换到测量值并稳定在设计值，风机转速应稳定在某一点上，同时，按设计和产品说明书的要求记录30%、50%、90%风机速度时对应高、中、低三速的风压或风量。

（11）停止新风机运转，则新风门、冷、热水调节阀门，加湿器等应回到全关闭位置。

（12）确认按设计图纸、产品供应商的技术资料、软件功能和调试大纲规定的其他功能，以及连锁、联动都达到规定要求。

（13）单位调试完成时，应按工艺和设计要求在系统中设定其送风温度、湿度和风压的初始状态。

2. 定风量空调机组系统检测与调试

系统检测调试项目包括：回风温度（房间温度）控制、回风相对湿度（房间相对湿度）控制、电气联锁控制、阀门开度比例控制功能等。

（1）在现场控制器（DDC）显示终端检查温度、相对湿度测量值，核对其数据是否正确，必要时可用手持式仪表测量回风温度（房间温度）和回风相对湿度（房间相对湿度），比较测量精度；检查风压开关、防冻工作状态是否正常；检查送风机、回风机及相应冷热水调节阀工作状态；检查新风阀、排风阀、回风阀开关状态。

（2）进行温度调节，改变回风温度设定值，使其小于回风温度测量值，一般为3℃左右，观察冷水阀开度应逐渐加大，热水阀开度应减小（冬季工况），回风温度测量值应逐步减小并接近设定值；检测时应注意，回风温度测量值随着回风温度设定值的改变而变化，稳定在回风温度设定值附近的相应时间；系统稳定后，回风温度测量值不应出现明显的波动，其偏差不超过要求范围。同时保证系统稳定工作和满足基本的精度要求。

（3）进行湿度调节，改变回风湿度设定值，使其大于回风湿度测量值，一般为10% RH左右，观察加湿器应投入工作或加大加湿量，回风相对湿度测量值应逐步趋于设定值。改变回风湿度设定值，使其小于回风相对湿度测量值时，过程与上述相反。

（4）启动/关闭空调机组，检查各设备电气联锁。启动空调风机，新风阀、回风阀、排风阀、冷热水调节阀门、加湿器等回到全关闭位置。

（5）节能优化控制功能检测，包括实施节能优化的措施和达到的效果，可进行现场观察和查询历史数据进行。

3. 变风量空调系统检测与调试

系统检测与调试项目包括：冷水量/送风温度控制、风机转速/静压点的静压控制、送风量/室内温度控制、新风量/二氧化碳浓度控制、相对湿度控制、电气联锁控制、阀门开度比例控制功能等。

（1）在现场控制器（DDC）显示终端检查温度、相对湿度测量值，核对其数据是否正确，必要时可用手持式仪表测量回风温度（房间温度）和回风相对湿度（房间相对湿度），比较测量精度；检查风压开关、防冻工作状态是否正常；检查送风机、回风机调整工作状态及冷热水调节阀工作状态；检查新风阀、排风阀、回风阀开关状态。

（2）进行送风温度调节，改变送风温度设定值，使其小于送风温度测量值，一般为3℃左右，观察冷水阀开度应逐渐加大，热水阀开度应减小（冬季工况），送风温度测量值应逐步减小并接近设定值；改变送风温度设定值，使其大于送风温度测量值时，观察结果应与上述相反。

（3）静压控制检测，改变静压设定值，使之大于或小于静压测量值，变频风机转速应随之升高或降低，静压测量值应逐步趋于设定值。

（4）室内温度控制功能检测，改变送风量进行室内温度调节。

（5）二氧化碳浓度控制检测，改变二氧化碳浓度设定值，检查新风阀开度变化。

（6）进行湿度调节，改变送风湿度设定值，使其大于送风湿度测量值，观察加湿器应投入工作或加大加湿量，送风相对湿度测量值应逐步趋于设定值。改变送风湿度设定值，使其小于送风相对湿度测量值时，观察结果与上述相反。

（7）启动/关闭变风量空调机组，检查各设备电气联锁。启动空调风机，新风阀、回风阀、排风阀、冷热水调节阀门、加湿器等回到全关闭位置。

（8）检测系统故障报警功能，包括过滤器压差开关报警、风机故障报警、测孔点传感器故障报警及处理。

4. 空调冷热源设备检测与调试

（1）按设计和产品说明书的规定在调试确认主机、冷热水泵、冷却水泵、冷却塔、风机、电动阀等相关设备单机运行正常的情况下，在DDC侧或主机侧检测该设备的全部AO、AI、DO、DI点，确认其满足设计和监控点表的要求。启动自动控制方式，确认系统设备按设计和工艺要求顺序投入运行和关闭自动退出运行两种方式均满足要求。

（2）增加或减少空调机运行台数，增加其冷热负荷，检验平衡管流量的方向和数量，确认能启动或停止冷热机组的台数，以满足负荷需要。

（3）模拟一台设备故障停运以致整个机组停运，检验系统是否能自动启动一个备用的机组投入运行。

（4）按设计和产品技术说明的规定，模拟冷却水温度的变化，确认冷却水温度旁通控制冷却塔高、低速控制的功能，并检查旁通阀动作方向是否正确。

5. 风机盘管单体调试检测

（1）检查电动阀门和温度控制器安装和接线是否正确。

（2）确认风机和管路已处于正常运行状态。

（3）设置风机高、中、低三速和电动开关阀的状态，观察风机和阀门工作是否正常。

（4）操作温度控制器的温度设定按钮和模拟设定按钮，风机盘管的电动阀应有相应的变化。

（5）若风机盘管控制器与DDC相连，应检查主机对全部风机盘管的控制和监测功能（包括设定值修改、温度控制调节和运行参数）。

6. 空调水二次泵及压差旁通检测与调试

（1）若压差旁通阀门采用无位置反馈，应做如下测试：打开调节阀驱动器外罩，观察并记录阀门从全关至全并所需时间，取两者较大的作为阀门“全行程时间”参数，输入DDC控制器输出点数据区。

（2）二次泵压差旁路控制的调节：先在负荷侧全开一定数量的调节阀，其流量应等于一台二次泵额定流量，接着启动一台二次泵运行，然后逐个关闭已开的调节阀，检查压差平衡阀的动作。上述过程中应同时观察压差测量值是否基本在设定稳定值附近，否则应寻找不稳定的原因，并排除故障。

（3）检查二次泵的台数控制程序，是否能按预定的要求运行。其中负载侧总流量先按设备工艺参数设定，可在经过一年的负载高峰期，获得实际峰值，结合每台二次泵的负荷适当调整。当发生二次泵台数启/停切换时，应注意压差测量值也应基本稳定在设定值附近，否则可适当调整压差旁通控制的PID参数，试验是否能缩小压差值的波动。

（4）检验系统的连锁功能：每当有一次机组在运行，二次泵台数控制便应同时投入运行，只要有二次泵在运行，压差旁通控制便应同时工作。

五、监测与控制系统的功能检验监理控制要点

监控与控制系统的功能检验应以系统功能和性能检测为主，同时对现场安装质量、设备性能及工程实施过程中的质量记录进行抽查或复核。在现场应注意以下几点：

（1）监控与控制系统的检验应在系统试运行连续运行一段时间后进行。

（2）监控与控制系统检测应依据工程合同技术文件，施工图设计文件、设计变更审核文件、设备及产品的技术文件进行。

（3）监测与控制系统安装质量应符合以下规定：

1）传感器的安装质量应符合《自动化仪表工程施工及验收规范》GB 50093的有关规定；

2）阀门型号和参数应符合设计要求，其安装位置、阀前后直管段长度、流体方向等应符合产品安装要求；

3）压力和压差仪表的取压点、仪表配套的阀门安装应符合产品要求；

4）流量仪表的型号和参数、仪表前后的直管段长度等应符合产品要求；

5）温度传感器的安装位置、插入深度应符合产品要求；

6）变频器安装位置、电源回路敷设、控制回路敷设应符合设计要求；

7）智能化变风量末端装置的温度设定器安装位置应符合产品要求；

8）涉及节能控制的关键传感器应预留检测孔或检测位置，管道保温时应做明显标注。

1. 对经过试运行的项目监测与控制系统功能检验

其系统的投入情况、监控功能、故障报警连锁控制及数据采集等功能，应符合设计要求。在试运行中，对各监控回路分别进行自动控制投入、自动控制稳定性、监测控制各项功能、系统连锁和各种故障报警试验，调出计算机内全部试运行数据，通过查阅现场试运行记录和对试运行历史数据进行分析，确定监控系统是否符合设计要求。

检验方法：调用节能监控系统的历史数据、控制流程图和试运行记录，对数据进行分析。

检查数量：检查全部进行过试运行的系统。

2. 冷热源、空调水系统的监测控制系统功能检验

空调与采暖的冷热源、空调水系统的监测控制系统应成功运行，控制及故障报警功能应符合设计要求。冷热源、空调水系统因季节原因无法进行不间断试运行时，采用黑盒法检测（不涉及内部过程，只要求规定的输入得到预定的输出）。

检验方法：在中央工作站使用检测系统软件，或采用在直接数字控制器或冷热源系统自带控制器上改变参数设定值和输入参数值，检测控制系统的投入情况及控制功能；在工作站或现场模拟故障，检测故障监视、记录和报警功能。

检查数量：全部检测。

3. 通风与空调监测控制系统控制及故障报警功能检验

通风与空调监测控制系统的控制功能及故障报警功能应符合设计要求。因季节原因无法进行不间断试运行时，对空调系统进行节能优化控制、温湿度及新风量自动控制、预定时间表自动启停等控制功能进行检测。应着重检测系统测控点（温度、相对湿度、压差和压力等）与被控设备（风机、风阀、加湿器及电动阀门等）的控制稳定性、响应时间和控制效果，并检测设备连锁控制和故障报答的正确性。

检验方法：在中央工作站使用检测系统软件，或采用在直接数字控制器或通风与空调系统自带控制器上改变参数设定值和输入参数值，检测控制系统的投入情况及控制功能；在工作站或现场模拟故障，检测故障监视、记录和报警功能。

检查数量：按总数的20%抽样检测，不足5台全部检测。

4. 监测与计量装置的检测计量

监测与计量装置的检测计量数据应准确，并符合系统对测量准确度的要求。

检验方法：用标准仪器仪表在现场实测数据，将此数据分别与直接数字控制器和中央工作站显示数据进行比对。

检查数量：按20%抽样检测，不足10台全部检测。

5. 供配电的监测与数据采集系统功能检验

供配电的监测与数据采集系统应符合设计要求。对变配电系统的电气参数和电气设备工作状态进行监测，检测时应利用工作站数据读取和现场测量的方法对电压、电流、有功（无功）功率、功率因数、用电量等各项参数的测量和记录进行准确性和真实性检查，显示的电力负荷及上述各参数的动态图形能比较准确地反映参数变化情况，并对报警信号进行验证。

检验方法：试运行时，监测供配电系统的运行工况，在中央工作站检查运行数据和报警功能。

检查数量：全部检测。

6. 照明自动控制系统的功能检验

照明自动控制系统的功能应符合设计要求，当设计无要求时应实现下列控制功能：

（1）大型公共建筑的公用照明区应采用集中控制并应按照建筑使用条件和天然采光状况采取分区、分组控制措施，并按需要采用调光或降低照度的控制措施；

（2）旅馆的每间（套）客房应设置节能控制型开关；

（3）居住建筑有天然采光的楼梯间、走道的一般照明，应采用节能自熄开关；

（4）房间或场所设有两列或多列灯具时，应按下列方式控制：

1）所控灯列与侧窗平行；

2）电教室、会议室、多功能厅、报告厅等场所，按靠近或远离讲台分组。

(5) 检验方法：

1) 现场操作检查控制方式；

2) 依据施工图，按回路分组，在中央工作站上进行被检回路的开关控制，观察相应回路的动作情况；

3) 在中央工作站改变时间表控制程序的设定，观察相应回路的动作情况；

4) 在中央工作站采用改变光照度设定值、室内人员分布等方式，观察相应回路的控制情况；

5) 在中央工作站改变场景控制方式，观察相应的控制情况。

6) 检查数量：现场操作检查为全数检查，在中央工作站上检查按照明控制箱总数的5%检测，不足5台全部检测。

7. 综合控制系统功能检验

综合控制系统应对以下项目进行功能检测，检测结果应满足设计要求：

(1) 建筑能源系统的协调功能；

(2) 采暖、通风与空调系统的优化监控。

检验方法：采用人为输入数据的方法进行模拟测试，按不同的运行工况检测协调控制和优化监控功能。

检查数量：全部检测。

8. 建筑能源管理系统功能检验

建筑能源管理系统的能耗数据采集与分析功能，设备管理和运行管理功能，优化能源调度功能，数据集成功能应符合设计要求。

检验方法：对管理软件进行功能检测。

检查数量：全部检查。

9. 监测与控制系统的可靠性、实时性、可维护性功能检验

检测监测与控制系统的可靠性、实时性、可维护性等系统性能，主要包括下列内容：

(1) 控制设备的有效性，执行器动作应与控制系统的指令一致，控制系统性能稳定符合设计要求；

(2) 控制系统的采样速度、、操作响应时间、报警反应速度应符合设计要求；

(3) 冗余设备的故障检测正确性及其切换时间和切换功能应符合设计要求；

(4) 应用软件的在线编程（组态）、参数修改、下载功能、设备及网络故障自检测功能应符合设计要求；

(5) 控制器的数据存储能力和所占存储容量应符合设计要求；

(6) 故障检测与诊断系统的报警和显示功能应符合设计要求；

(7) 设备启动和停止功能及状态显示应正确；

(8) 被控设备的顺序控制和连锁功能应可靠；

(9) 应具备自动控制/远程控制/现场控制模式下的命令冲突检测功能；

(10) 人机界面及可视化检查。

检验方法：分别在中央工作站、现场控制器和现场利用参数设定、程序下载、故障设定、数据修改和事件设定等方法，通过与设定的显示要求对照，进行上述系统的性能检测。

检查数量：全部检测。

10. 监测与控制系统节能措施

监测与控制系统节能主要是通过分布于现场的区域控制器和智能型控制模块进行连接，通过特定的末端设备，实现对建筑物的能耗设备进行有效全面的监控和管理，确保建筑物内的能耗系统处于高效、节能合理的运行状态。

监测与控制系统节能主要措施如下：

（1）采暖与通风空调系统。最佳启停控制、变负荷需求控制：对新风和自然冷源的控制、时间表控制、变风量控制（VRV）和变流量控制。

（2）冷热源设备。协调设备之间的连锁控制关系进行自动启/停，同时根据供回水温度、流量、压力等参数计算系统冷量，控制机组运行达到节能目的；根据供热状况确定锅炉、循环泵的开启台数，设定供水温度及循环流量，对燃烧过程和热水循环过程进行有效调节，提高锅炉效率，节能运行能耗，减少大气污染。

（3）照明控制。照明系统的控制与节能有重要关系，与常规管理相比，节能的公共照明系统控制可节电30%~50%，包括门庭、走廊、庭园和停车场等处照明回路自动开关控制、调光控制、时间表控制和场景控制，路灯控制，窗帘控制，实现充分利用自然光和按照明需要对照明系统的节能控制。

（4）供电控制。实现用电量计量管理、功率因数改善控制、自备电源负荷分配控制、变压器运行台数控制、谐波检测与处理等。

（5）给排水控制。根据水位及压力状态，启停相应的水泵，自动切换备用水泵；恒压变频供水控制、中水处理与回用控制等；同时根据监视和设备的启停状态非正常情况进行故障报警，并实现系统的节能控制运行。

（6）室内温湿度冬夏季设定值限制管理与控制。

（7）电梯及自动扶梯控制。连接与电梯系统的网络通信，对其进行集中监测与管理。通过系统管理中心，对电梯及自动扶梯的启停进行管理并进行调度控制，当发生故障时，自动向系统管理中心报警。

11. 监测与控制节能监理特点及难点

监测与控制系统工程监理，除了节能分项有相似之处外，同时它还有如下的特点和难点。

（1）由于监测与控制节能设备产品各具特点，在设计院进行施工图设计时业主尚未选型、订货，使设计人员不能按照特定产品进行设计，另外，就是设计规范往往落后于设备、技术的发展。以上几个因素造成的设计深度不够，反映到图纸上就是往往没有接线图、安装详图，很多东西待定，另系统集成化程度和日常管理问题多多，设计方案多为施工单位二次设计，专业监理人员知识跟不上，监理控制难度较大，这就需要监理人员注意知识更新和加强实践。

（2）工程质量环节构成复杂。监测与控制系统是由采用的元器件、主机设备、终端、系统软件及应用软件、安装、调试等多种环节综合而成，而这一系列环节又涉及多个主体，如生产制造厂家、供应商、安装公司，这就给监理工作的质量控制带来困难。

（3）投资控制缺乏依据。监测与控制系统有些设备价格只有向厂商询价后的参考价，或有赖于经验价格的积累，因此这一部分的高效控制往往心中无数。另外，由于监测与控制系统的一些设备通常为业主采购、供货，所以当设备质量有问题及设备进场过晚影响到施工进度时，监理工程师有时要处理施工索赔等要求。

（4）进度控制涉及面广。监测与控制系统的供货、施工、安装、调试、验收涉及多个主体，在工序、进度安排上稍有不慎就会衔接不上，轻者影响系统安装进度，重者还影响到整个进度。监理帮助协调各专业间的相互配合，对保证监测与控制系统工程的顺利实施很重要。

（5）监测与控制系统的设备有些业主选型、订货，而订货时设计院一般已完成了施工图设计，当业主缺乏专业指导和经验时，所订设备与当时施工状况不符，另当一些预埋

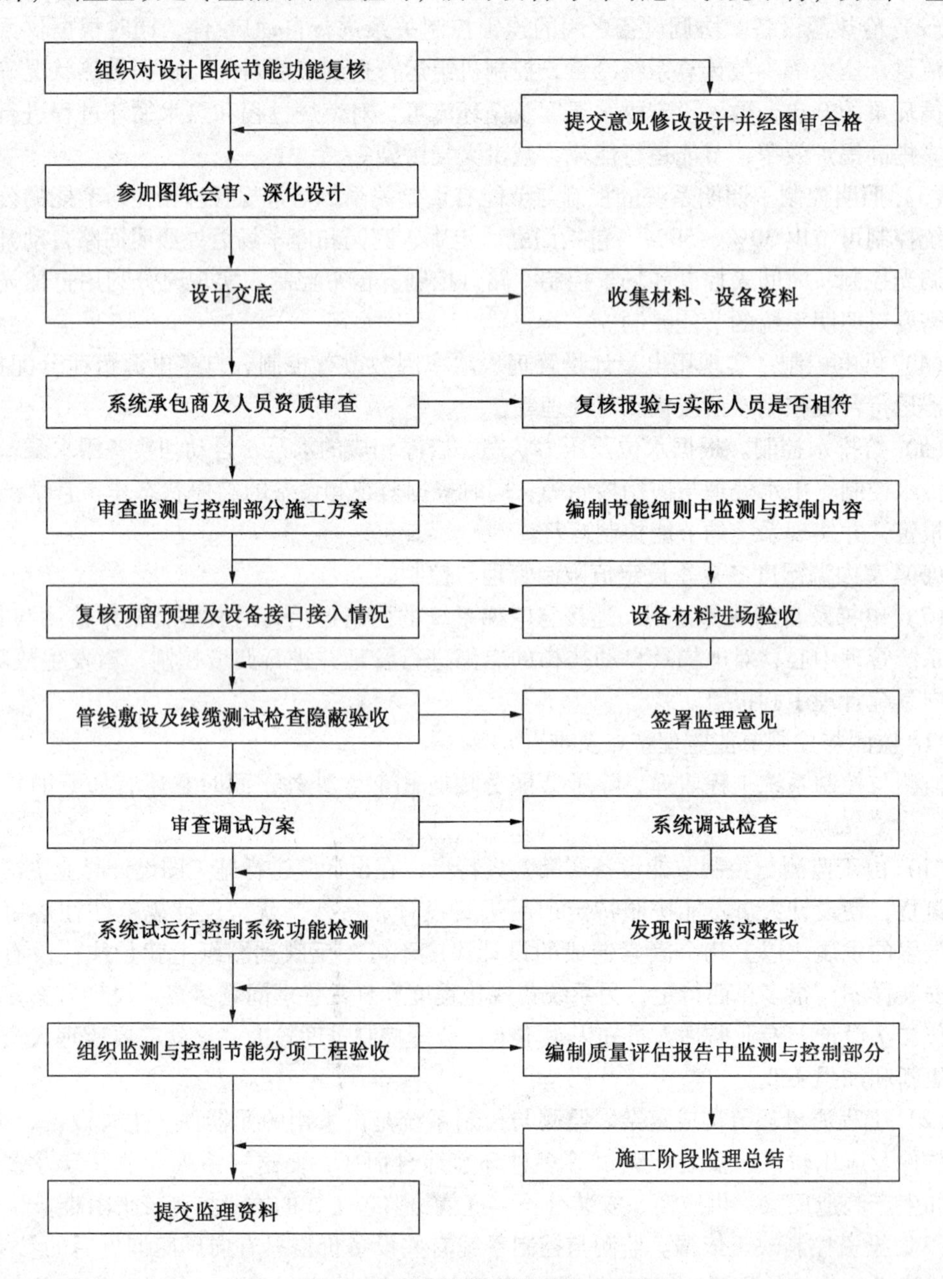

图 11-1 监测与控制节能监理流程

管、预埋盒、预留引线及穿线不符合设备安装要求时，也容易造成扯皮。

（6）监测与控制系统的调试工作对检验系统功能是否完善至关重要。监理人员对调试工作进行巡视旁站，依据设计或招投标文件对系统的各项功能要求是否实现进行认真检查、测试是完善系统功能、保证节能效果的重要一环。

12. 监测与控制节能监理流程

监测与控制节能监理流程如图 11-1 所示。

第三节　监测与控制节能常见施工质量通病及预防措施

（1）常见质量通病有：BA 系统设计监控点内容在被控设备系统中不存在，或被控设备上有控制要求在 BA 系统设计上却无此项监控点，导致功能无法实现。

预防措施：监理与系统承包商一起依据国家相关标准的规定对施工图进行复核，复核结果不能满足功能要求时，应向设计单位提出修改建议。另外经常与被控设备安装人员沟通，发现问题立即提请设计修改。

（2）常见质量通病有：BA 监控的设备不能提供通信接口或硬接点、信号接点。有时可提供通信口或硬接点，但无法同 BA 控制器接口相匹配，造成功能无法实现。

预防措施：监理人员应协助业主尽早落实界面划分，要求 BA 深化设计人员提供详细的接口技术要求，并与受控设备供应商讨论确定接口信息内容、通信方式、通信协议、信号量程和接口容量等技术参数，并请业主把上述技术要求列入合同条款或补充协议条款中。

（3）常见质量通病有：温度变送器安装位置不当。

预防措施：加强对设计图纸的会审，避免在施工中才发现变送器安装位置无法安装，另外，注意对变送器安装位置的检查，发现由于施工原因造成的要求施工整改。

（4）常见质量通病有：DDC 控制箱内配线混乱。

预防措施：加强对 DDC 控制箱生产出厂检验和进现场验收，对箱内模块多而箱体小且不符合规范的不得进行。

（5）常见质量通病有：BA 系统输出到被控设备控制柜、箱的控制信号正确，但却无法控制被控设备，或 BA 系统模拟输入信号正确，但从被控设备发出的监视信号不正确。

预防措施：加强调试前校线工作，找出不正确信号点提交被控设备施工方，尽快整改，在调试前完成整改。

（6）常见质量通病有：中央工作站监控画面不满足使用要求或不便于操作。

预防措施：在合同条款上明确要求。在编程人员编制画面软件过程中增加使用维护人员审查确认程序，另外使用维护人员应尽早介入。

第四节　监测与控制节能施工质量监理验收

一、检验批的划分规定

检验批是施工质量验收的最小单位，是分项工程、分部工程质量验收的基础。检验批划分时，工程量的大小不宜过于悬殊，数量不宜过多，各检验批和质量验收结果均应单独参加分项工程的工程验收。

监测与控制节能检验批通常按系统划分，通常为冷、热源、空调水系统的监测控制系统；通风与空调系统的监测控制系统；监测与计量装置；供配电的监测控制系统；照明自动控制系统；综合控制系统等。

二、监测与控制节能工程施工质量标准

根据相关文件、规范、标准的要求、规定，监测与控制节能工程质量标准包括：

(1)《建筑节能工程施工质量验收规范》GB 50411；

(2)《智能建筑工程质量验收规范》GB 50339；

(3) 传感器的安装质量应符合《自动化仪表工程施工及验收规范》GB 50093；

(4) 设计文件、图纸会审记录、设计变更和洽商；

(5) 合同文件；

(6) 材料、设备和构件的质量证明文件和相关技术资料；

(7) 其他对工程质量有影响的重要技术资料。

三、监测与控制节能工程施工质量监理验收

监测与控制系统的验收分为工程实施和系统检测两个阶段。

工程实施由施工单位和监理单位随工程实施过程进行，分别对施工质量管理文件、设计符合性、产品质量、安装质量进行检查，及时对隐蔽工程和相关接口进行检查，同时，应由详细的文字和图像资料，并对监测与控制系统进行不少于168h的不间断试运行。

系统检测内容应包括对工程实施文件和系统自检文件的复核，对监测与控制系统的安装质量、系统节能监控功能、能源计量及建筑能源管理等进行检查和检测。

系统检测内容分为主控项目和一般项目，系统检测结果是监测与控制系统的验收依据。

对不具备试运行条件的项目，应在审核调试记录的基础上进行模拟检测，以检测监测与控制系统的节能监控功能。

(1) 建筑节能工程的检验批质量验收合格，应符合下列规定：

1) 检验批应按主控项目和一般项目验收；

2) 主控项目应全部合格；

3) 一般项目应合格；当采用计数检验时，至少应有90%以上的检查点合格，且其余检查点不得有严重缺陷；

4) 应具有完整的施工操作依据和质量验收记录。

(2) 建筑节能分项工程质量验收合格，应符合下列规定：

1) 分项工程所含的检验批均应合格；

2) 分项工程所含检验批的质量验收记录应完整。

第十二章　可再生能源节能质量监理控制

第一节　可再生能源节能工程概述

可再生能源是指从自然界直接获取的、可连续再生、永续利用的非化石能源，如太阳能、风能、水能、地热能、海洋能、潮汐能、生物质能等，这些能源基本上直接或间接来自太阳能，具有清洁、高效、环保、节能、经济、保护资源的特点，它们可以供给人类使用很长时期也不会枯竭。近年来世界上可再生能源利用的发展迅速，利用技术趋于成熟，非可再生能源贮存量有限，终会导致枯竭；同时、矿物燃料是产生温室气体的主要来源，是导致环境污染和自然灾害的祸首之一。因此，开发利用可再生能源，寻找替代能源势在必行。在各种可再生能源中，太阳能是最重要的基本能源。从广义来说生物质能、风能、波浪能、水能等都来自太阳能，太阳能不仅是“取之不尽、用之不竭”，而且不产生温室气体、无污染，是有利于保护环境的洁净能源。我国具有丰富的可再生能源资源，随着技术的进步和生产规模的扩大以及政策机制的不断完善，太阳能热水器、风力发电和太阳能光伏发电、地热采暖和地热发电、生物质能等可再生能源的利用技术可以逐步具备与常规能源竞争的能力，有望成为替代能源。有效开发利用可再生能源，促进可再生能源建筑应用发展，对增加能源供给，优化能源结构，促进能源互补，提高能源利用效率，保障能源安全，保护和改善生态环境具有重要作用。

可再生能源建筑应用示范迅速发展。《可再生能源法》、《民用建筑节能条例》等法律法规，对可再生能源建筑应用做出了明确规定。从2006年开始，财政部、建设部印发《关于推进可再生能源在建筑中应用的实施意见》、《可再生能源建筑应用专项资金管理暂行办法》等一系列文件，并联合设立专项资金在全国范围内评选可再生能源建筑应用示范项目，为可再生能源建筑应用提供了有力政策保障。通过在条件成熟的城市或地区，选择有代表性的建筑小区和公共建筑进行可再生能源在建筑中规模化应用的示范，以点带面，形成可再生能源建筑规模化、一体化、成套化应用的技术体系和相关技术标准、配套的政策法规，带动产业发展，形成政府引导、市场推进的机制和模式。示范项目的技术类型包括太阳能热水、太阳能光电、太阳能综合、土壤源热泵、地下水源热泵、淡水源热泵、海水源热泵、污水源热泵、热泵综合和太阳能+热泵综合共十类。

可再生能源建筑应用规范日益完善。《地源热泵系统工程技术规范》GB 50366、《太阳能供热采暖工程技术规范》GB 50495等一批技术标准规范颁布实施，为可再生能源建筑应用提供了良好技术保障，也为可再生能源建筑应用打好了坚实的基础。

随着科学技术的进步，可再生能源建筑应用技术日趋成熟。太阳能热水器从简单直接系统发展到集中式采集供热水系统、集中式采集分散式供热水系统；建筑物太阳能采暖、被动式太阳房等系统可适应复杂气候条件；太阳能光伏利用从晶体硅太阳电池发展到薄膜太阳电池。

第二节 可再生能源节能材料设备质量及验收

太阳能光热系统节能工程采用的集热设备、贮热设备、辅助热源设备、换热器、水处理设备、水泵、电磁阀、阀门及仪表、管材、保温材料、电气及控制设备等产品进场时，应按设计要求对其类型、材质、规格及外观等进行验收，且应形成相应的验收记录。各种产品和设备的质量证明文件和相关技术资料应齐全，并应符合国家现行有关标准和规定。

（1）太阳能光热系统节能工程采用的集热设备和保温材料等进场时，应对其下列技术性能参数进行复验：

1）集热设备的集热效率；

2）保温材料的导热系数、密度、吸水率。

复验应为见证取样送检，具体要求为：同一厂家同一品种的集热器按照下列规定进行见证取样送检，分散式：500 台及以下抽检 1 台，500 台以上抽检 2 台；集中分散式、集中式：200 台及以下抽检 1 台，200 台以上抽检 2 台；同一厂家同材质的保温材料见证取样送检的次数不得少于 2 次。

（2）贮水箱检验应符合下列规定

1）用于制作贮水箱的材质、规格应符合设计要求；

2）贮水箱应与底座固定牢靠；

3）贮水箱内外壁均按设计要求做好防腐处理，内壁防腐应卫生、无毒，且应能承受所贮存热水的最高温度和压力要求；

4）贮水箱内箱应做接地处理；

5）贮水箱保温材料及性能应符合设计要求；

6）敞口水箱的满水试验和密闭水箱的水压试验必须符合设计。

（3）太阳能光热系统的管道部件的材质及规格应符合设计要求，辅助能源加热设备的电水加热器核查质量证明文件和相关技术资料阳能光伏系统节能工程采用的光伏组件、汇流箱、电缆、并网逆变器、配电设备等进场时，应按设计要求对其类型、材质、规格及外观等进行验收，并应经监理工程师（建设单位代表）检查认可，且应形成相应的验收记录。各种产品和设备的质量证明文件和相关技术资料应齐全，并应符合国家现行有关标准的规定。

（4）地源热泵换热系统节能工程采用的管材、管件、热源井水泵、阀门、仪表及绝热材料等产品进场时，应按设计要求对其类型、材质、规格及外观等进行验收，并应经监理工程师（建设单位代表）检查认可，且应形成相应的验收记录。各种产品和设备的质量证明文件和相关技术资料应齐全，并应符合国家现行有关标准和规定。

（5）地源热泵换热系统节能工程的地埋管材及管件、绝热材料进场时，应对其下列技术性能参数进行复检，复检应为见证取样送检。每批次地埋管材进场取 1 ~ 2 米进行见证取样送检；每批次管件进场按其数量的 1% 进行见证取样送检；同一厂家、同材质的绝热材料见证取样送检的次数不得少于 2 次。

1）地埋管材及管件导热系数、公称压力及使用温度等参数；

2）绝热材料的导热系数、密度、吸水率。

（6）换热盘管的材质、直径、厚度及长度应符合设计要求。

（7）水泵，管材，阀门，过滤设备，换热器选型均应符合设计要求，并应具备防阻设备。

第三节 可再生能源节能工程施工质量监理控制要点

一、太阳能光热系统节能工程质量监理控制要点

太阳能光热系统是由集热、贮热、循环、供水、辅助能源、控制系统组成，太阳能光热系统按照供水方式分为：分散式、集中分散式、集中式。

太阳能光热系统节能工程采用的集热设备、贮热设备、辅助热源设备、换热器、水处理设备、水泵、电磁阀、阀门及仪表、管材、保温材料、电气及控制设备等产品进场时，应按设计要求对其类型、材质、规格及外观等进行验收，且应形成相应的验收记录。各种产品和设备的质量证明文件和相关技术资料应齐全，并应符合国家现行有关标准和规定。

太阳能光热系统节能工程采用的集热设备和保温材料等进场时，应对其集热设备的集热效率、保温材料的导热系数、密度、吸水率等技术性能参数进行见证取样送检复验，见证取样的次数应符合规范要求的规定。

（1）太阳能光热系统的安装质量监理控制要点：

1）太阳能光热系统的形式，应符合设计要求；

2）集热器、阀门、过滤器、温度计及仪表应按设计要求安装齐全，不得随意增减和更换；

3）贮热装置、水泵、换热装置、水力平衡装置安装位置和方向应符合设计要求，并便于观察、操作和调试；

4）超温报警装置必须可靠并应与安全阀联动。

5）集热系统基座应与建筑主体结构连接牢固；支架应采取抗风、抗震、防雷、防腐措施，并与建筑物接地系统可靠连接。

（2）集热器及其安装质量监理控制要点：

1）每台集热器的规格、数量及安装方式应符合设计要求；

2）集热器与基座、支架连接必须牢固且应做防腐处理；

3）集热器安装倾角和定位应符合设计要求，安装倾角和定位误差为 ±3°；

4）集热器连接波纹管安装不得有凸起现象。

（3）贮水箱检验质量监理控制要点：

1）用于制作贮水箱的材质、规格应符合设计要求；

2）贮水箱应与底座固定牢靠；

3）贮水箱内外壁均按设计要求做好防腐处理，内壁防腐应卫生、无毒，且应能承受所贮存热水的最高温度和压力要求；

4）贮水箱内箱应做接地处理；

5）贮水箱保温材料及性能应符合设计要求；

6）敞口水箱的满水试验和密闭水箱的水压试验必须符合设计。满水试验静置24h观察，不渗不漏；水压试验在试验压力下10min压力不降，不渗不漏。

（4）排气阀、安全阀及其安装质量监理控制要点：

1）排气阀、安全阀的规格、数量应符合设计要求；

2）排气阀、安全阀安装位置应符合设计要求，并便于观察、操作和调试。

（5）太阳能光热系统的管道敷设安装质量监理控制要点：

1）管道部件的材质及规格应符合设计要求；

2）管道应独立设置管井，冷热水管道应分别敷设，压力表、温度计的安装位置、方向应正确，并便于观察、维护；

3）各类阀门的安装位置、方向应正确，并便于操作、调试和维修。安装完毕后，应根据系统要求进行调试并做出标志；

4）管道的坡向及坡度应符合设计要求，当设计没有要求时，坡度为0.3%～0.5%；

5）管道的最高端排气阀及最低端排污阀数量、规格、位置应符合设计要求。

6）水泵等设备在室外安装应采取妥当的防雨、防晒、防冻等保护措施；

7）太阳能集中热水供应系统应设热水回水管道；应保证干管和立管中的热水循环及供水压力平衡；

8）末端用热水设备（淋浴器、水龙头）其安装应符合下列规定：

①每组设备的规格、数量及安装方式应符合设计要求；

②启闭阀门应灵活、便于操作。

（6）管道安装完成后必须进行管道的水压试验及管道的冲洗且水压试验及管道冲洗必须符合设计要求。当设计未注明时，管道系统水压试验压力为系统顶点压力加0.1MPa，同时在系统顶点压力的试验压力不小于0.3MPa；管道冲洗排放口水质必须清澈无杂质。

（7）辅助能源加热设备的电水加热器安装应符合设计要求，对永久接地保护可靠固定，并加装防漏电、防干烧等保护装置。

（8）太阳能光热系统的控制系统安装质量监理控制要点：

1）传感器的规格、数量及安装方式应符合设计要求。

2）传感器的接线应牢固可靠，接触良好。接线盒与管套之间的传感器屏蔽线应做二次防护处理，两端应做防水保护。

3）所有电气设备和与电气设备相连接的金属部件应做接地处理。

4）电气与自动控制系统高温保护、防冻保护、过压保护必须可靠并应与安全报警联动。

（9）管道保温层和防潮层质量监理控制要点：

1）管道保温应在水压实验合格后进行，保温层的燃烧性能、材质、规格及厚度等应符合设计要求；

2）保温管壳的粘贴应牢固、铺设应平整。软质保温材料应按规定的密度压缩其体积，疏密应均匀。毡类材料在管道上包扎时，搭接处不应有空隙；

3）防潮层应紧密粘贴在保温层上，封闭良好，不得有虚粘、气泡、褶皱、裂缝等缺陷；

4）防潮层的立管应由管道的低端向高端敷设，环向搭接缝应朝向低端；纵向搭接缝应位于管道的侧面，并顺水；

5）卷材防潮层采用螺旋形缠绕的方式施工时，卷材的搭接宽度宜为30～50mm；

6）阀门及法兰部位的保温层结构应严密，且能单独拆卸并不得影响其操作功能；太阳能热水系统过滤器等配件的保温层应密实、无空隙，且不得影响其操作功能。

（10）太阳能热水系统应随施工进度对与节能有关的隐蔽部位或内容进行验收，并应有详细的文字记录和必要的图像资料。

（11）太阳能热水系统安装完毕后，应进行联合试运转和调试。联合试运转和调试结果应符合设计要求。系统联动调试完成后，系统应连续运行72h，设备及主要部件的联动必须协调，动作准确，无异常现象。

（12）太阳能热水系统联合试运转和调试正常后应对太阳能系统节能热性能进行现场检验。根据辐照量、环境温度、贮热水箱温度、集热系统进出口温度、系统流量、系统耗电量、辅助能源耗电量、控制系统执行检查得热量、系统保证率。

二、太阳能光伏节能工程质量监理控制要点

太阳能光伏系统是由光伏子系统、功率调节器、电网接入单元、主控和监视系统、配套设备等组成的。

太阳能光伏系统节能工程采用的光伏组件、汇流箱、电缆、并网逆变器、配电设备等进场时，应按设计要求对其类型、材质、规格及外观等进行验收，且应形成相应的验收记录。各种产品和设备的质量证明文件和相关技术资料应齐全，并应符合国家现行有关标准的规定。

（1）太阳能光伏系统的安装质量监理控制要点：

1）太阳能光伏系统的形式，应符合设计要求。

2）光伏组件、汇流箱、直流配电柜、连接电缆、触电保护和接地、并网逆变器、配电设备及配件等应按照设计要求安装齐全，不得随意增减、合并和替换。

3）配电设备和控制设备安装位置等应符合设计要求，并便于观察、操作和调试。

4）电气设备的外观、结构、标识和安全性应符合设计要求。

（2）太阳能光伏系统的性能质量监理控制要点：

1）测量显示；

2）数据存储与传输；

3）交（直）流配电设备保护功能；

4）标签与标识。

（3）太阳能光伏系统的试运行与测试质量监理控制要点：

1）电气设备的应符合《建筑物电气装置》GB/T 16895的要求；

2）保护装置和等电位体的测试应合格；

3）极性测试应合格；

4）光伏组串电流和试运转应合格；

5）功能测试应合格；

6）光伏方阵绝缘阻值测试应合格；

7）光伏方阵标称功率测试应合格；

8）电能质量的测试应合格；

9）系统电气效率测试应合格。

三、地源热泵换热系统节能工程质量监理控制要点

地源热泵换热系统节能工程采用的管材、管件、热源井水泵、阀门、仪表及绝热材料等产品进场时，应按设计要求对其类型、材质、规格及外观等进行验收，且应形成相应的验收记录。各种产品和设备的质量证明文件和相关技术资料应齐全，并应符合国家现行有关标准和规定。

地源热泵换热系统节能工程的地埋管材及管件、绝热材料进场时，应对地埋管材及管件导热系数、公称压力及使用温度等参数；绝热材料的导热系数、密度、吸水率等技术性能参数进见证取样送检。

（1）地源热泵地埋管换热系统设计施工前，应对项目地点进行岩土热响应试验，质量监理控制要点如下：

1）地源热泵系统的应用面积小于 10000m^2 时，设置一个测试孔；

2）地源热泵系统的应用面积大于或等于 10000m^2 时，测试孔的数量不应少于 2 个。

（2）地源热泵地埋管换热系统质量监理控制要点：

1）施工前应具备埋管区域的工程勘察资料、设计文件和图纸，了解埋管场地内已有地下管线、其他构筑物的功能及其准确位置，进行地面清理和平整，完成施工组织设计；

2）钻孔、水平埋管的位置和深度、地埋管的材质、直径、厚度及长度均应符合设计要求；

3）回填料及配比应符合设计要求，回填应密实；

4）水压试验应符合国家行业标准《地源热泵系统工程技术规范》GB 50366 的有关规定；

5）各环路流量应平衡，且应满足设计要求；

6）循环水流量及进出水温差均应符合设计要求。

（3）地源热泵地埋管换热系统的管道安装质量监理控制要点：

1）埋地管道应采用热熔或电熔连，并应符合国家现行标准《埋地聚乙烯给水管道工程技术规程》CJJ 101 的有关规定；

2）竖直地埋管换热器的 U 形弯管接头，应选用定型的 U 形弯头成品件；

3）竖直地埋管换热 U 形管的组队长度应能满足插入钻孔后于环路集管连接的要求，组队好的 U 形管的两开口端部应及时密封。

（4）地源热泵地下水换热系统质量监理控制要点：

1）施工前应具备热源井及周围区域的水文地质勘察资料、设计文件和施工图纸，并完成施工组织设计；

2）热源井的数量、井位分布及取水层位应符合设计要求；

3）井身结构、井管配置、填砾位置、滤料规格、止水材料和管材及抽灌设备选用均应符合设计要求；

4）对热源井和输水管网应单独进行验收，且应符合现行国家标准的规定；

5）热源井持续出水量和回灌量应稳定，并应满足设计要求；

6）抽水试验结束前应采集水样进行水质测定和含沙量测定，经处理后的水质应满足系统设备的使用要求；

7）施工单位应提交热源成井报告作为验收依据。报告应包括热源井的井位图和管井综合柱状图，洗井和回灌试验、水质检验及验收资料。

（5）热系统质量监理控制要点：

1）施工前应具备地表水换热系统勘察资料、设计文件和施工图纸，并完成施工组织设计；

2）换热盘管的材质、直径、厚度及长度、布置方式及管沟设置，均应符合设计要求；

3）水压试验应符合国家行业标准《地源热泵系统工程技术规范》GB 50366 的有关规定；

4）各环路流量应平衡，且应满足设计要求；

5）循环环水流量及进出水温差均应符合设计要求。

（6）地源热泵海水换热系统质量监理控制要点：

1）施工前应具备当地海域的水文条件、设计文件和施工图纸，并完成施工组织设计；

2）水泵，管材，阀门，换热器选型均应符合设计要求；

3）系统应具备过滤、杀菌祛藻类设备；

4）取水口与排水口设置应符合设计要求，并应保证取水外网的布置不影响该区域的海洋景观或船只等的航线。

（7）地源热泵污水换热系统质量监理控制要点：

1）施工前应对项目所用污水的水质，水温及水量进行测定，应具备相应设计文件和施工图纸，并完成施工组织设计；

2）水泵，管材，阀门，过滤设备，换热器选型均应符合设计要求，并应具备防阻设备；

3）循环水流速应符合设计要求；

4）水压试验应符合国家行业标准《地源热泵系统工程技术规范》GB 50366 的有关规定。

（8）地源热泵换热系统应随施工进度对与节能有关的隐蔽部位或内容进行验收，并应有详细的文字记录和必要的图像资料。

（9）地源热泵换热系统安装完毕后，应根据国家现行有关规范的规定进行整体运转与调试。整体运转与调试结果应符合设计要求。

第四节 可再生能源节能常见施工质量通病及预防措施

可再生能源节能常见施工质量通病及预防措施如表12-1。

可再生能源节能常见施工质量通病及预防措施 12-1

项目	质量通病	原因分析	预防措施
1	管道产生堵塞	1. 在进行管道安装时，由于管口封堵不及时或封堵不严，使杂物进入管道而堵塞； 2. 在进行管道安装时，由于采用气割方式割口，熔渣落入管内未及时取出而堵塞； 3. 在进行管道焊接时，由于对口间隙过大，焊渣流入管内，聚集在一起堵塞管道； 4. 在管道加热弯管时，残留在管内的砂子未清理干净，使砂子集在一起堵塞管道； 5. 铸铁炉片内的砂子未清理干净，通水后流入管道而产生堵塞； 6. 供热管道安装完毕后，系统没有按规定要求进行吹（洗），管内污物没有排出； 7. 由于安装不合格，阀门的阀芯自阀杆上脱落，使管道堵塞	1. 在进行管道安装时，应随时将管口封堵，特别是立管更应及时堵严，以防止交叉施工时异物落入管内； 2. 管道安装尽量不采用气焊割口，如必须采用这种方法时，必须及时将割下的熔渣清出管道； 3. 管道的焊接无论采用电焊或气焊，均应保持合格的对口间隙； 4. 当管道采用灌砂方法加热弯管时，弯管后必须彻底清除管内的砂子； 5. 铸铁炉片在进行组对前，应经敲打清除炉片内翻砂时残留的砂子，并认真检查是否清除干净； 6. 采暖系统安装完毕后，应按要求对系统用压缩空气吹污，或打开泄水阀用水冲洗，以清除系统内的杂物； 7. 在开启管道系统内的阀门时，应当通过手感判断阀芯是否旋启，如果发现阀芯脱落，应拆下修理或更换
2	管道保温质量不好，保温材料和保温厚度不符合要求	1. 施工单位未按要求进行采购； 2. 施工过程中管理不到位； 3. 工人质量意识差； 4. 所使用保温材料的胶粘剂性能不符合要求	1. 对进场的保温材料进行严格验收，并按规范要求进行见证取样送检； 2. 施工过程中加强跟踪检查； 3. 要求承包单位项目部加强对工人的教育，提升整体质量意识； 4. 选择与保温材料性能相匹配的胶粘剂
3	集热系统基座应与建筑主体结构连接不牢固	1. 选用不合格的固定材料； 2. 未按设计图纸及规范要求进行施工； 3. 预留预埋工作不到位	1. 对进场的材料按设计图纸及规范要求进行严格检查； 2. 施工过程中严格按图纸及规范要求进行验收； 3. 在主体结构施工过程中要求承包单位配合土建单位做好预埋预留工作，监理实地测量，检查
4	集热器安装倾角和定位不符合设计要求	1. 集热器支架下料尺寸错误；现场施工过程中调整不到位； 2. 施工之前未进行实地测量放线或引测点有错误； 3. 测量仪器的精度等级不满足要求或使用不合格的检测仪器	1. 实际施工过程中严格按图纸设计倾角安装集热器的支架并认真做好调整； 2. 施工之前进行测量基准点的交接，应进行实地测量，以确定集热器的定位位置； 3. 所使用的测量仪器必须经检定合格，且测量精度等级符合要求

续表

项目	质量通病	原因分析	预防措施
5	进场线缆铜芯截面比国家标准偏小，每芯电阻值偏大，出厂检验报告不真实	施工单位未选有生产能力的供应商，产品可能是假冒伪劣产品	订货前对施工单位提供的供货商资质、生产能力严格审查，材料进场前对材料进行抽查，必要时抽样送检，对不合格材料不准进场使用

第五节　可再生能源节能施工质量监理验收

一、太阳能光热系统节能工程的验收

可根据施工安装特点按系统组成、楼层等进行，主要验收内容：太阳能集热器、储热水箱、控制系统、管路系统（包括混水阀、花洒等配件）。太阳能热水系统的分类，见表12-2。

太阳能热水系统的分类　　表12-2

序号	分类特征	系统类型		
		系统1	系统2	系统3
1	按贮水箱内水被加热的方式	直接系统	间接系统	—
2	按系统传热工质流动的方式	自然循环	强制循环	直流系统
3	按系统传热工质与大气相通状况	敞开	开口	封闭
4	按系统有无辅助加热	太阳能单独	太阳能带辅助热源系统	—

太阳能光热系统工程经抽样检验、检测项目全部合格者，判定为合格的系统工程。不合格的系统工程应进行项目整改。经检验合格者，判定为合格的系统工程；经整改检验仍不合格者，判定为不合格的系统工程，判定为不合格的建筑太阳能热水系统工程，不得投入使用。

（1）太阳能热水系统验收应根据其施工安装特点进行分项工程验收和竣工验收。

（2）太阳能热水系统验收前，监理人员应在安装施工中完成下列隐蔽工程的现场验收：

1）预埋件或后置锚栓连接件；

2）基座、支架、集热器四周与主体结构的连接节点；

3）基座、支架、集热器四周与主体结构之间的封堵；

4）系统的防雷、接地连接节点。

（3）太阳能热水系统验收前，应将工程现场清理干净。

（4）分项工程验收应由监理工程师组织施工单位项目专业技术（质量）负责人等进

行验收。所有验收应做好记录，签署文件，立卷归档。

（5）监理人员应宜根据工程施工特点对分项工程验收分期进行。

（6）对影响工程安全和系统性能的工序，必须在本工序验收合格后才能进人下一道工序的施工。这些工序包括以下部分：

1）在屋面太阳能热水系统施上前，进行屋面防水工程的验收；

2）在贮水箱就位前，进行贮水箱承重和固定基座的验收；

3）在太阳能集热器支架就位前，进行支架承重和固定基座的验收；

4）在建筑管道井封口前，进行预留管路的验收；

5）太阳能热水系统电气预留管线的验收；

6）在贮水箱进行保温前，进行贮水箱检漏的验收；

7）在系统管路保温前，进行管路水压试验；

8）在隐蔽工程隐蔽前，进行施工质量验收。

（7）从太阳能热水系统取出的热水应符合国家现行标准《城市供水水质标准》CJ/T 206的规定。

（8）系统调试合格后，应对以下性能进行检验：

1）系统热性能检验；

2）系统安全性能检验；

3）辅助加热系统性能检验；

4）控制系统性能检验。

（9）工程移交用户前，应进行竣工验收。竣工验收应在分项工程验收或检验合格后进行。

（10）监理人员应对下列竣工验收资料进行审核：

1）设计变更证明文件和竣工图；

2）主要材料、设备、成品、半成品、仪表的出厂合格证明或检验资料；

3）屋面防水检漏记录；

4）隐蔽工程验收记录和中间验收记录；

5）系统水压试验记录；

6）系统水质检验记录；

7）系统调试和试运行记录；

8）系统热性能检验记录；

9）工程使用维护说明书。

二、太阳能光伏系统节能工程的验收

可根据施工安装特点按系统组成进行，主要验收内容：太阳能电池板、逆变器、配电系统、计量仪表、蓄电池等。

（1）光伏系统按是否接人公共电网分为下列两种系统：

1）并网光伏系统；

2）独立光伏系统。

（2）光伏系统按是否具有储能装置分为下列两种系统：

1）带有储能装置系统；

2）不带储能装置系统。

（3）光伏系统按负荷形式分为下列三种系统：

1）直流系统；

2）交流系统；

3）交直流混合系统。

（4）光伏系统按系统装机容量的大小分为下列三种系统：

1）小型系统，装机容量≤20kW；

2）中型系统，20kW＜装机容量≤100kW；

3）大型系统，装机容量＞100kW。

（5）并网光伏系统按是否允许通过上级变压器向主电网馈电分为下列两种系统：

1）逆流光伏系统；

2）非逆流光伏系统。

（6）并网光伏系统按其在电网中的并网位置分为下列两种系统：

1）集中并网系统；

2）分散并网系统。

（7）建筑工程验收前应对光伏系统进行调试与检测。

光伏系统工程验收前，应在安装施工中完成以下隐蔽项目的现场验收：

1）预埋件或后置螺栓/锚栓连接件；

2）基座、支架、光伏组件四周与主体结构的连接节点；

3）基座、支架、光伏组件四周与主体围护结构之间的建筑做法；

4）系统防雷与接地保护的连接节点；

5）隐蔽安装的电气管线工程。

（8）对于影响工程安全和系统性能的工序，必须在本工序验收合格后才能进入下一道工序的施工。这些工序至少包括但不限于以下阶段验收：

1）在屋面光伏系统工程施工前，进行屋面防水工程的验收；

2）在光伏组件或方阵支架就位前，进行基座、支架和框架的验收；

3）在建筑管道井封口前，进行相关预留管线的验收；

4）光伏系统电气预留管线的验收；

5）在隐蔽工程隐蔽前，进行施工质量验收；

6）既有建筑增设或改造的光伏系统工程施工前，进行建筑结构和建筑电气安全检查。

（9）光伏系统工程交付用户前，应进行竣工验收。竣工验收应在分项工程验收或检验合格后进行。

竣工验收应提交以下资料：

1）设计变更证明文件和竣工图；

2）主要材料、设备、成品、半成品、仪表的出厂合格证明或检验资料；

3）屋面防水检漏记录；

4）隐蔽工程验收记录和分项工程验收记录；

5）系统调试和试运行记录；

6）系统运行、监控、显示、计量等功能的检验记录；

7）工程使用、运行管理及维护说明书。

三、地源热泵换热系统节能工程的验收

应按照不同地热能交换形式进行，主要验收内容：地埋管换热系统、热泵机组、室内末端系统、控制系统等；

（1）地埋管换热系统安装过程中，应进行现场检验，并应提供检验报告。检验内容应符合下列规定：

1）管材、管件等材料应符合国家现行标准的规定；

2）钻孔、水平埋管的位置和深度、地埋管的直径、壁厚及长度均应符合设计要求；

3）回填料及其配比应符合设计要求；

4）水压试验应合格；

5）各环路流量应平衡，且应满足设计要求；

6）防冻剂和防腐剂的特性及浓度应符合设计要求；

7）循环水流量及进出水温差均应符合设计要求。

（2）水压试验应符合下列规定：

1）试验压力：当工作压力小于等于1.0MPa时，应为工作压力的1.5倍，且不应小于0.6MPa；当工作压力大于1.0MPa时，应为工作压力加0.5MPa。

2）水压试验步骤：

①竖直地埋管换热器插入钻孔前，应做第一次水压试验。在试验压力下，稳压至少15min，稳压后压力降不应大于3%，且无泄漏现象；将其密封后，在有压状态下插入钻孔，完成灌浆之后保压lh。水平地埋管换热器放入沟槽前，应做第一次水压试验。在试验压力下，稳压至少15min，稳压后压力降不应大于3%，且无泄漏现象。

②竖直或水平地埋管换热器与环路集管装配完成后，回填前应进行第二次水压试验。在试验压力下，稳压至少30min，稳压后压力降不应大于3%，且无泄漏现象。

③环路集管与机房分集水器连接完成后，回填前应进行第三次水压试验。在试验压力下，稳压至少2h，且无泄漏现象。

④地埋管换热系统全部安装完毕，且冲洗、排气及回填完成后，应进行第四次水压试验。在试验压力下，稳压至少12h，稳压后压力降不应大于3%

⑤水压试验宜采用手动泵缓慢升压，升压过程中应随时观察与检查，不得有渗漏；不得以气压试验代替水压试验。

⑥回填过程的检验应与安装地埋管换热器同步进行。

四、地下水换热系统检验与验收

热源井应单独进行验收，且应符合现行国家标准《供水管井技术规范》GB 50296及《供水水文地质钻探与凿井操作规程》CJJ 13的规定。

热源井持续出水量和回灌量应稳定，并应满足设计要求。持续出水量和回灌量应符合出水量不应小于设计出水量，降深不应大于5m；回灌试验应稳定延续36h以上，回灌量应大于设计回灌量。

抽水试验结束前应采集水样，进行水质测定和含砂量测定。经处理后的水质应满足系统设备的使用要求。

地下水换热系统验收后，施工单位应提交热源井成井报告。报告应包括管井综合柱状图，洗井、抽水和回灌试验、水质检验及验收资料。

输水管网验收应符合现行国家标准《室外给水设计规范》GB 50013 及《给水排水管道工程施工及验收规范》GB 50268 的规定。

五、地表水换热系统检验与验收

（1）地表水换热系统安装过程中，应进行现场检验，并应提供检验报告，检验内容应符合下列规定：

1）管材、管件等材料应具有产品合格证和性能检验报告；

2）换热盘管的长度、布置方式及管沟设置应符合设计要求；

3）水压试验应合格；

4）各环路流量应平衡，且应满足设计要求；

5）防冻剂和防腐剂的特性及浓度应符合设计要求；

6）循环水流量及进出水温差应符合设计要求。

（2）水压试验应符合下列规定：

1）闭式地表水换热系统水压试验应符合以下规定：

①试验压力：当工作压力小于等于 1.0MPa 时，应为工作压力的 1.5 倍，且不应小于 0.6MPa；当工作压力大于 1.0MPa 时，应为工作压力加 0.5MPa。

②水压试验步骤：换热盘管组装完成后，应做第一次水压试验，在试验压力下，稳压至少 15min，稳压后压力降不应大于 3%，且无泄漏现象；换热盘管与环路集管装配完成后，应进行第二次水压试验，在试验压力下，稳压至少 30min，稳压后压力降不应大于 3%，且无泄漏现象；环路集管与机房分集水器连接完成后，应进行第三次水压试验，在试验压力下，稳压至少 12h，稳压后压力降不应大于 3%。

2）开式地表水换热系统水压试验应符合现行国家标准《通风与空调工程施工质量验收规范》GB 50243 的相关规定。

（3）地源热泵系统交付使用前，应进行整体运转、调试。地源热泵系统整体运转与调试应符合下列规定：

1）整体运转与调试前应制定整体运转与调试方案，并报送专业监理工程师审核批准；

2）水源热泵机组试运转前应进行水系统及风系统平衡调试，确定系统循环总流量、各分支流量及各末端设备流量均达到设计要求；

3）水力平衡调试完成后，应进行水源热泵机组的试运转，并填写运转记录，运行数据应达到设备技术要求；

4）水源热泵机组试运转正常后，应进行连续 24h 的系统试运转，并填写运转记录；

5）地源热泵系统调试应分冬、夏两季进行，且调试结果应达到设计要求。调试完成后应编写调试报告及运行操作规程，并提交甲方确认后存档。

（4）地源热泵系统整体验收前，应进行冬、夏两季运行测试，并对地源热泵系统的实测性能作出评价。

第十三章　建筑节能工程质量监理评估

当建筑节能分部施工完成后，总监理工程师应组织各专业监理工程师对施工单位节能分部的资料及各专业工程的节能质量情况进行全面检查，对需要进行功能试验的项目如：外墙节能构造现场实体检验、严寒、寒冷和夏热冬冷地区的外窗气密性现场实体、建筑设备工程系统节能性能检测，监理应督促相关单位及时试验，并进行现场见证。对存在的质量问题要求施工单位整改，整改完成后由总监理工程师组织专业监理工程师编制建筑节能分部工程质量评估报告。

建筑节能分部工程质量评估报告编制完成后还应报监理公司批准。

第一节　建筑节能工程监理质量评估报告编制要点

建筑节能分部质量评估报告的内容一般应包括工程概况、验收依据、分部分项工程划分及质量评定、相关检查验收记录及现场实体检测、系统检测结论、建筑节能工程质量验收程序和组织情况、质量评估结论等部分。

1. 工程概况

应简明扼要地反映出工程的规模、建筑节能的主要设计参数如设计节能能耗指标等、本工程的质量目标、所包括的节能分项工程、节能分项工程的技术复杂程度、节能分部中各分项工程的主要参建单位如：工程项目建设单位、设计单位、勘察单位、承包单位、承担见证取样检测及有关建筑节能检测单位。

2. 验收依据

（1）设计文件。

（2）本工程施工合同、协议等资料。

（3）建筑安装工程质量检验评定标准、施工验收规范及相应的国家、地方现行标准；国家、地方现行有关建筑工程质量管理办法、规定等。

（4）本项目《监理规划》。

（5）经批准的项目施工组织设计、专项施工方案。

（6）其他。

3. 分项工程划分及质量评定

节能分部工程质量评估报告应有节能分项工程的划分：应根据验收标准和相关文件的规定，对所需评定质量的工程划分分项工程和检验批，同时应明确划分的具体原则和内容。应有施工单位的自评情况。要着重反映监理对分项工程的日常监理工作情况。编写节能工程质量评估报告时，要简述各分项工程的质量评定情况。

4. 相关检查验收情况及现场实体检测、系统检测结论

本工程在建筑节能施工过程中，监理对保证工程质量采取的措施，以及对出现的建筑

节能施工质量缺陷或事故采取的整改措施等。可以从以下几方面对工程质量进行评价：

(1) 对进场的建筑节能工程材料/构配件/设备（包括墙体材料、保温材料、门窗部件、采暖空调系统、照明设备等）及其质量证明资料审核情况；

(2) 对建筑节能施工过程中关键节点旁站、日常巡视检查，隐蔽工程验收和现场检查的情况；

(3) 对承包单位报送的建筑节能检验批、分项工程、分部工程质量验收资料进行审核和现场检查情况；

(4) 对建筑节能工程质量缺陷或事故的处理意见；

(5) 建筑节能工程质量验收程序和组织情况。

5. 工程质量评估结论

监理单位应对所评估的节能分部工程应有个确切的评估意见。通常包括：

(1) 分部（子分部）工程评估依据。

(2) 所含分项工程的质量合格情况。

(3) 质量控制资料的完整情况。

(4) 外墙节能构造现场实体检验、严寒、寒冷和夏热冬冷地区的外窗气密性现场实体、建筑设备工程系统节能性能检测结果是否符合规范规定情况。

(5) 监理质量评估结论：合格（不合格）。

节能分部工程质量评估报告应能客观、公正、真实地反映所评估的分部、分项工程的施工质量状况，能对监理过程进行综合描述，能反映工程的主要质量状况、反映出现场检测等方面的情况。

节能分部质量评估报告应注重数据，淡化过程。“用数据说话”是一项重要原则。

第二节 建筑节能评估的方法

节能评估在综合考虑建设项目所消耗能源的基础上，对建设项目能源消耗的预测情况与建设项目节能工作相关文件和资料等内容进行技术评估，其评估内容必须实事求是、客观、公正。

建筑节能评估是推动建筑节能的有效保证，建筑节能评估主要包括对设计方案的节能评估和节能竣工检测评估。

对节能设计方案的评估是指根据建筑节能相关法律、法规、规章和标准，对建筑项目设计方案的科学性、合理性进行分析和评估，提出提高能源利用效率、降低能源消耗的对策和措施，并编制节能评估文件的行为。节能评估由建设单位在委托建筑设计单位进行工程设计的同时，委托民用建筑节能评估机构开展节能评估相关工作。其节能评估工作通常应在建筑项目方案设计阶段结束之后、施工图设计阶段结束之前完成，最佳时机应在施工图设计开展之初，各专业设计方案确定之后。

建筑节能竣工检测评估，是指在竣工验收之前，由建设行政主管部门认定的能效测评机构，对建筑能源消耗量及其能源系统效率等性能指标进行检测、计算，给出建筑能效是否达到节能设计标准的活动。建筑节能竣工检测评估属于建筑能效测评标识的理论值阶段。

1. 建筑节能评估的依据

(1)《中华人民共和国节约能源法》明确：国家实行固定资产投资项目节能评估和审查制度。不符合强制性节能标准的项目，依法负责项目审批或者核准的机关不得批准或者核准建设；建设单位不得开工建设；已经建成的，不得投入生产、使用。

(2)《国务院关于加强节能工作的决定》明确要求有关部门和地方人民政府对固定资产投资项目（含新建、改建、扩建项目）进行节能评估和审查。

(3)《国家发展改革委关于加强固定资产投资项目节能评估和审查工作的通知》（发改投资［2006］2787号）明确：节能分析篇（章）应包括项目应遵循的合理用能标准及节能设计规范；建设项目能源消耗种类和数量分析；项目所在地能源供应状况分析；能耗指标；节能措施和节能效果分析等内容。

(4)《国务院关于印发节能减排综合性工作方案的通知》（国发［2007］15号）要求：建立健全项目节能评估审查和环境影响评价制度。加快建立项目节能评估和审查制度，组织编制《固定资产投资项目节能评估和审查指南》，加强对地方开展“能评”工作的指导和监督。

2. 建筑节能评估的方法

主要包括：采用现场调查、资料收集、对比分析、专家咨询、专题调研、模拟验算、科学指导等方法。

3. 节能方案评估一般包括的内容

(1) 项目是否符合法律法规和政策

对建设项目的规模、现状、规划设计、建筑设计、结构设计、采暖通风系统设计、建筑电气系统设计、给水排水系统设计、建筑智能化系统设计等方面，评估建设项目与法律法规、规范标准和环境保护要求等有关政策的符合性。

(2) 项目建筑节能措施的可靠性和合理性

1) 包括可再生能源及新能源利用措施、建筑风环境和热环境优化措施、围护结构保温隔热措施、用能系统节能措施、能耗监测监控措施、节水措施等；

2) 所采取的建筑节能措施技术经济可行，设备先进、安全、可靠，符合建筑节能的技术政策，禁止使用国家和省淘汰和禁止使用的建筑技术和产品，鼓励采用国家和省推广使用的建筑技术和产品。

(3) 建设项目的能源利用风险

1) 建设项目存在的能源利用风险及制约因素，从建筑能耗各个角度评估建设项目能源利用风险的可接受性；

2) 能源利用风险防范措施和能源利用事故处理应急方案的可靠性和合理性。

(4) 建筑能耗预测和能耗总量控制评估

对建筑能耗预测和能耗总量控制评估，包括评估建设项目实施后的建筑能耗的可接受性；评估建设项目建筑能耗总量与国家节能减排目标的一致性，与地方政府的建筑能耗总量控制要求的符合性，采取的相应建筑能耗控制措施的可行性。

4. 对节能设计方案的评估

由于节能评估在建设主管部门审查建设项目节能评估文件之前进行，属技术支撑行为。在评估内容、方法、改善措施和建议等方面必须体现为科学决策服务的原则。

通常采用计算机模拟的方式进行建筑节能评估。其具有许多优点：可随时模拟任意气候区、任意季节；摆脱地点限制；可对建筑物设计的建筑能耗进行预测，从而确保建筑物建成后能够满足国家相应的建筑节能标准。目前，常用的可用于建筑节能评估的软件有DOE-2 和 DeST。

DeST 是建筑环境及 HVAC 系统模拟的软件平台，该平台是清华大学建筑技术科学系环境与设备研究所将现代模拟技术和独特的模拟思想运用到建筑环境的模拟和 HVAC 系统的模拟中去，是建筑环境的相关研究和建筑环境的模拟预测、性能评估的软件工具。

DeST 作为面向设计的模拟分析工具，充分考虑设计过程的阶段性，提出“分阶段设计，分阶段模拟”的思路，在设计的各个阶段，通过建筑模拟、方案模拟、系统模拟、数据模拟的数据结果对其进行验证，从而保证设计的可靠性。DeST 通过采用逆向的求解过程；基于全工况的设计，DeST 在每一个设计阶段都计算出逐时的各项要求（风量、送风状态、水量等等），使得设计可以从传统的单点设计拓展到全工况设计；DeST 采用了各种集成技术并提供了良好的界面，因此可以比较容易方便地应用到工程实际中。

DOE-2 是美国劳伦斯伯克力国家实验室开发的能耗分析模拟软件，包括负荷计算模块、空气系统模块、机房模块、经济分析模块。它可以提供整幢建筑物每小时的能量消耗分析，用于计算系统运行过程中的能效和总费用，也可以用来分析围护结构（包括屋顶、外墙、外窗、地面、楼板、内墙等）、空调系统、电器设备和照明对能耗的影响。DOE-2 的功能非常全面而强大，经过了无数工程的实践检验，是国际上都公认的比较准确的能耗分析软件，并且该软件是免费软件，使用人数和范围非常广泛。

（1）围护结构保温隔热系统设计技术评估

建设项目设计应满足规定性指标，若不满足规定性指标，应要求应用性能指标权衡计算进行验算。权衡计算软件应通过建设主管部门组织的专家论证。权衡计算模型及边界输入条件与实际设计相符，参照建筑的模型选取正确合理；节能计算数据结果应满足相关节能标准要求。

1）墙体：评估外墙保温隔热材料的热工特性，保温隔热外墙的热工计算公式是否合理，结果准确；地下室外墙及地面内表面温度的计算与室内露点温度的选取准确，结果是否符合热工要求；外墙保温隔热系统内保温、外保温或自保温的构造作法、冷（热）桥处理节点作法是否清楚；

2）外窗（包括幕墙等）：外窗热工计算公式、遮阳系数的计算公式是否合理，计算结果是否准确；评估外窗热工参数（玻璃的光反射率、透射率、吸收率，材料的热工系数）；窗墙面积比、屋顶透明部分的面积比例计算是否准确；日照分析是否合理；窗户的可开启面积、窗户的气密性要求是否合理；

3）屋面：评估屋顶保温隔热材料的热工特性、保温隔热屋顶的热工取值及计算公式是否合理，计算结果是否准确。屋顶的保温隔热系统内保温、外保温或自保温作法、冷（热）桥处理节点作法是否清楚。

（2）建筑节能用能设备系统技术评估

1）采暖空调和通风系统：用能设备相关数据满足节能标准的要求；应评估室内外设计参数、冷热源系统、输配系统、末端用能设备方式等。冷热源效率分析清楚、数量与容量配置是否合理，是否满足不同负荷调节需求；输配系统比摩阻与流速估算指标以及输配半径是否合理，计算结果是否准确；水泵输配系统输送能效比、耗电输热比、风机的单位风量耗功率计算公式是否准确，输入数据是否符合项目特点；末端用能设备的方式是否符合项目特点；新风接入方式、回风方式、保温方式等减少冷热量损失的措施是否完整。

2）建筑电气系统：用能设备相关数据满足节能标准的要求；评估变配电所位置与供电半径、变压器数量、容量配置是否合理；照明功率密度数据与节能要求是否相符；照明光源与灯具是否符合项目特点。照明控制要求是否可行；根据建筑的功能、归属等情况，评估各处用电能耗计量的合理性；评估变压器等电气设备节能的符合性。

3）给排水系统：是否按《民用建筑节水设计标准》中的相关要求选取用水量标准、供水方式及系统、排水方式及系统等；用能设备相关数据满足节能标准的要求；评估热水系统及循环方式设计是否合理；储热容积与加热能力配合是否合适；评估节水设计方案。

4）建筑智能化系统：用能设备相关数据满足节能标准的要求；评估采暖空调冷热源控制是否设有机组群控，是否能根据末端负荷变化自动调节机组的出力或阀的开度；冷却水控制是否设有冷却塔风机的起停自动控制；采暖空调末端控制是否有考虑变新风运行，是否根据室内人员情况（设置 CO_2 传感器）来调节新风量；在外界温度符合条件时，是否采用全新风运行（充分利用免费冷源），或者最小新风运行；采暖空调水泵控制是否与机组实现联动起停；电气照明控制是否符合项目特点、可行。照明是否分回路控制，是否能根据需要进行分路关闭或打开；是否设有空调能耗监测系统（空调末端能耗计量），监测点位及数量设置是否合理；是否对各能耗数据进行远程集中监测与记录，是否有优化管理措施。

（3）可再生能源的利用、余热废热和新能源利用技术评估

1）可再生能源（主要包括地埋管、地表水地源热泵、太阳能光伏电系统、太阳能光诱导系统、太阳能光热系统及其他可再生能源的一种或几种）：地埋管、地表水地源热泵提供空调负荷或生活热水负荷比例，太阳能光伏电提供电量与场所以及太阳能热水提供生活热水比例是否合理；地埋管、地表水地源热泵吸热量与放热量平衡分析，平衡措施是否有效。热泵设备能效比分析是否准确。系统节能量计算相比常规水冷冷水机组加锅炉的方式给出量化指标。数据收集方案（包括所需测试数据、实现既定节能量的保障措施等）、实施计划与运行维护方案是否可行；太阳能集热器面积计算数据是否准确有效。贮热水箱热损系数、集热系统效率分析是否真实；太阳能热水系统与建筑相结合的形式与分析；系统节能量计算相比常规能源系统给出量化指标。

2）余热废热（包括排风能量热回收、冷凝热回收、热电及其他工艺余热废热等）：评估项目周边存在市政热电余热废热时，是否优先采用市政热电余热废热能源，若市政热电余热废热采用蒸汽时，蒸汽利用后凝水应首先考虑回收；若无需回收，则凝水的排放符合市政排水水温水质要求；热回收效率计算是否准确，热回收两侧温度等参数计算与取值是否合理。排风能量热回收效率必须满足国家与地方节能标准要求。

3）空气源热泵热水供应技术、能源塔热泵技术、室外免费能源技术、天然采光技术等新能源：评估方法是否合理及可操作性；节能量给出量化指标。

（4）风环境技术评估

数值模拟是否采用通过专家论证的专业风环境模拟软件；风环境评估模型是否与设计模型一致；数值模拟采用的风速资料需为设计建筑所在城市的气象数据；边界条件：给定

入口风速的分布（梯度风）进行模拟计算，有可能的情况下入口的 k/e（k 为紊流脉动动能，单位是焦耳。e 为紊流脉动动能的耗散率，单位是%）也应采用分布参数进行定义；建筑总平面设计是否有利于冬季日照并避开冬季主导风向，夏季有利于自然通风；

（5）热环境技术评估

数值模拟是否采用通过专家论证的专业风环境模拟软件；应对夏季进行模拟，模拟结果是否包括以下内容：建筑外表面温度图和距地 1.5m 处温度图等；针对不同季节，入口空气温度采用夏季通风计算温度，且应考虑建筑外表面设置设备的散热量；对于未考虑粗糙度的情况，是否采用指数关系式修正粗糙度带来的影响；对于实际建筑的几何再现，应采用适应实际地面条件的边界条件；对于光滑壁面，应采用对数定律。

5. 能源消耗总量的预测评估

预测范围是否全面，预测种类是否齐全。是否包含建筑围护结构保温隔热系统、采暖空调系统、建筑电气系统、给排水系统等。能源的消耗总类是否包括所有用能设备的能源消耗，用能设备种类、数量、位置、单耗、总耗指标是否明确，图表清晰。能源预测范围应包括围护结构保温隔热系统相比 20 世纪 80 年代建筑节能情况，以及所有用能设备全年用能量等；能源消耗预测应以年为周期。最终的预测的数据均以“tce/（m^2·a）”或“kgce/（m^2·a）”为单位。

6. 建筑节能竣工检测评估

建筑节能竣工检测评估活动通常应在竣工验收之前。建筑节能竣工检测评估的能效测评机构应获得建设行政主管部门认定；能效测评机构应根据委托合同和有关要求，及时对受委托的建筑进行节能竣工测评，得出能效测评理论值，并出具节能竣工测评报告。能效测评机构应对建筑节能竣工测评结果的准确性和真实性负责；实际运行检测项目通常分为基础项、规定项、选择项，基础项包括建筑物单位面积采暖空调耗能量实测，规定项包括室内采暖空调效果检测、采暖空调系统运行效率检测，选择项包括可再生能源设备应用效果、新型节能技术和产品应用效果、用能管理等内容。

监理单位应对建设单位提供给能效测评机构的设计图纸和资料予以确认；同时应根据能效测评机构出具的节能竣工测评报告，将节能竣工测评情况和结果写入工程监理评估报告。

建筑节能竣工检测评估结果未达到节能设计标准，应按以下要求进行处置：

（1）通常能效测评机构应在节能竣工检测评估报告中提出进一步改进和加固的初步建议。

（2）建设单位应组织设计单位、施工单位、监理单位以及能效测评机构，对节能竣工检测评估结果不合格的原因进行分析、论证，并研究制定改进方案。设计单位应出具设计改进方案，施工单位在设计改进方案基础上应编制改进施工方案，改进施工方案应经监理单位审批后，方可实施。

（3）改进施工完成后，监理单位应按照改进设计方案和验收标准进行组织质量验收，并重新进行节能竣工检测评估，直至结果合格后方可进行工程竣工验收。